Linux
创新人才培养系列
微课版

GNU/
Linux 编程 第2版

郑谦益 ◎ 编著

人民邮电出版社
北京

图书在版编目（CIP）数据

GNU/Linux编程：微课版 / 郑谦益编著. -- 2版
. -- 北京：人民邮电出版社，2024.9
（Linux创新人才培养系列）
ISBN 978-7-115-64397-1

Ⅰ．①G… Ⅱ．①郑… Ⅲ．①Linux操作系统—程序设
计 Ⅳ．①TP316.89

中国国家版本馆CIP数据核字(2024)第093889号

内 容 提 要

GNU/Linux 作为一种自由和源代码开放的类 UNIX 操作系统，虽然诞生只有几十年的时间，但已经在各领域得到了广泛的应用，对软件行业产生了深远的影响。本书通过大量实例讲述 Linux 环境下进行软件开发所必须掌握的基础知识。全书共 13 章，内容包括 UNIX/Linux 系统概述、Shell 命令、Linux 系统的定制与管理、Shell 命令语言、GNU C 开发环境、Linux 文件系统、Linux 信号、Linux 进程、Linux 进程通信、时间管理、多线程技术、网络编程、I/O 操作方式。

本书可以作为高等院校计算机相关专业学生学习 GNU/Linux 编程的教材或参考书，也可作为广大 Linux 爱好者的培训教材和参考资料。

◆ 编　著　郑谦益
责任编辑　李　召
责任印制　胡　南

◆ 人民邮电出版社出版发行　　北京市丰台区成寿寺路 11 号
邮编　100164　电子邮件　315@ptpress.com.cn
网址　https://www.ptpress.com.cn
固安县铭成印刷有限公司印刷

◆ 开本：787×1092　1/16
印张：20　　　　　　　　2024 年 9 月第 2 版
字数：577 千字　　　　　2025 年 9 月河北第 2 次印刷

定价：69.80 元

读者服务热线：(010)81055256　印装质量热线：(010)81055316
反盗版热线：(010)81055315

前　言

20 世纪 70 年代末，随着 UNIX 的商业化运营，出于对知识产权的保护，UNIX 不再开放源代码。为此，20 世纪 80 年代初，被称为自由软件之父的理查德·马修·斯托曼发起了 GNU 计划，目标在于建立一套完整的类 UNIX 系统，软件以源代码形式发布，任何人都可自由使用。经过多年的努力，该计划相继开发了大量的 GNU 自由软件。后来，Linux 内核的出现加快了 GNU 计划的进程。到 20 世纪 90 年代初，诞生了被称为 GNU/Linux 的完整操作系统。经过几十年的演化与发展，到目前为止，GNU/Linux 已形成了较为完整的软件生态系统，在各领域得到了广泛应用，包括高端服务器和各种嵌入式系统。

GNU 项目开发了大量的自由软件，包括 Linux 内核、文本编辑器 Emacs、交互程序 BASH、函数库 GLIBC、C 语言编译器 GCC 和项目管理工具 Make 等。作为自由操作系统，GNU/Linux 有众多的发行版，例如 CentOS、Debian、Ubuntu 和 Fedora 等，其组成大多甚至全部来自 GNU 自由软件，发行版主要由 Linux 内核、系统工具和应用软件三部分构成。Linux 内核是操作系统的核心，负责管理系统的软硬件资源，为上层应用提供基础服务；系统工具为使用操作系统的基础设施，例如，使用 vi 命令编辑文本，使用 cp 命令复制文件等；应用软件面向特定的应用，具有种类繁多和涉及范围广等特点，例如，面向 C 语言的开发工具 GCC 和函数库 GLIBC 等。

GNU/Linux 作为自由软件，其使用不受版权的限制，开放的源代码为学习、研究和开发创造了良好条件。读者通过阅读源代码，可深入理解软件的设计方法、系统架构和实现技术，从而激发灵感，拓展思维，开阔视野。

本书理论与实践并重，在阐述 Linux 编程概念、原理和方法的基础上，对难点内容利用软件模型描述其内部结构和工作机制，并结合大量实例演示具体的设计流程，如 Shell 命令的使用、Shell 脚本的编写和各种接口函数的编程方法。

本书整体内容可划分为两部分：第一部分为第 1～5 章，针对初次接触 GNU/Linux 的读者编写，主要介绍 GNU/Linux 系统的基础知识，内容涵盖 GNU/Linux 的诞生、多用户多进程环境下 Shell 命令的使用、Shell 命令语言和 Linux 环境下的 C 语言开发工具；第二部分为第 6～13 章，针对有一定 Linux 系统使用和 C 语言编程经验的读者，以 Linux 内核各子系统的接口函数为出发点，较全面和深入地介绍了 Linux 编程的各个方面，内容涵盖文件系统、信号、进程、通信、时间管理、多线程技术、网络编程和 I/O 操作方式。

本书对第 1 版进行了修订，对原内容进行了重构、优化和完善，如第 2 章增加了访问控制列表、进程的能力和网络基础配置；第 3 章增加了 GPT 分区格式和系统性能诊断；第 4 章进行了重构，对 BASH 命令语言进行了详细介绍；第 5 章增加了对项目管理方法的探讨；替换了第 6～10 章的大多实例代码，对其中的内容进行了优化，将原第 10 章移至第 13 章，并增加了 epoll 等 Linux 新特性；另外，增加了第 10 章时间管理、第 11 章多线程技术和第 12 章网络编程。

在本书编写过程中，王磊老师结合本课程的多年教学经验，对教材的修订提出了许多宝贵意见，对他精益求精的精神深表敬意。此外，王琳老师及家人对本书的编写和校对做了大量工作，并提出了许多宝贵建议，在此对他们的辛勤付出表示衷心的感谢。

限于编者水平，书中难免存在不足之处，希望广大读者批评指正。

编者

2023 年 7 月

目 录

第 1 章
UNIX/Linux 系统概述

第 2 章
Shell 命令

第 3 章
Linux 系统的定制与管理

第 4 章
Shell 命令语言

第5章
GNU C 开发环境

第6章
Linux 文件系统

第7章
Linux 信号

第8章
Linux 进程

第9章
Linux 进程通信

第13章
I/O 操作方式

第 1 章 UNIX/Linux 系统概述

1.1 UNIX 的发展历史

1.1.1 UNIX 的产生与发展

1968 年，美国电话电报公司（American Telephone and Telegraph Company，AT&T）贝尔实验室和美国麻省理工学院的研究人员共同开发了一个名为 Multics 的操作系统，其终端可通过电话线接入远程主机，实现了多用户访问大容量文件系统。Multics 引入了许多现代操作系统的概念雏形，对随后的操作系统，特别是 UNIX 的成功有着巨大的影响。

1969—1970 年，AT&T Bell 的研究人员肯·汤普森（Ken Thompson）和丹尼斯·里奇（Dennis Ritchie）在 Multics 操作系统的基础上，采用 C 语言开发出了 UNIX 系统。当时，AT&T 以低廉，甚至免费许可的方式将 UNIX 源代码授权给学术机构，用于研究和教学。1979 年，从 UNIX 的 V7 版开始，AT&T 意识到了 UNIX 的商业价值，不再将 UNIX 的源代码授权给学术机构，并对之前的 UNIX 及其变种声明了版权。贝尔实验室于 1983 年发行了 UNIX 的第一个商业版本，名为 System Ⅲ，后来被拥有良好商用软件支持的 System V 所替代。UNIX 的这一分支不断发展，直到 System V 第 4 版开始分裂，形成了 System V 系列。另一方面，1978 年，美国伯克利大学在 UNIX 第 6 版的基础上进行了修改，增加了新的功能，发布了 BSD（Berkeley Software Distribution，伯克利软件套件），开创了 UNIX 的另一个 BSD 系列分支。各种 UNIX 版本的发展历史如图 1-1 所示。

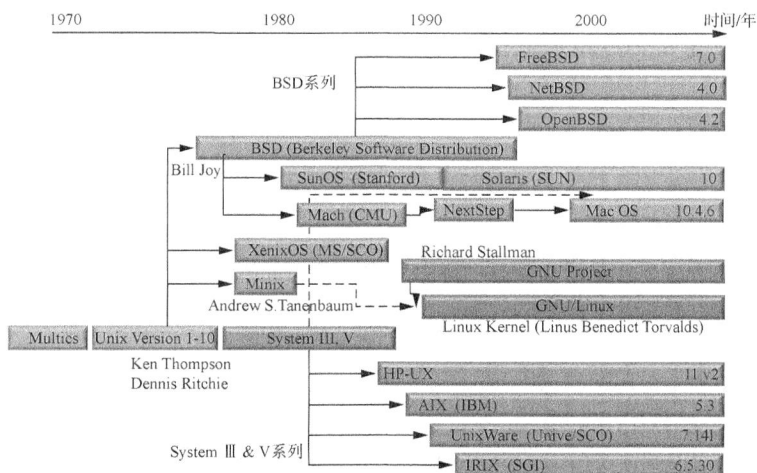

图 1-1 UNIX 的发展历史

由上可知，UNIX 已演化为 System V 和 BSD 两个分支。然而，独立类 UNIX 的出现（如 Linux 系统）给 UNIX 的发展增添了新的活力：System V 系列面向商业应用，BSD 系列面向学术研究，Linux 系列面向软件的自由。

1．System V 系列

1983 年，AT&T 发布了 System V。System V 是 AT&T 发布的第一个商业版，为 System Ⅲ 的加强版，有时也称为 AT&T System V。关于 System 系列，AT&T 先后一共发布了 4 个版本，其中 System V Release 4（SVR4）是较成功的版本，成为一些 UNIX 共同特征的源头。在 20 世纪 80 年代，很多大公司在取得了 UNIX 授权之后，在 System V 的基础上开发出了自己的 UNIX 产品，如表 1-1 所示。

表 1-1 System V 系列的衍生版本

名称	厂家
HP-UX	Hewlett Packard UNIX
AIX	International Business Machines
IRIX	Silicon Graphics
Solaris	Sun Microsystems
UNIXWare	Novell
XENIX	Microsoft

2．BSD 系列

BSD 是 UNIX 的衍生系统，1979 年由尚是学生的比尔·乔伊（Bill Joy）在美国加州大学伯克利分校期间开发。起初，BSD 和 AT&T UNIX 共享基础代码和设计，因此 BSD 曾被认为是 UNIX 的一支。

为了不和 AT&T 的版权冲突，BSD 从第 3 版之后将代码进行了重写，此后的版本不再包括有版权的 UNIX 代码。经过不断发展，在 20 世纪 70 年代末期，BSD 成为美国国防部高科技研究机构科研项目的基础。1977 年，美国加州大学伯克利分校发布了第一个版本 BSD1；1995 年，美国加州大学伯克利分校发布了最后一个版本 BSD4.4，此后，基于 BSD4.4 的 FreeBSD、NetBSD 和 OpenBSD 等得以继续维护。表 1-2 列出了主要的 BSD 版本。

表 1-2 BSD 的衍生版本

名称	特点
FreeBSD	基于 BSD4.4 架构，支持 ARM、PowerPC 和 X86 等多种硬件平台
NetBSD	基于 BSD4.3 架构，支持 Alpha、Sparc 和 X86 等多种硬件平台
OpenBSD	衍生自 NetBSD，支持 DEC Alpha 和 X86 等多种硬件平台

3．类 UNIX 系列

类 UNIX 有 MINIX、Linux 和 Android 等。其中，MINIX 是一款教学用操作系统，由荷兰籍计算机科学家安德鲁 S·塔嫩鲍姆（Andrew S.Tanenbaum）于 1987 年开发。MINIX 采用模块化的微内核设计，将消息和进程调度等模块置于内核中，使其运行于内核模式；而将设备驱动和文件系统等模块以进程方式运行于用户模式，以减少内核体积。当内核外模块发生故障时，不会导致系统崩溃，也无须重新编译和重启内核，提高了系统的安全性，但对系统性能带来一定的影响。MINIX 使用 C 语言编写，其中也包含了少量的汇编语言，不含任何 AT&T UNIX 的代码，源代码遵守 BSD 版权协议。安德鲁 S·塔嫩鲍姆同时出版了名为《操作系统设计与实现》的著作，对 MINIX 的实现机制进行了详细阐述。

1.1.2 UNIX 的相关标准

UNIX 在演化发展过程中产生了多个分支。为使分支间具有可移植性，须为各层次操作制定标准。下面给出几个常见标准。

< 2 >

1．ANSI C/ISO C

ANSI C 是美国国家标准局于 1989 年制定的 C 语言规范。后来被国际标准化组织接受并成为标准，因此也称为 ISO C。ANSI C 的目标是为各种操作系统上的 C 语言程序提供可移植性保证，不仅限于 UNIX。该标准不仅定义了 C 语言的语法和语义，而且还定义了一个标准库，对数据类型、错误码和函数原型等均给出了规范标准。

2．POSIX

POSIX（Portable Operating System Interface of UNIX，UNIX 的可移植操作系统接口）是由 IEEE（Institute of Electrical and Electronics Engineers，电气和电子工程师协会）和 ISO/IEC 发布的接口标准，标准基于 UNIX 的实践经验，规范了操作系统的应用程序接口（Application Program Interface，API）。POSIX 标准的出现正是为了消除 UNIX 各种实现之间的差异，使未经修改的程序源代码可在不同 UNIX 间迁移。1990 年，POSIX.1 与 C 语言标准联合，正式成为 IEEE 1003.1—1990 和 ISO/IEC 9945-1:1990 标准。POSIX.1 仅规定了操作系统的 API，此后又有多个标准相继发布，如表 1-3 所示。

表 1-3　POSIX 系列标准

POSIX 版本	目标
1003.1	库函数和系统调用标准
1003.2	命令工具标准
1003.3	测试方法标准
1003.4	实时标准
1003.5	Ada 语言相关标准
1003.6	安全标准

3．SVID

System V 接口描述（System V Interface Definition，SVID）是描述 AT&T System V 操作系统的文档，是 POSIX 标准的扩展超集。

4．XPG/X/Open

X/Open（可移植性指南）是比 POSIX 更为一般的标准。X/Open 拥有 UNIX 的版权，而 XPG 则是 UNIX 操作系统必须满足的要求。

5．SUS

单一 UNIX 规范（Single UNIX Specification，SUS）是 POSIX.1 标准的一个超集，用于描述 UNIX 系统规范，由 Open Group 发布。Open Group 由两个工业社团 X/Open 和开放系统软件基金会（Open System Software Foundation，OSF）于 1996 年合并而成。Open Group 拥有 UNIX 商标，SUS 定义了一系列接口。一个系统若要成为 UNIX 系统，其实现须支持这些接口标准。

1994 年，SUS V1 发布；1997 年，SUS V2 发布；2001 年，SUS V3 发布，并增加了对线程、实时接口、64 位处理、大文件和增强的多字节字符等的支持。2010 年，SUS 再次更新，Open Group 将 POSIX.1—2008 和 X/OPEN Curses 规范的更新版打包，发布了 SUS V4。

1.2　GNU 计划的诞生与发展

1.2.1　自由软件计划 GNU

自由软件的发起人理查德·斯托曼（Richard Stallman）认为，对软件知识产权的约束会妨碍技

< 3 >

术的进步，并对社区无益。他倡导所有软件应摆脱知识产权的保护。他于 1983 年发起了 GNU 计划，GNU（GNU's Not UNIX）的发音为 g'noo。GNU 的目的是开发一个自由且完整的类 UNIX 操作系统。为了更好地开展 GNU 计划，1985 年，理查德·斯托曼创立了自由软件基金会（Free Software Foundation，FSF）。FSF 负责对 GNU 计划进行组织和推广，依靠一些商业捐助来维持，其中也包括个人捐款。

经过多年的努力，到 1990 年，GNU 计划已开发出大量高质量软件，其中包括文本编辑器 Emacs、语言编译器 GCC（GNU Compiler Collection，GNU 编译套件）、调试器 GDB（GNU Symbolic Debugger，GNU 符号调试器）和交互程序 BASH（Bourne-Again Shell）等，当时唯一未完成的是操作系统内核 HURD（Hird of UNIX Replacing Daemons）。此时正逢 Linux 内核诞生。由于 Linux 内核的参与，加快了构建完整类 UNIX 操作系统的步伐。

1.2.2 自由软件和文档

自由软件强调自由而非免费。任何人可自由地运行、复制、分发、学习和修改。无论是否免费获得，都赋予用户自由使用软件的权力。自由软件强调自由而非开源。开源软件是指源代码公开的软件，它是为了提高软件质量而采用的一种开发模式，属于另一种价值观的哲学。开源软件未必是自由软件，但绝大多数开源软件事实上都是自由软件。

自由文档作为自由软件的组成部分，对理解和使用软件起着十分重要的作用。和自由软件一样，自由文档拥有相同的权利。但程序员往往不能撰写出良好的文档。与自由软件相比，自由文档存在明显不足。

1.2.3 许可证协议

为了更好地推广和使用自由软件和文档，需有法律约束力的许可证协议加以保障。目前，开源标准化组织（Open Source Initiative，OSI）已发布了多个许可证协议，下面仅介绍几款常见的协议。

1．GPL

GPL（General Public License，通用公共许可证）由理查德·斯托曼于 1989 年发布，其内容：软件可自由使用、复制、修改和发布；经修改后的自由软件若再次发布，同样需遵守 GPL 协议。GPL 的目的是推广自由软件，并防止一些别有用心的公司在对自由软件进行修改后申请版权，阻碍自由软件的发展。为了标记自由软件，软件的源代码中应声明遵守 GPL 协议。GNU 自由软件仅使用与 GPL 兼容的许可证协议。

2．LGPL

LGPL（Lesser General Public License，宽通用公共许可证）是一种基于 GPL 的扩展协议，它放宽了用户使用源代码的限制，允许代码以链接库的形式提供给商业开发。GLIBC 遵守 LGPL 协议。

3．BSD

BSD 是一种具有较多灵活性的开源协议，用户享有除下面两项限制条件外的权利。
① 复制权必须被保留。
② 在没有得到原作者允许的情况下，软件不能用于商业目的。

4．MIT

MIT（Massachusetts Institute of Technology，麻省理工学院）许可协议与 BSD 许可证协议相似，赋予软件使用者更多的权利和更少的限制，软件开发者仅要求保留版权，用户有权使用、复制、修改、

< 4 >

合并、散布、出版及发行，仅需在新版本中保留原许可协议声明即可。

5. FDL

FDL（Free Documentation License）为自由文档许可协议。对标识 FDL 的文档，用户可自由阅读、复制、分发和修改。

1.3 Linux 内核

1.3.1 Linux 内核的产生与发展

1991 年，芬兰赫尔辛基大学学生林纳斯·本纳第克特·托瓦兹（Linus Benedict Torvalds）在 MINIX 的基础上，在 Internet 上发布了 Linux 内核 0.01 版。该版本仅支持 i386 处理器和有限的设备驱动，不支持网络协议；采用 MINIX 文件系统。不久，在自由软件思想的影响下，Linux 内核被纳入 GNU 计划，成为自由软件的一部分，为构建完整的自由操作系统奠定了坚实的基础。

Linux 内核在此后的发展过程中得到了广泛关注。经过大量开发人员的不断努力，内核的结构和功能不断优化和完善，目前仍处于持续演化发展阶段。下面介绍具有代表性的内核发展时间节点。

1994 年，Linux 内核 1.0 版发布。和 Linux 内核 0.01 版相比，人口版增加了对 Ext2 文件系统、内存文件映射和 TCP/IP 的支持。

1996 年，Linux 内核 2.0 版发布，增加了对多种硬件平台和多处理器的支持；内存管理代码进行了改进，提升了 TCP/IP 性能；提供了对内核线程的支持。

2006 年，Linux 内核 2.6 版发布，将以往的非抢占式内核升级为抢占式内核，改进了进程调度策略，支持实时处理。

经过多年的不断完善与发展，Linux 内核的功能日趋完善，具有现代操作系统的显著特征。

1.3.2 Linux 内核版本

自诞生以来，Linux 内核就处于不断演化和完善中。为了对内核版本进行有效管理，内核版本的命名遵循如下规则：

主版本.次版本-释出版本.修订版本

主版本的改变表示内核有较大的变化；内核的部分改动会反应到次版本号上；释出版本表示在主次版本不变的情况下，新增功能积累到一定程度释放的内核版本；修订版本表示做了微小的改动，例如修改了部分错误等。在内核 2.6 版之前，内核采用开发版和稳定版两个分支。其中，次版本为奇数时表示开发版，如 2.1.x、2.3.x 和 2.5.x；次版本为偶数时表示稳定版，如 2.0.x、2.4.x 和 2.6.x。但自内核 2.6 起，不再使用该方法。

1.3.3 Linux 内核的分类

为了更好地适应不同领域的应用需求，Linux 内核发展出了不同分支。下面给出几个颇具代表性的分支。

1. 标准 Linux 内核

标准 Linux 内核为通常意义上的 Linux 内核，仅确保在 x86 系统上正常运行，不总适用于其他硬

< 5 >

件平台。

2．嵌入式 Linux 内核

为了在嵌入式系统中应用 Linux 内核，在标准内核的基础上衍生出了多种面向特定硬件和应用的 Linux 内核版本，例如，面向微控制器领域的 uCLinux 和基于 ARM 微处理器的 ARM Linux 等。

1.4 GNU/Linux 系统

1.4.1 GNU/Linux 系统概述

GNU 软件和 Linux 内核是构建操作系统的基石，为了尊重它们所做的贡献，从严格意义上来讲，由它们构建的操作系统应称为 GNU/Linux 操作系统，简称 GNU/Linux 系统，出于习惯，通常称为 Linux 系统。截至目前，以 GNU 软件和 Linux 内核为基础，已构建出众多的 Linux 发行版，它们由不同社区、个人或团体研发，发行版通常冠以特定名称，例如，Debian 和 CentOS（Community Enterprise Operation System，社区企业操作系统）等。并非所有发行版的构成都源自 GMU 项目，有些 Linux 发行版可能包含非 GNU 成分。

1.4.2 Linux 系统架构

Linux 操作系统是由内核和各种 GNU 工具构成的集合。根据软件所处的层次，可将系统由里向外分为 Linux 内核、Shell 命令解析器、系统工具和图形用户界面 4 个层次，如图 1-2 所示。

内核是整个操作系统的核心，为上层应用提供基本的软硬件访问服务，如进程创建、文件存取、进程通信和信号处理等。Shell 是用户和内核交互的命令解析器，用户在 Shell 环境中可执行各种命令，实现对系统资源的访问。系统工具则是各种工具软件的集合，例如，vi 编辑器、GCC 编译器和磁盘格式化工具等，用户可按实际需求定制。图形用户界面是为了方便用户使用而开发的一种基于窗口的应用软件，用户可通过鼠标操作计算机。当然，图形用户界面仅作为操作系统的可选组件，用户可根据自身需求选择安装。

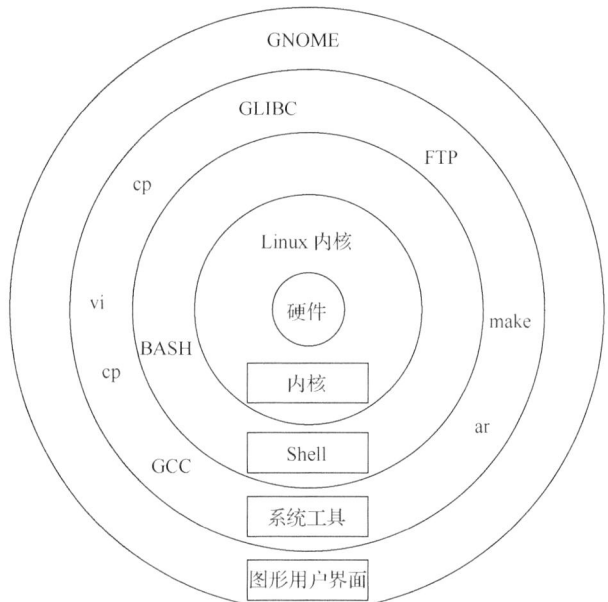

图 1-2　Linux 系统的层次结构

1.4.3 常见的 Linux 发行版

Linux 发行版形式多样，从功能强大的服务器到面向特定应用的嵌入式系统，都有各自不同的特点。这些发行版可分为商业发行版与社区发行版。例如，Red Hat 和 openSUSE 等属于商业发行版；社区发行版由自由软件社区提供支持，例如 Debian 和 Gentoo 等。下面给出部分常用的发行版，如表 1-4 所示。

表 1-4　Linux 发行版

Linux 发行版	特点
Red Hat	易用易维护且应用广泛的发行版
CentOS	Red Hat 的衍生产品
Fedora	新功能和新技术的测试版
Debian	由非商业组织维护，功能强大
Ubuntu	易于使用，版本更新快
Arch Linux	基于 x86-64 架构，简洁易用
Mandrake	容易安装与使用
Gentoo	采用 Portage 软件包管理的发行版

1.4.4　Linux 发行版的安装

Linux 发行版通常以光盘映像文件的形式发布，用户可从官网直接下载。映像文件可用于制作启动光盘或 U 盘。用户可采用面向硬件和虚拟机两种安装方式。直接安装的 Linux 系统可充分发挥硬件的性能，但若同时安装多个操作系统，可能会因操作不当带来一定的安全隐患。而在虚拟机上安装 Linux 系统，虽性能受到一定的影响，但具有较高的易用性和安全性。

虚拟机运用虚拟化技术，在一台宿主机上模拟计算机硬件。例如，x86 指令系统，虚拟机可将宿主机上的文件作为外部设备，也可与宿主机共享外设。利用虚拟机软件可创建多个虚拟机，每个虚拟机可视作一台虚拟化的计算机。用户可在虚拟机上安装 Linux 或 Windows 等操作系统。当某台虚拟机出现故障或不再需要时，用户可直接将其删除。目前存在多种虚拟机软件，例如，常用的有 VirtualBox 和 VMware 等。

1．VirtualBox

VirtualBox 是一款基于 x86 的开源高性能虚拟化软件，遵守 GPL 协议，适用于企业和个人用户，可运行于 Windows、Linux、mac 和 Solaris 等宿主机。VirtualBox 可同时创建多个虚拟机，每个虚拟机都可安装 Windows 或 Linux 等操作系统。

2．VMware

VMware 是从个人电脑到云计算的虚拟化解决方案的提供商，为用户提供一系列产品，支持多种宿主机操作系统，如 Windows 和 Linux 等。VMware Workstation 是其中的一款基于 x86 的虚拟机软件。

1.5　Linux 系统的应用

1.5.1　Linux 系统的应用领域

随着开源软件的不断演化与发展，大量应用软件应运而生，例如，数据库管理系统 MYSQL 和 Web 服务器 Nginx 等，已形成了一个较为完善的软件生态系统，对软件的开发模式产生了深刻影响。Linux 系统在各领域得到了广泛应用，从传统的互联网到物联网、大数据和人工智能等，已延伸至数字经济的各个角落。根据 Linux 系统所扮演的角色不同，可将其分为服务器、个人电脑和嵌入式系统三个方向。

1．服务器

过去 UNIX 系统在服务器领域占据主导地位。随着 Linux 生态系统的日趋完善，Linux 系统在服务器领域中的占比逐渐增加，目前已成为主流服务器操作系统，为用户提供数据库、邮件和 Web 等服务。

< 7 >

同时，Linux 系统在虚拟化的云计算领域也扮演着重要角色。Linux 系统不仅降低了企业的运营成本，还具有高稳定性、高性能和开源等优势。同时各大硬件厂商也提供了对 Linux 系统的支持，Linux 服务器已成为金融、通信和大型互联网等企业信息化不可或缺的基础设施。

2．个人电脑

Windows 系统一直在个人电脑领域占据着主导地位，但随着 Linux 系统逐渐被人们关注和接受，诸如 Ubuntu 等发行版在用户体验上也表现不俗，它们也拥有众多可供选择的应用软件，如办公软件 OpenOffice、浏览器 Firefox 和电子邮件收发软件 ThunderBird 等。在 Windows 环境下使用的软件，在 Linux 环境下都可找到相应的开源软件。

Linux 在高等院校和科研院所等机构得到了广泛应用，为研究人员提供了一个良好的研究和学习环境；出于安全原因，Linux 系统在政府机构等部门的运用也得到越来越多的重视。但从整体看，相较于 Windows 系统还有一定的距离，主要归因于用户的使用习惯。

3．嵌入式系统

由于 Linux 内核具有良好的可配置性，支持多种网络协议、文件系统和微处理器/控制器，拥有丰富的设备驱动程序，且自内核 2.6 起支持实时处理，为面向特定领域的嵌入式应用奠定了基础，因此其应用覆盖了通信、航空航天、智能制造、医疗、智能家电等众多行业和领域。同时 Linux 系统已延伸至每个人的日常生活，如被人们广泛使用的 Android 手机，其核心采用了 Linux 内核。近年来，随着人工智能与物联网的融合发展，Linux 已成为智能设备中使用较为广泛的嵌入式操作系统。

1.5.2 Linux 系统的商业运营模式

开源软件随着自身的发展也创造出了独特的商业模式。开源不等于免费，开源与商业本身并不冲突，开源软件也可进行商业运营。开源软件本身的确是免费的，但可通过后续服务盈利。下面给出开源软件的几种商业运营模式。

1．多种产品线

多种产品线是指利用开源软件带动商业软件的销售。例如，开源客户端软件带动了商业服务器软件的销售，借用开源版本带动商业许可版本的产品销售。这种模式应用得比较普遍。例如，MySQL 同时推出面向个人和面向企业两种版本，即开源版本和专业版本，分别采用不同的授权方式。开源版本完全免费，以便更好地推广，而从专业版的许可销售和支持服务中获得收入。

2．技术服务型

也可通过为开源软件提供技术服务来获利。例如，JBoss 应用服务器完全免费，而通过提供技术文档、培训和二次开发等技术服务盈利。

3．软硬件一体化

软硬件一体化是指在硬件产品中植入开源软件，通过硬件销售来盈利，开源软件并不是利润的中心。这种模式被很多大型公司广泛采纳。例如，IBM 和 HP 等服务器厂商通过捆绑免费的 Linux 操作系统来销售硬件服务器；Sun 公司将其 Solaris 操作系统开放源代码，以确保服务器硬件的销售收入，也是这种模式的体现。

4．附属品

出售开放源代码的附加产品也是一种获利方式，如出版专业的文档和书籍等。O'Reilly 集团是销售开源软件附加产品公司的典型代表，它出版了很多优秀的开源软件书籍。

< 8 >

第2章 Shell 命令

2.1 Shell 命令概述

2.1.1 目录的组织结构

安装 Linux 系统时，安装程序会将操作系统安装至磁盘的某个分区。该分区上的文件系统作为根文件系统，在 Linux 系统启动时自动挂载。根文件系统存储系统运行所需的各种资源，例如 Linux 内核映像、配置文件、系统工具和应用程序等。文件系统由各种类型的文件构成，文件是构成文件系统的基础。目录是一种特殊的文件，用于构建文件系统的层次关系，便于用户分类管理文件。

Linux 支持多种文件系统，不同文件系统为用户提供相同的访问接口。对于 Linux/UNIX 发行版来说。根文件系统的组织结构和命名规则遵从一定的标准。图 2-1 给出了 Linux 系统根目录的组织结构。

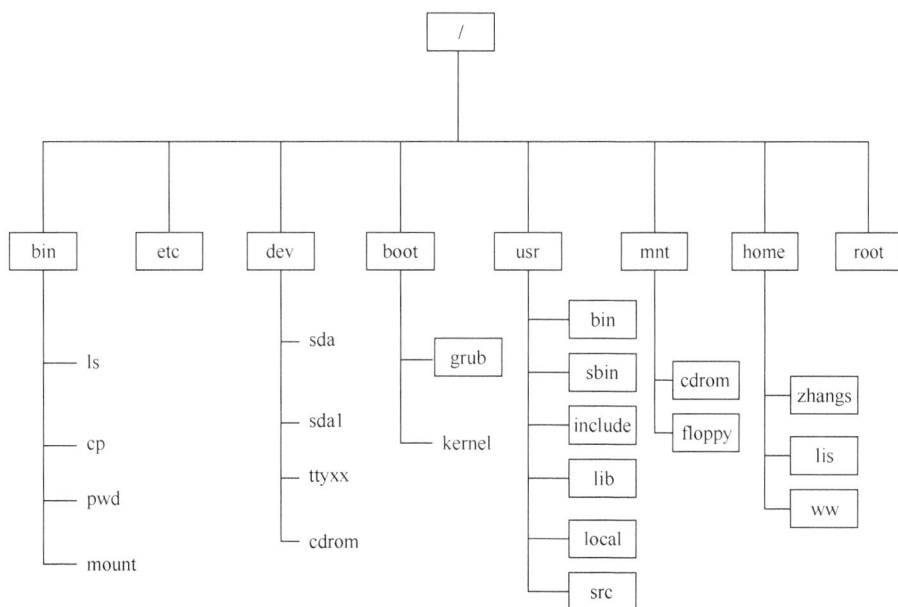

图 2-1　Linux 系统根目录的组织结构

图 2-1 中，"/"表示根目录。操作系统的各种资源分类存放于不同的目录，例如，/dev 目录存放系统中的设备文件，/etc 目录存放系统的配置文件。根文件系统中常用的目录及其描述如表 2-1 所示。

表 2-1　Linux 根文件系统中常用的目录及其描述

目录名	内容描述	
/bin	存放普通用户使用的系统工具	
/sbin	存放管理员使用的系统工具	
/boot	存放 Linux 内核映像文件和与引导加载有关的文件	
/dev	存放设备文件，包括字符设备和块设备	
/etc	存放系统配置文件	
/lib	存放共享库，供/bin 和/sbin 下的文件使用	
/mnt	挂载点，常用于挂载文件系统	
/usr	/usr/bin	存放普通用户使用的应用程序
	/usr/include	存放 C 头文件
	/usr/lib	存放 C 函数库
	/usr/src	存放内核源代码
	/usr/sbin	存放超级用户使用的管理程序
/proc	伪文件系统 proc 的挂载点，映射内核信息	
/sys	伪文件系统 sys 的挂载点，映射设备模型信息	
/tmp	存放临时文件	
/var	存放日志文件	
/home	存放用户主目录	

2.1.2　文件的路径

路径表示文件在文件系统中的位置，是一系列由"/"分割的目录名组成的字符串，如/usr/src。当"/"位于字符串首位时，表示根目录；位于两个目录名之间时，表示分隔符。

1．主目录和工作目录

每个用户在进入系统时，都位于某个目录，该目录称为用户的主目录。主目录在创建用户时定义，例如 root 的主目录是/root，普通用户的主目录通常是/home/username。不同用户的主目录一般互不相同，这样既便于管理，又提高了系统的安全性。当前工作目录是指用户目前所处的目录。工作目录可由用户动态改变；而用户主目录由系统定义，用户在使用系统的过程中一般不变。

2．绝对路径和相对路径

为了描述文件在系统中的准确位置，根据定位方式的不同，路径可分为绝对路径和相对路径。

（1）绝对路径

绝对路径是以根目录为起点，由到达目标文件所经历的一系列目录构成的字符串，目录名之间用"/"分割，如/usr/src/linux-2.6。

（2）相对路径

与绝对路径不同，相对路径以当前工作目录为起点，是到达目标文件所经历的目录序列。例如，若用户当前工作目录为/root，则其绝对路径可表示为/usr/src/linux-2.6，相对路径可表示为../usr/src/linux-2.6。

2.1.3　命令的语法结构

在使用 Linux 系统时，可通过 Shell 的用户交互接口访问系统。Shell 是架构于 Linux 内核之上的命令解析器，运行中的 Shell 循环等待并解释执行用户从终端上输入的命令。Shell 有多个版本，如 CSH、

< 10 >

BASH 和 KSH 等，Linux 系统中常用的 Shell 是 BASH。这里以 BASH 为例进行讲解，下面将分类介绍部分常用命令。命令的语法定义如下：

```
$ cmd [option] [list]
```

其中，$为提示符，提示符可通过环境变量重新设置。cmd 代表命令的名称，通常为程序名称。option 表示可选项，用于选择命令的某项功能。选项的定义取决于具体的命令，通常可组合使用。选项有短格式和长格式两种，短格式可表示为-x [xxx]，字母 x 表示某功能，xxx 代表可能携带的参数；长格式可表示为--word [xxx]，word 表示某功能的全称，xxx 同样代表可能携带的参数。list 表示命令操作的对象序列，对象可为文件、目录和用户等。对象名以空格分割，其数量与命令有关。

实例分析如下所示：

```
$ ls -l /home          # 以详细列表方式显示目录/home 下的所有文件
$ cp -rf /demo/ /test   # 将/demo 目录下所有文件复制至/test 目录
```

2.1.4　Shell 命令的分类

根据实现方式的不同，Shell 命令可分为内部命令和外部命令两种。

1．内部命令

内部命令由 Shell 实现，具有较高的执行效率，运行于当前进程。可通过命令 type 判断是否为内部命令：

```
$ type -t ls          # 判断命令 ls 是否为内部命令
$ type -t cd          # 判断命令 cd 是否为内部命令
```

2．外部命令

外部命令是指存储于文件系统中的可执行文件。Shell 创建子进程，在子进程中加载并执行外部命令。可通过 file 命令查看外部命令的信息：

```
$ file  cp            # 查看外部命令 cp 的相关信息
```

2.1.5　联机帮助

大部分命令的选项较多。为了获得命令使用的更多细节，Linux 提供了联机帮助命令，如 man 和 info 等。下面仅给出 man 命令的使用方法。

man 命令的语法：

```
man [章节] term
```

功能：
获得对象 term 的联机帮助信息。
命令的常用选项及其含义如表 2-2 所示。

表 2-2　man 命令的常用选项

序号	含义
1	Shell 命令
2	核心函数（系统调用）
3	库函数

< 11 >

续表

序号	含义
4	设备文件，位于/dev 目录
5	文件的格式与内容，如/etc/passwd
6	游戏
7	杂项（包括宏、包和约定等）
8	系统管理命令
9	内核函数

实例分析如下所示：

```
$ man  1  read        # 显示 read 命令的使用方法
$ man  2  read        # 显示系统调用 read 的使用方法
$ man  3  fread       # 显示函数库中 fread 函数的使用方法
$ man  7  nptl        # 显示本地 POSIX 线程库的相关信息
```

2.2 目录和文件操作

2.2.1 目录操作

目录用于存储其管理的文件，可包含子目录。每个目录均包含.和..两个特殊目录，分别指向当前目录和父目录，它们是构建目录树的基础。为了便于操作目录，Linux 提供了多种系统工具。下面介绍其中较为常用的命令。

1. pwd 命令

语法：

```
pwd
```

功能：
显示当前工作目录的绝对路径。
实例分析如下所示：

```
$ pwd                 # 显示当前工作目录的绝对路径
```

2. cd 命令

语法：

```
cd directory
```

功能：
将当前工作目录切换至 directory。
实例分析如下所示：

```
$ cd  test            # 将工作目录切换至当前工作目录下的 test 子目录
$ cd  /               # 将工作目录切换至系统根目录
$ cd  ..              # 将工作目录切换至当前工作目录的父目录
$ cd  ~/demo          # 将工作目录切换至用户主目录下的 demo 子目录，~ 表示用户主目录
```

< 12 >

3. mkdir 命令

语法：

```
mkdir [option] list
```

功能：

创建列表 list 中指定的目录。

实例分析如下所示：

```
$ mkdir mydir              # 在当前工作目录下创建 mydir 目录
$ mkdir ~/demo             # 在用户主目录下创建 demo 子目录
$ mkdir -p /demo/test      # 分别创建 demo 和 test 目录，-p 表示创建一系列目录
```

4. rmdir 命令

语法：

```
rmdir [option] list
```

功能：

删除列表 list 中指定的目录。

实例分析如下所示：

```
$ rmdir mydir              # 删除当前工作目录下的 mydir 子目录
$ rmdir -p dir1/dir2       # 删除 dir1 下的 dir2 目录；若 dir1 目录为空，则也删除
```

2.2.2 文件操作

和目录一样，文件是构成文件系统的基础。文件是由若干分布在块设备上的逻辑块构成的字节序列。文件系统记录了每个文件的名称、大小、数据在磁盘上的分布及操作时间等信息。下面介绍与文件有关的部分命令的使用方法。

1. ls 命令

语法：

```
ls [option] list
```

功能：

浏览列表 list 中指定的文件。

ls 命令的常用选项及其含义如表 2-3 所示。

表 2-3 ls 命令的常用选项及其含义

选项	含义
-a	查询所有文件，包括文件名以.开头的隐藏文件
-l	以详细列表的方式显示文件属性
-i	显示文件的 i 节点编号
-R	连同子目录内容一起列出

实例分析如下所示：

```
$ ls -l ~/               # 详细列出用户主目录下所有文件的信息
$ ls -a ./               # 列出当前工作目录下的所有文件，包括隐藏文件
$ ls -Ri ~/              # 递归列出 ~/下的所有文件，并显示文件的 i 节点编号
```

< 13 >

2. cp 命令

语法：

```
cp  [option]  source  dest
cp  [option]  list  directory
```

功能：

将文件 source 复制至 dest，或将列表 list 中的文件复制至目录 directory 中。

cp 命令的常用选项及其含义如表 2-4 所示。

表 2-4　cp 命令的常用选项及其含义

选项	含义
-i	若目标文件已存在，提示是否要覆盖
-p	连同源文件的属性一起复制到目标文件
-r	递归复制，用于目录复制
-u	若建立目标文件的时间早于源文件，则更新目标文件

实例分析如下所示：

```
$ cp file1 file2         # 将文件 file1 复制为文件 file2
$ cp -r dir1 dir2        # 复制目录 dir1 到目录 dir2
$ cp -ur ~/dir1 ~/dir2   # 更新 dir1 的备份目录 dir2
```

3. rm 命令

语法：

```
rm  [option]  list
```

功能：

删除 list 中指定的文件。

rm 命令的常用选项及其含义如表 2-5 所示。

表 2-5　rm 命令的常用选项及其含义

选项	含义
-i	在删除文件前给出提示
-r	递归删除，用于删除目录
-f	强制删除，不给出提示

实例分析如下所示：

```
$ rm file1 file2         # 删除文件 file1 和 file2
$ rm -r dir1             # 删除目录 dir1
$ rm -ir ~/dir1          # 删除 ~/dir1 目录，并给出提示
```

4. mv 命令

语法：

```
mv  [option]  source  dest
mv  [option]  list  directory
```

功能：

将文件 source 移动至文件 dest，或将列表 list 中的文件移动至目录 directory 中。

< 14 >

mv 命令的常用选项及其含义如表 2-6 所示。

表 2-6　mv 命令的常用选项及其含义

选项	含义
-f	强制移动。若目标文件已存在，不进行提示
-i	若目标文件已存在，提示是否覆盖
-u	若建立目标文件的时间早于源文件，则用源文件更新

实例分析如下所示：

```
$ mv file1 file2          # 将文件 file1 更名为 file2
$ mv file1 dir1 dir2      # 将文件 file1 和目录 dir1 移动至目录 dir2
```

5. touch 命令

语法：

```
touch [option] list
```

功能：

修改列表 list 中文件的时间戳。

touch 命令的常用选项及其含义如表 2-7 所示。

表 2-7　touch 命令的常用选项及其含义

选项	含义
-a	改变文件的存取时间
-c	不创建文件
-m	改变文件的修改时间
-r	使用指定文件的时间

实例分析如下所示：

```
$ touch test              # 设置文件 test 的时间为当前时间
$ touch -r test demo      # demo 的修改时间取自 test 的修改时间
```

6. file 命令

语法：

```
file [option] list
```

功能：

辨识列表 list 中文件的类型。

file 命令的常用选项及其含义如表 2-8 所示。

表 2-8　file 命令的常用选项及其含义

选项	含义
-b	显示辨识类型时，不列出文件名
-L	显示符号链接所指文件的类型
-Z	显示被压缩文件的类型

实例分析如下所示：

```
$ file test               # 显示文件 test 的类型
$ file-L mylink           # 显示符号链接 mylink 所指文件的类型
```

< 15 >

7．stat 命令

语法：

```
stat [option] list
```

功能：

显示列表 list 中文件的状态信息。

stat 命令的常用选项及其含义如表 2-9 所示。

表 2-9　stat 命令的常用选项及其含义

选项	含义
-f	显示文件所在的文件系统
-L	显示符号链接所指的文件

实例分析如下所示：

```
$ stat test              # 显示文件 test 的状态信息
$ stat -f test           # 显示文件 test 所在文件系统的状态信息
```

2.2.3　文本文件

文本文件是指内容以内码方式存储的文件。Linux 系统中经常会用到这样的文件，例如，/etc 目录中的配置文件和 Shell 脚本等。下面介绍如何使用命令显示文本文件的内容。

1．cat 命令

语法：

```
cat [option] plist
```

功能：

显示列表 list 中文件的内容。若未提供文件，则表示从键盘输入。

实例分析如下所示：

```
$ cat /etc/fstab         # 显示文件/etc/fstab 的内容
$ cat texta textb        # 分别显示文本文件 texta 和 textb 的内容
```

2．more 命令

语法：

```
more [option] list
```

功能：

分页显示列表 list 中文件的内容。

实例分析如下所示：

```
$ more demo.c                                        # 分页显示文件 demo.c 中的内容
$ find / -name "*.c" -mtime -10 -print -exec more {} \; # 分页显示 10 天内修改的所有 C 程序
```

3．less 命令

语法：

```
less [option] file
```

< 16 >

功能：

分页显示文件 file 的内容，可用 PgDn 和 PgUp 翻页。

实例分析如下所示：

```
$ less /etc/services              # 分页显示文件 services 中的内容
$ less -N /etc/services           # 分页显示文件 services 中的内容，在每行前显示行号
```

4．head 命令

语法：

```
head  [option]  [list]
```

功能：

显示列表 list 中文件的前若干行。

5．tail 命令

语法：

```
tail  [option]  [list]
```

功能：

显示列表 list 中文件的后若干行。

实例分析如下所示：

```
$ head -20 /etc/services          # 显示文件 services 的前 20 行
$ tail -20 /etc/services          # 显示文件 services 的后 20 行
```

2.2.4 硬链接和软链接

1．硬链接

在文件系统内部，每个文件都由一个目录项和一个 i 节点组成。目录项仅包含文件名和对应的 i 节点编号；i 节点包含除文件名外的所有文件属性，如文件大小、访问时间、类型，以及数据在磁盘上的分布等。

硬链接是一种特殊类型的文件。当为某文件创建硬链接时，硬链接会引用该文件的 i 节点。它们除拥有各自的文件名外，都指向同一个 i 节点，因而 i 节点的引用次数加 1。目录中的当前目录和父目录都属于硬链接。值得注意的是，硬链接的创建不能跨越不同类型的文件系统。

实例分析如下所示：

```
$ ln sfile dfile                  # 对 sfile 建立硬链接文件 dfile
```

2．软链接

软链接又称为符号链接，是另一种特殊类型的文件，用于存储被链接文件的路径名。因此，符号链接可跨越不同类型的文件系统，不会影响被链接文件的引用次数。

实例分析如下所示：

```
$ ln -s sfile dfile              # 对文件 sfile 建立符号链接文件 dfile
```

2.3 用户和用户组管理

Linux 是一个多用户和多进程的操作系统。系统通常存在多个用户和用户组，每个用户可以创建多

< 17 >

个进程。每个用户可属于一个或多个用户组，其中一个作为登录时初始组，通常称为用户组；其余则为附加组。一个用户组可包含多个用户。用户和用户组可作为进程的身份，决定其对文件的访问权限。

2.3.1 用户的分类

位于系统的每一个用户都有各自的用户名和用户 ID，它们之间一一对应，用户名面向用户，而用户 ID 供内核使用，例如超级用户 root，其 ID 为 0。系统将用户分为超级用户、系统用户和普通用户。

（1）超级用户

超级用户也称为特权用户，一般用于系统管理。超级用户对系统资源的使用不受限制，拥有所有权限。

（2）系统用户

与超级用户不同，系统用户是一种受限用户，是为满足系统进程对文件资源的访问控制而建立的。系统用户不能登录系统。例如，bin、daemon、adm 和 lp 等都是虚拟用户，用户 ID 一般为 100～999。

（3）普通用户

与系统用户一样，普通用户也是受限用户，建立普通用户的目的是让使用者登录系统，分享 Linux 系统的软硬件资源，普通用户的 UID 的值为 1000～60000。

超级用户可通过 useradd 和 groupadd 命令创建用户和用户组，并利用 passwd 命令为用户设置登录密码。下面介绍它们的使用方法。

2.3.2 用户组管理

为了有效管理用户，管理员将一类用户归入同一用户组，用户组可视作由若干用户构成的集合，与用户相同，每个用户组有各自的组名和组 ID，新用户组的创建须通过超级用户，其余用户无此能力。

1. groupadd 命令

语法：

```
groupadd  group
```

功能：

创建一个新的用户组 group。

2. groupdel 命令

语法：

```
groupdel  group
```

功能：

删除用户组 group。

实例分析如下所示：

```
$ groupadd  grp1              # 创建用户组 grp1
$ groupdel  grp1              # 删除用户组 grp1
```

2.3.3 用户管理

在实际应用中，我们为了更好地共享系统资源，通常需创建多个用户，与新建用户组相同，该操作须交由超级用户完成。

1. useradd 命令

语法：

< 18 >

```
useradd [option] login
```

功能：

创建一个新的登录用户 login。

useradd 命令的常用选项及其含义如表 2-10 所示。

表 2-10　useradd 命令的常用选项及其含义

选项	含义
-g	指定用户登录时的初始组
-G	指定用户所属的附加组列表
-n	取消建立以用户名称为名的用户组
-r	建立系统账号
-s	指定用户的登录 Shell
-u	指定用户 ID
-m	自动建立用户登录后的用户主目录
-d	指定用户登录后的用户主目录

2．passwd 命令

语法：

```
passwd [login]
```

功能：

设置用户 login 的登录密码。

实例分析如下所示：

```
$ groupadd  student              # 创建 student 组
$ groupadd  music                # 创建 music 组
$ groupadd  Football             # 创建 Football 组
# 创建用户 zhangs, student 设为初始组, music 为附加组
$ useradd zhangs  -g student  -G music  -md  /home/zhangs
# 创建用户 lis, student 设为初始组, Football 为附加组
$ useradd lis -g student  -G Football  -md  /home/lis
$ passwd zhangs                  # 为用户 zhangs 设置登录密码
$ passwd lis                     # 为用户 lis 设置登录密码
```

3．usermod 命令

语法：

```
usermod [option] login
```

功能：

修改用户 login 的账号属性。

usermod 命令的常用选项及其含义如表 2-11 所示。

表 2-11　usermod 命令的常用选项及其含义

选项	含义
-d	修改用户登录的用户主目录
-s	修改用户的登录 Shell
-g	修改用户所属的主组
-G	修改用户的附加组
-U	修改用户 UID

< 19 >

实例分析如下所示：

```
$ usermod  -g  grp  usr              # 将用户 usr 的初始组更改为 grp
$ usermod  -s  /bin/bash  usr        # 将用户 usr 的登录 Shell 更改为 bash
```

4. chown 命令

语法：

```
chown  [owner]:[group]  [list]
```

功能：

改变列表 list 中文件的归属，用户修改为 owner，用户组修改为 group。

实例分析如下所示：

```
$ chown  usr  myfile                 # 将文件 myfile 的用户修改为 usr
$ chown  :grp  myfile                # 将文件 myfile 的用户组修改为 grp
```

2.3.4 用户管理相关配置文件

系统创建的用户、用户组和密码等信息都存放在/etc 的相关文件中。表 2-12 给出了与用户相关的部分配置文件。

表 2-12　与用户相关的部分配置文件

文件	功能
/etc/group	用户组信息
/etc/passwd	除密码外的用户信息
/etc/shadow	用户的加密口令

用户和用户组的名称及其 ID 等信息由/etc/passwd 和/etc/group 文件统一管理，用户的登录密码经过 DES（Data Encryption Standard，数据加密标准）或 MD5 算法加密后存放在/etc/shadow 文件中。这些文件的详细格式可参考 passwd(5)、group(5)和 shadow(5)。为了便于程序访问这些信息，GLIBC 函数库提供了相应的编程接口。

2.3.5 切换用户

root 属于特权级用户，可访问和控制系统的所有资源。通常，用户的一般操作无须超级用户权限，过大的权限可能因错误操作给系统带来安全隐患。因此，一些发行版在安装时会锁定 root 用户，例如 Ubuntu 及其衍生版等。当用户需要特权操作时，可通过用户切换来实现。用户切换一般使用 su 命令，其语法如下所示：

```
su  [option]  [username]
```

功能：

切换至指定用户 username。

实例分析如下所示：

```
$ sudo groupadd  student             # 切换至超级用户，添加用户组 student
$ su root                            # 切换至 root 用户
```

< 20 >

2.4 权限管理

微课视频

2.4.1 文件的权限

Linux 作为多用户系统，文件属于共享资源，因此，对它们的访问需要加以控制，在新建文件时，根据文件的性质，对于不同用户，创建者可为它们设置不同的权限。权限信息会被记录在文件的 i 节点中。当用户操作文件时，系统根据用户的身份，结合 i 节点中的权限信息，决定用户是否具有访问文件的权限，只有当用户拥有与操作对应的权限时，才有权访问文件，否则将被拒绝。不同用户访问文件的权限不同。下面以 ls -l 命令为例，以详细列表的方式观察文件，如图 2-2 所示。

-	rwxr--r-x	1	zhangs	student	661	Oct 1 22:43	demo
-	rwxr--r-x	2	root	root	787	Oct 1 22:41	exam12-11
-	rwxr--r-x	2	root	root	787	Oct 1 22:41	p1
l	rwxrwxrwx	1	zhangs	student	6	Oct 1 22:44	test.c->demo

文件类型　　权限分配　　引用次数　　文件归属[用户和用户组（文件归属）]　　文件大小　　最近修改日期和时间　　文件名

图 2-2　Linux 文件的详细列表

在图 2-2 中，第 1 个字符表示文件类型；第 2～10 共 9 个字符表示分配给不同用户的访问权限，引用次数表示文件被链接的数量；用户和用户组表示文件归属。下面重点介绍与权限分配相关的内容。

1. 文件类型

除常见的普通文件和目录外，Linux 系统还定义了一些特殊文件，如字符设备文件、块设备文件和管道等。由于它们具有与普通文件相似的行为特性，Linux 通过将其抽象为文件，使它们共享文件的 API。文件类型的字符表示如表 2-13 所示。

表 2-13　文件类型的字符表示

前缀	类型	前缀	类型
-	普通文件	l	符号链接文件
b	块设备文件	p	命名管道文件
c	字符设备文件	s	本地套接字文件
d	目录		

2. 文件权限的定义和分配

Linux 定义了三种文件访问权限，分别为读（r）、写（w）和执行（x）。在图 2-2 中，将第 2～10 个共计 9 个字符分为三组，分别为用户、用户组和其他用户。每组三位，依次为读、写和执行。若某位被设置，则该位以对应的字符显示，r 表示读，w 表示写，x 表示执行；若某位未设置，则用字符-表示。

文件权限也可用八进制数表示。若某组的三位均被设置，则每位对应的值依次为 4、2 和 1；若某位未设置，则该位的值为 0。例如，若某组权限为 r-x，则用八进制表示为 4+0+1=5；若某文件的权限为 rwxr-xr--，则用八进制表示为 754。

3. 权限的作用

权限并非对所有文件都有效。例如，对于设备文件和管道文件，执行权就没有意义。执行权仅适用于普通文件和目录，但含义也稍有不同。表 2-14 给出了三种权限对普通文件和目录的定义。

< 21 >

表 2-14　三种权限对普通文件和目录的定义

权限	普通文件	目录
r（读）	查看文件内容	浏览目录内容
w（写）	修改文件内容	在目录中创建文件或目录
x（执行）	将文件投入运行	搜索目录

4．文件的扩展权限

有时，三种权限并不能满足某些应用场景的需要。例如，普通用户需修改自身的登录密码，不能随意删除/tmp 目录中其他用户的临时文件等。为此，Linux 内核定义了三位扩展权限，分别为 SUID（Set-User-ID）、SGID（Set-Group-ID）和 Sticky 标志位。

使用 ls -l 命令显示文件权限时，系统未为这三位扩展权限设置单独的显示位，而是依次共享三类用户的第 3 位。若某文件的三位扩展权限均被设置，且三类用户的第 3 位均未设置，则三类用户的第 3 位分别显示为 S、S 和 T；若三位扩展权限和三类用户的第 3 位均被设置，则三类用户的第 3 位分别显示为 s、s 和 t。

（1）SUID 标志位

SUID 标志位处于扩展权限中的第 1 位，八进制值为 04000。当执行设置了 SUID 标志位的程序时，进程的有效用户切换至程序所属用户，使进程拥有程序所属用户的权限。

例如，passwd 命令通过修改/etc/shadow 文件设置用户登录密码，该文件设置了 SUID 标志位。程序如下所示：

```
$ ls -l /etc/shadow                    # 观察密码文件的归属
-rw-r----- 1 root  root  1090 Sep  7 19:10  shadow
$ ls -l /usr/bin/passwd                # 观察 passwd 文件的扩展权限
-rwsr-xr-x 1 root root 57972 May 17  2017 passwd
```

从以上程序不难看出，只有 root 用户具有修改 shadow 文件的权限。若普通用户需修改登录密码，须切换至 root 用户。

（2）SGID 标志位

SGID 标志位处于扩展权限的第 2 位，八进制值为 02000。与 SUID 类似，当用户执行设置了 SGID 标志位的程序时，进程的有效用户组切换至该程序所属用户组。若某目录上设置了 SGID 标志位，目录所属用户组被其下新建的文件继承，SGID 标志位会被子目录保留。

（3）Sticky 标志位

Sticky 标志位处于扩展权限的第 3 位，八进制值为 01000。Sticky 标志位的作用随着 UNIX 的演化也在不断变化。在早期的 UNIX 系统中，为了提高程序的执行速度，可为可执行程序添加 Sticky 标志位。这样，在首次启动程序时，系统会将程序的代码区复制至交换区。但随着内存管理效率的提高，Sticky 标志位的作用发生了变化。当在某个目录设置 Sticky 标志位时，该目录下的文件只有其所属用户才有权删除。例如，系统中的/tmp 目录设置了 Sticky 标志位后，该目录中文件只有所属用户才能将其删除。/tmp 目录的详细信息如下所示：

```
$  ls -l  /tmp
drwxrwxrwt 5 root root 4096 Jul 20 10:00 /tmp
```

权限的字符表示如表 2-15 所示。

表 2-15　权限的字符表示

权限项	SUID	SGID	Sticky	读	写	执行	读	写	执行	读	写	执行
字符表示	S/s	S/s	T/t	r	w	x	r	w	x	r	w	x
八进制表示	4	2	1	4	2	1	4	2	1	4	2	1
权限分配	文件的扩展权限			文件所属用户			文件所属用户组			文件其他用户		

< 22 >

5．文件的引用次数

一个新建文件的引用次数为 1。当创建一个硬链接时，所指文件的引用次数加 1；当硬链接被删除时，其所指文件的引用次数减 1。每个新建目录因包含当前目录和父目录，其引用次数为 2，父目录的引用次数加 1；当目录被删除时，其父目录的引用次数减 1。

2.4.2　权限的生成和修改

1．用户的权限掩码 umask

新建文件时，为了灵活分配权限，系统为每个登录用户分配了一个权限掩码，它由 9 位构成，分为三组，分别对应用户、用户组和其他用户，每组三位，分别对应读、写和执行三种权限。当某位设置为 1 时，对应的权限被屏蔽。用户可通过 umask 命令对权限掩码进行重新设置：

```
umask [nnn]
```

功能：

显示/设置当前用户的权限掩码，其中 nnn 为三位八进制数，取值范围为 000～777。

实例分析如下所示：

```
$ umask                    # 显示当前用户的权限掩码
$ umask 002                # 将当前用户的权限掩码设置为 002
```

2．新建文件权限的计算

新建文件时，需为文件设置权限，权限源自调用文件 I/O 接口时传递的参数。对于普通文件/目录，通常权限设置为 0666/0777。文件的最终权限受权限掩码的制约，是它们共同作用的结果，其计算公式如下：

$$新建文件的权限 = mode \& \sim(umask \& 0777)$$

其中，mode 为新建文件设置的权限；umask 为创建者的权限掩码。

假设某用户的权限掩码为 022(----w--w-)，屏蔽所属用户组和其他组的写权限，当新建文件的权限设置为 0666，文件的最终权限为

$$0666 \& \sim(022 \& 0777) = 0644$$

上述新建文件的权限为 rw-r--r--，所属用户拥有读、写权限，而所属用户组和其他用户仅保留读权限，因为所属用户组和其他组的写权限被屏蔽。

在创建文件时，文件的用户 ID 和用户组 ID 通常取自进程的有效用户 ID 和有效用户组 ID。

3．权限的修改

在实际应用中，有时需要修改文件的权限。为此，Linux 系统提供了 chmod 命令，用户可根据自身需求定制文件权限。

chmod 命令的语法：

```
chmod [u | g | o | a] [+ | - | =] [r | w | x | s | t] [list]
chmod nnnn [list]
```

功能：

修改列表 list 中文件的访问权限。对于第二种方式，nnnn 为四位八进制数，分别对应包括扩展权限在内的四组权限，其取值范围为 00000～07777；对于第一种方式，各选项的含义如表 2-16 所示。

< 23 >

表 2-16　chmod 命令的常用选项及其含义

选项	含义	选项	含义
a	所有用户	=	赋值权限
u	所属用户	r	读权限
g	所属用户组	w	写权限
o	其他用户	x	执行权限
+	添加权限	s	SUID 标志位/SGID 标志位
−	删除权限	t	Sticky 标志位

实例分析如下所示：

```
$ chmod  a-x demo              # 删除所有用户的执行权
$ chmod  go-w demo            # 删除除所属用户外其余用户的写权限
$ chmod  u+s  g+s  o+t  demo  # 同时设置三位扩展权限
$ chmod  0764  demo           # 结果为 rwxrw-r--
$ chmod  05764  demo          # 结果为 rwsrw-r-T
```

2.4.3　访问控制列表

传统的 UNIX 系统仅将文件权限分配给三类用户，该方法可满足一般应用的要求，但因分类粒度较大，不能满足一些特定应用的需求。为此，Linux 内核提供了访问控制列表（Access Control List，ACL），可为特定用户或用户组定义文件访问权限。

ACL 曾在 POSIX 标准草案中提到过，但未出现过相关标准。在 Linux 系统中，ACL 通过扩展属性实现。作为可选项，在挂载 Ext3/Ext4 文件系统时，ACL 需携带–o acl 参数。

1．ACL 的操作命令

（1）getfacl 命令
语法：

```
getfacl [list]
```

功能：
显示列表 list 中文件的访问控制列表。
实例分析如下所示：

```
$ getfacl  somedir/           # 显示目录 somedir 的访问控制列表
```

getfacl 命令的输出格式如下：

```
① # file: somedir/          # 文件名 somedir/
② # owner: lisa             # 文件的所属用户名 lisa
③ # group: staff            # 文件的所属用户组名 staff
④ # flags: -s-              # 文件的扩展权限
⑤ user::rwx                 # 所属用户的权限
⑥ group::rwx                # 所属用户组的权限
⑦ other::r-x                # 其他用户的权限
⑧ user:joe:rwx              # 命名用户 joe 的权限
⑨ group:cool:r-x            # 命名用户组 cool 的权限
⑩ mask::r-x                 # 限制命名用户和用户组的权限（不影响所属用户和用户组）
⑪ default:user::rwx         # 所属用户生成的权限
```

< 24 >

⑫ `default:user:joe:rwx`　　　　# 命名用户 joe 生成的权限
⑬ `default:group::r-x`　　　　　# 所属用户组生成的权限
⑭ `default:mask::r-x`　　　　　 # 权限掩码
⑮ `default:other::---`　　　　　# 其他用户生成的权限

其中，①～⑦为传统的文件归属和权限分配；⑧～⑨为命名用户和命名用户组的权限分配；⑩用于限制命名用户和用户组的权限；⑪～⑮适用于目录，用于设置用户在目录中创建文件时文件的权限。

（2）setfacl 命令

语法：

```
setfacl operation [list]
```

功能：

设置列表 list 中文件的访问控制列表，operation 表示操作方式，其含义如表 2-17 所示。

表 2-17　setfacl 命令中操作方式 operation 的含义

选项	含义
-m	为用户或用户组添加 ACL 权限
-x	删除文件的 ACL 权限
-d	设置目录中数据的继承权限
-b	清除文件的所有 ACL 权限
-R	递归设置文件权限，对目录下的所有子文件生效
-d	设定默认 ACL 权限
-k	删除默认 ACL 权限

2．ACL 特定权限的设置方式

ACL 特定权限的设置方式有多种，下面介绍几种较常见的方式。

① -m [d:][u|g|o]:[用户名|组名]:权限。该方式用于为命名用户、命名用户组或其他用户设置权限。其中选项 d 适用于目录，用于为目录中建立的文件设置权限。

② -m [d:]m::权限掩码。该命令用于设置 ACL 的权限掩码。

实例分析如下所示：

```
$ setfacl -m u:zhangs:rw demo.c        # 赋予命名用户 zhangs 对 demo.c 的读/写权限
$ setfacl -x g:student myname          # 从文件 myname 的 ACL 中删除命名用户组 student
$ setfacl -b mydir                     # 删除文件 mydir 的所有 ACL 权限
$ setfacl -m d:u:zhangs:rx mydir/      # 设置用户 zhangs 继承目录 mydir 的权限
$ setfacl -k mydir                     # 删除目录 mydir 默认的 ACL 权限
$ setfacl -m m::rx file                # 设置文件 file 的 ACL 权限掩码
```

2.4.4　文件的访问控制

一个进程访问文件前，内核首先会进行权限检查，判断该进程是否有权访问，决定因素包括进程的身份和文件的权限分配。权限的分配对象除了传统的所属用户、所属用户组和其他用户外，还可能包括基于 ACL 的命名用户和命名用户组。

1．进程的身份

进程的身份源自登录 Shell。用户登录系统时，Shell 会记录用户名、用户的初始组和附加组，登录用户和初始组为进程的实际用户和用户组。此外，系统还定义了有效用户和有效用户组，用于描述实际发挥作用的用户和用户组。当执行设置了 SUID/SGID 标志位的程序时，进程的有效用户/有效用户

< 25 >

组切换至程序的所属用户/所属用户组。通常，进程的实际用户/用户组等于有效用户/用户组。实际用户/用户组、有效用户/用户组和附加用户代表进程的身份。

2. 进程访问文件的权限检查

当进程访问文件时，内核除检查文件的权限外，还需检查路径上每个目录是否拥有可执行权。对于目标文件，还会根据进程的身份来决定是否允许访问。内核按下列检查次序执行，一旦匹配成功，内核将停止后续操作。

① 若进程的有效用户 ID 为 0，表明进程为特权级进程，此时进程获得文件的所有权限。

② 若进程的有效用户 ID 非 0，且与文件的某用户 ID 相同，此时进程获得属于该用户的所有权限，用户可为文件所属用户或某命名用户。

③ 若进程的有效用户组 ID 与文件的某用户组 ID 相同，则进程获得属于该用户组的所有权限，用户组包括文件的所属用户组和命名用户组。

④ 若进程的某一附加组 ID 与文件的某用户组 ID 相同，则进程获得属于该用户组的所有权限。

若上述四种情况均不符合，则进程获得属于其他用户的权限。

3. 实例分析

4 个学生共同参与一个小型项目，其中 3 人主要负责开发，1 人从事辅助文档管理。为了有效管理，他们创建了一个特定的项目组 project 和目录/src/project，对 3 个开发人员开放所有权限，他们可互相修改对方的代码和文档；但对于辅助管理员，除了不能修改代码和文档外，其他权限均有。根据上述要求，可进行下列操作：

```
$ groupadd project                      # 创建用户组 project
$ useradd -G project student1           # 创建用户 student1，设置 project 为附加组
$ useradd -G project student2           # 创建用户 student2，设置 project 为附加组
$ useradd -G project student3           # 创建用户 student3，设置 project 为附加组
$ passwd student1                       # 设置用户 student1 的登录密码
$ passwd student2                       # 设置用户 student2 的登录密码
$ passwd student3                       # 设置用户 student3 的登录密码
$ mkdir /src/project                    # 创建目录/src/project
$ chgrp project /src/project            # 将目录/src/project 的所属用户组设置为 project
$ chmod 02770 /src/project              # 设置目录/src/project 的访问权限
$ setfacl -m u:visitor:rx /src/project  # 设置 visitor 对目录/src/project 拥有 rx 权
$ setfacl -m d:u:visitor:rx /src/project # 设置 visitor 继承目录/src/project 的 rx 权
```

2.4.5 进程的能力

传统的 UNIX 将进程按身份分为两类：特权进程和普通进程。特权进程的有效用户 ID 为 0，普通进程的有效用户 ID 为非 0。内核对特权进程的操作不做限制；而普通进程则不然，内核会检查操作的合法性。例如，用户会利用 ping 命令检测对方 IP 的状态，但因访问内核的底层 IP，普通用户不具备这样的权限。若赋予普通用户特权身份，由于权限过大，可能会带来安全隐患。

自内核 2.2 版本起，Linux 对能力进行了细化，将特权划分成若干称为能力的单元，作为权力分配的最小单位，每个单元对应某种能力。当普通进程需进行某项特殊操作时，仅需给进程分配相应的能力即可，从而提高系统的安全性。

1. Linux 支持的能力列表

Linux 能力集随内核不断演化。内核支持的能力较多，表 2-18 仅给出了其中的一小部分，有关能

< 26 >

力的更多信息可参见 capabilities (7)。

表 2-18　Linux 内核支持的部分能力

名称	含义
CAP_CHOWN	改变文件的归属
CAP_DAC_OVERRIDE	绕过文件读、写和执行权限的检查
CAP_FSETID	允许设置文件的 SUID 标志位和 SGID 标志位
CAP_IPC_LOCK	允许内存加锁
CAP_IPC_OWNER	允许操作 System V 的 IPC（Inter-Process Communication，进程间通信）对象
CAP_KILL	允许发送信号
CAP_NET_ADMIN	允许执行网络管理任务
CAP_NET_RAW	允许使用原始套接字
CAP_SYS_BOOT	允许重新启动系统

2．进程能力集

每个进程拥有三个能力集，分别为许可能力集、有效能力集和可继承能力集。

（1）许可能力集

许可能力集表示进程所能行使的能力上限。只有属于该集合的能力才允许添加至有效能力集和可继承能力集中。

（2）有效能力集

有效能力集表示进程真正拥有的能力。若进程要执行某项特权操作，有效能力集中需包含相应的能力。

（3）可继承能力集

可继承能力集是指在进程加载了可执行程序后，可被添加至新进程许可能力集中的能力。

3．文件能力集

可执行程序的能力集是进程能力集的来源。可执行程序的能力集也分为许可能力集、有效能力集和可继承能力集，但定义有所不同。

（1）许可能力集

加载可执行程序后，属于该集合的能力将自动添加至新进程的许可能力集中，不管之前权限的可继承能力集中是否包含该能力。

（2）有效能力集

严格意义上讲，文件的有效能力集为位标识。若某位被设置，进程许可能力集中相应的能力被激活，进程便拥有了对应的能力。

（3）可继承能力集

可继承的进程能力要成为加载程序后进程的许可能力，须同时属于程序的可继承能力集。

4．加载可执行程序后能力的变化

从对进程能力集和文件能力集的描述可知，加载可执行程序后进程能力集的变化可用下列公式表示：

$$P'(permitted) = (P(inheritable) \& F(inheritable)) \mid (F(permitted)$$
$$P'(effective) = F(effective) \mathbin{?} P'(permitted) : 0$$
$$P'(inheritable) = P(inheritable)$$

其中，P 表示进程加载程序前的能力；P'表示进程加载程序后的能力；F 表示程序的能力；permitted 代表许可能力集；effective 代表有效能力集；inheritable 代表可继承能力集。

< 27 >

5．配置文件能力集的工具

为了配置程序的能力集，Linux 提供了相应的工具，它们通常需用 libcap 软件包另行安装。

（1）getcap 命令

语法：

```
getcap  [option]  [list]
```

功能：

检查列表 list 中文件的能力集。

（2）setcap 命令

语法：

```
setcap  capabilities  [=|+|-]  [e|i|p]  [list]
```

功能：

设置列表 list 中文件的能力 capabilities（能力名称参见表 2-18），能力之间以逗号分割，字母 e、i 和 p 分别表示有效能力集、可继承能力集和许可能力集。

6．实例分析

ping 命令用于测试目标机 IP 的状态，程序中设置了 SUID 标志位。为了使普通用户能使用该命令，可为 ping 程序赋予特定的能力，操作过程如下：

```
$ ls -l /bin/ping                                    # 观察 SUID 标志位
-rwsr-xr-x. 1 root root 38200 Dec 11  2014 /bin/ping
$ chmod 755 /bin/ping                                 # 去除 SUID 标志位
$ setcap 'cap_net_admin,cap_net_raw+eip' /bin/ping    # 给程序设置特定能力
$ getcap /bin/ping                                    # 观察程序的能力
/bin/ping = cap_net_admin,cap_net_raw+eip
```

2.5 进程管理

进程是程序的一次运行，是正在运行中的程序，是可调度的执行单元，也是系统资源的拥有者。从某种角度来说，Linux 系统可看成由内核线程和用户进程构成的集合。内核线程运行于内核空间，为内核的一部分；用户进程运行于用户空间，位于系统的应用层。它们均有各自的祖先，祖先进程的名称与发行版本有关。例如，对于发行版 CentOS 6.0，内核线程 kthreadd 为所有内核线程的祖先，线程号为 2；进程 init 为所有应用进程的祖先，进程号为 1，其功能是系统启动时完成应用环境的初始化。

用户可通过 Shell 字符终端或 X/Windows 图形终端创建新的进程。虽然使用图形用户界面比较方便，但使用 Shell 实现用户与系统的交互更为有效。通常，用户在各自终端上会创建多个进程。为了便于管理，内核引入了会话、进程组、作业和控制终端等概念。

2.5.1 进程和作业管理

1．父进程

相对于创建的子进程，创建者进程称为父进程。对于 Linux 系统，init/systemd 为整个系统的初始化进程，其他用户进程均为其子孙进程。一个进程可创建多个子进程，但进程的父进程仅有一个。

< 28 >

2．会话

为了标识 Linux 系统的一次使用过程，系统会为用户的每次登录创建一个会话。会话自登录系统时创建，直至用户退出，其间为会话的生命周期。每个会话有一个标识其身份的唯一 ID。进程中的会话 ID 表示其来自的会话。若两个进程的会话 ID 相同，表示它们源自同一会话。来自不同会话的进程，它们的会话 ID 也不同。

3．控制终端

会话被创建时未关联任何终端设备，Shell 无法完成标准输入/输出。为此，作为首会话进程的登录 Shell 会打开终端设备，实现与终端设备的关联，从而为其上创建的进程提供标准输入/输出服务。因此终端也称为控制终端，Shell 也称为终端的控制进程。

4．作业

作业控制源自 BSD 系统的 C Shell。C Shell 允许 Shell 用户在一个终端上同时运行多个命令，每个运行的命令行称为作业。在 X/Windows 图形用户界面出现之后，作业控制的使用相对减少了，但相较于窗口系统，使用作业控制管理具有任务切换速度快和占用资源少的特点。Linux 内核和 BASH 提供了对作业管理的支持。

用户在登录 Shell 后可同时运行多个作业，控制终端作为共享设备，为作业提供标准输入/输出服务。出于管理的需要，仅前台作业拥有终端控制权，后台作业可通过切换至前台的方式获得控制终端。在无前台作业的情况下，控制终端由登录 Shell 接管。对于作业的整个生命周期，其状态可进一步划分为前台运行状态、后台运行状态、后台停止状态和终止状态。在某一时刻，作业仅处于一种状态。在事件的驱动下，作业可在不同状态间迁移，如图 2-3 所示。

若在 Shell 上输入命令行并按 Enter 键，则作业运行于前台；若在 Shell 上

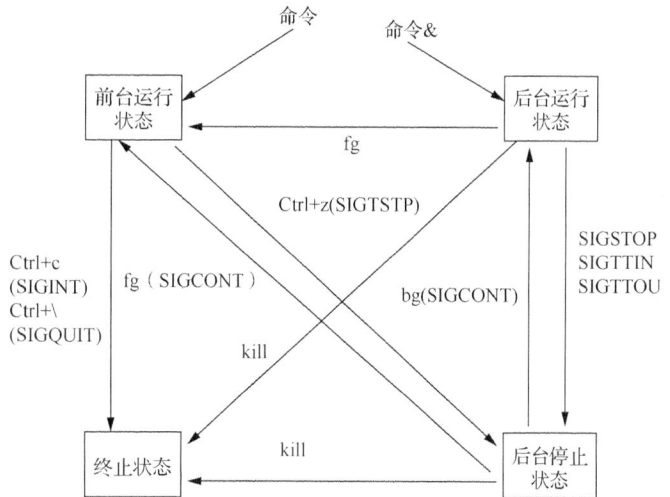

图 2-3　作业状态迁移模型

输入命令行后加上字符&并按 Enter 键，则作业运行于后台。为了有效管理终端在前后台作业间的分配，内核仅允许前台作业拥有终端的控制权，当后台作业需获得终端时，无论处于何种状态，可通过 fg 命令切换至前台，当无前台作业时，Shell 将收回终端的控制权。前台作业可通过快捷键 Ctrl+z 切换至后台；当后台作业试图从终端上读取数据时，内核向其发送 SIGTTIN 信号，该信号致使作业暂停运行；当后台作业试图写终端时，若终端启用了 TOSTOP 属性，内核向其发送 SIGTTOU 信号，信号同样导致该作业暂停运行；停止的作业在收到 SIGCONT 信号后恢复运行。无论作业处于何种状态，均可通过发送 SIGINT 信号终止作业。

5．进程组

为了便于管理，内核将一类进程归入同一进程组，进程组的创建者称为领头进程，其进程 ID 作为进程组 ID，同组进程的进程组 ID 相同。若进程组位于前台作业，则称为前台进程组，若进程组位于后台作业，则称为后台进程组。位于前台的领头进程通常拥有控制终端，可进行标准输入输出，后台进程无终端可用，若要从键盘上获得输入，须切换至前台。

< 29 >

控制终端生成的信号会发送至前台进程组中的每一个进程。当控制终端断开与会话的连接时，终端驱动程序会向控制进程 Shell 发送 SIGHUP 信号；继而 Shell 会向其创建的所有进程组发送 SIGHUP 信号，使它们终止运行。

下面通过一个实例模型分析会话、进程组、控制终端和作业的关系，如图 2-4 所示。

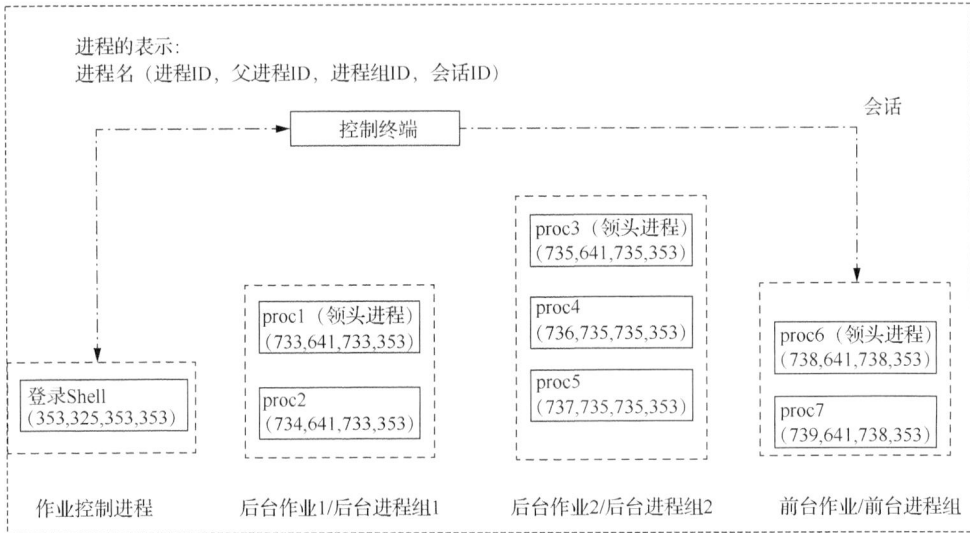

图2-4 会话、进程组、控制终端和作业的关系

登录 Shell 上共创建了 3 个作业，其中 2 个后台作业和 1 个前台作业分别对应 2 个后台进程组和 1 个前台进程组，它们中的所有进程属于同一个会话。后台进程组 1 包含 2 个进程 proc1 和 proc2，proc1 为领头进程，它们拥有相同的父进程；后台进程组 2 包含 3 个进程 proc3、proc4 和 proc5，proc3 为领头进程，也是 proc4 和 proc5 的父进程；前台进程组包含 2 个进程 proc6 和 proc7，它是控制终端的实际拥有者，proc6 为领头进程。当前台作业退出时，控制终端回归登录 Shell。登录 Shell 本身也是一个进程组，负责控制终端的分配和管理。

2.5.2 与进程和作业相关的命令

1. pstree 命令

语法：

```
pstree
```

功能：

显示系统中进程之间的继承关系。

下面以 Debian 发行版为例，给出 pstree 命令的执行结果，如图 2-5 所示。

图 2-5 中显示了 Debian 发行版中进程间的继承关系，其中 systemd 为所有用户进程的祖先，其他用户进程均为其子孙进程。

2. ps 命令

语法：

```
ps [option]
```

功能：

图2-5 Debian 发行版中进程间的继承关系

< 30 >

显示系统中进程的状态和属性。

ps 命令的常用选项及其含义如表 2-19 所示。

表 2-19　ps 命令的常用选项及其含义

选项	含义
-a	显示所有进程
-r	只显示正在运行的进程
-x	显示没有控制终端的进程
-u	打印用户格式，显示用户名
-l	长列表方式
-e	显示所有进程
-f	全格式
-j	按作业格式输出

下面使用两种不同的参数选项列出系统中进程的相关信息，如图 2-6 所示。

```
UID         PID  PPID  PGID    SID  C STIME TTY       TIME CMD
root        156     2     0      0  0 17:37 ?      00:00:00 [ext4-rsv-conver]
root        188     2     0      0  0 17:37 ?      00:00:00 [kauditd]
root        214     1   214    214  0 17:37 ?      00:00:00 /lib/systemd/systemd-udevd
root        355     1   355    355  0 17:37 ?      00:00:00 /usr/sbin/cron -f
root        356     1   356    356  0 17:37 ?      00:00:00 /usr/sbin/rsyslogd -n
root        358     1   358    358  0 17:37 tty1   00:00:00 /bin/login --
Debian-+    625     1   625    625  0 17:37 ?      00:00:00 /usr/sbin/exim4 -bd -q30m
root        634     1   634    634  0 17:40 ?      00:00:00 /lib/systemd/systemd --user
root        635   634   634    634  0 17:40 ?      00:00:00 (sd-pam)
                              （a）ps -efj

USER        PID %CPU %MEM    VSZ   RSS TTY      STAT START   TIME COMMAND
root          1  0.0  1.1   9428  6036 ?        Ss   17:36   0:02 /sbin/init
root          2  0.0  0.0      0     0 ?        S    17:36   0:00 [kthreadd]
root          3  0.0  0.0      0     0 ?        S    17:36   0:00 [ksoftirqd/0]
root          5  0.0  0.0      0     0 ?        S<   17:36   0:00 [kworker/0:0H]
root          6  0.0  0.0      0     0 ?        S    17:36   0:01 [kworker/u2:0]
root          7  0.0  0.0      0     0 ?        S    17:36   0:00 [rcu_sched]
root          8  0.0  0.0      0     0 ?        S    17:36   0:00 [rcu_bh]
root       1570  0.0  0.1   4208   848 tty1     S+   19:08   0:00 pager
root       1577  0.0  0.6   4616  3348 tty4     Ss   19:08   0:00 /bin/login --
root       1583  0.0  0.9   6600  4620 tty4     S    19:09   0:02 -bash
root       4087  0.0  0.0      0     0 ?        S    21:15   0:00 [kworker/u2:1]
root       4746  0.0  0.0      0     0 ?        S    21:57   0:00 [kworker/0:2]
root       4761  0.0  0.0      0     0 ?        S    22:02   0:00 [kworker/0:1]
root       4782  0.1  0.0      0     0 ?        S    22:07   0:00 [kworker/0:0]
root       4785  0.0  0.6   7668  3304 tty4     R+   22:07   0:00 ps -aux
                              （b）ps -aux
```

图 2-6　ps 命令运行实例

（1）命令 ps -efj

命令 ps -efj 以标准风格显示系统中的进程，其中各列的含义如表 2-20 所示。

表 2-20　命令 ps -efj 显示列表中各列的含义

列名	含义
UID	有效用户
PID	进程 ID
PPID	父进程 ID
PGID	进程组 ID
SID	会话 ID
C	进程占用 CPU 的百分比
STIME	进程启动的开始时间
TTY	进程关联的终端
TIME	进程运行时间
CMD	命令的名称和参数

（2）命令 ps -aux

命令 ps -aux 以 BSD 风格显示系统中的进程，其中各列的含义如表 2-21 所示。

< 31 >

表 2-21　命令 ps -aux 显示列表中各列的含义

列名	含义
USER	用户名
PID	进程 ID
%CPU	进程占用 CPU 的百分比
%MEM	进程占用内存的百分比
VSZ	进程使用虚拟内存的数量（KB）
RSS	进程占用物理内存页面的数量（KB）
TTY	进程的关联终端
STAT	进程的状态
START	进程的启动时间
TIME	进程的运行时间
COMMAND	命令的名称和参数

（3）进程状态迁移模型

进程从创建到终止的一段时间内，通常会经过一系列的状态变化。状态的变化由事件引发。进程状态迁移模型如图 2-7 所示。

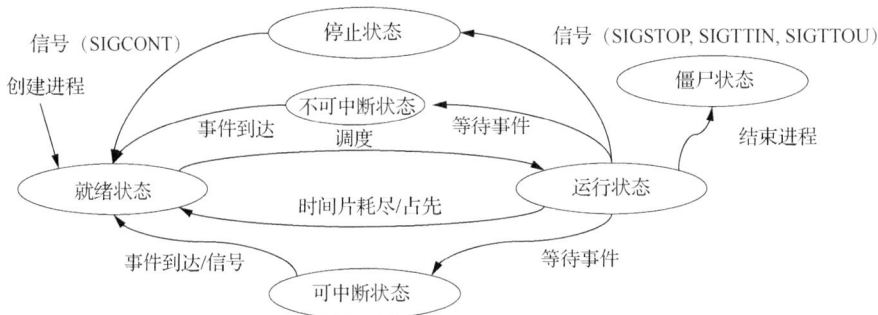

图 2-7　进程状态迁移模型

进程由就绪、运行、停止、可中断、不可中断和僵尸 6 种状态组成。进程创建后处于就绪状态，等待调度；被调度器选中后便进入运行状态；当进程因等待某资源而阻塞时，根据等待资源的性质，进程进入可中断或不可中断状态；当等待的资源得到满足时，进程重新回到就绪状态，等待下一轮调度；当运行中的进程收到 SIGSTOP 信号时，进入停止状态，直至收到 SIGCONT 信号，重新进入就绪状态；当调用 exit 等函数时，进程进入僵尸状态，等待父进程获取结束状态后回收残留资源。

（4）进程状态

在使用 ps -aux 显示进程信息时，字段 STAT 表示进程的当前状态。表 2-22 给出了该字段可能出现的含义。

表 2-22　ps -aux 命令显示列表中 STAT 字段的含义

进程状态	含义
D	不可中断的睡眠状态
R	运行或就绪状态
S	可中断的睡眠状态
T	停止状态
t	停止状态（由于调试追踪）
W	等待状态，自内核 2.6 版引入
X	结束状态（从未出现）
Z	僵尸状态，进程已结束，等待父进程进一步处理

< 32 >

对于进程状态字段 STAT，其值可能包含一些其他字符，用于进一步描述当前进程的状态。字符的含义如表 2-23 所示。

表 2-23　进程状态字段 STAT 的进一步描述

进程附加状态	含义
<	高优先级
N	低优先级
L	虚拟内存页锁定
s	会话首进程
l	多线程进程
+	前台进程组中的进程

3．kill 命令

语法：

```
kill  [option]  list
```

功能：

向列表 list 中的进程发送信号，进程用进程 ID 表示。若未指定信号，则发送 TERM 信号。kill 命令的常用选项及其含义如表 2-24 所示。

表 2-24　kill 命令的常用选项及其含义

选项	含义
-l	列出所有可用的信号名称
-s	指定发送的信号

kill 命令中进程 ID 的取值应符合表 2-25 所示的规则。

表 2-25　kill 命令中进程 ID 的取值及其含义

进程 ID	含义
>0	将信号发送至进程 ID 对应的进程
=0	将信号发送给当前进程所在组的所有进程
=-1	将信号发送给所有进程 ID>1 的进程
-n，n>1	将信号发送给进程组 ID=n 的所有进程

4．fg/bg 命令

语法：

```
fg/bg 作业号
```

功能：

fg 命令用于将作业从后台切换至前台，后台暂停的作业将继续运行；bg 命令用于使后台暂停的作业恢复运行。

5．jobs 命令

语法：

```
jobs
```

功能：

显示当前终端上所有后台作业的状态。

实例分析如下所示：

< 33 >

```
$ kill  -l                              # 列出所有信号
$ kill  -9  323                         # 发送信号 9 至进程 323
$ kill  -9  -1223                       # 向进程组发送信号 9
$ kill  -9  -1                          # 向所有进程 ID>1 的进程发送信号 9
$ jobs                                  # 列出系统中所有的后台作业
```

2.5.3 一些特殊进程

1. 孤儿进程和孤儿进程组

因父进程终止而成为孤儿的进程称为孤儿进程。孤儿进程会被初始化进程收养。若进程组中不存在位于同一会话其他进程组的父进程，则该进程组称为孤儿进程组。若孤儿进程组中存在处于停止状态的进程，由于 init 进程仅处理终止的子进程，因此无法确保停止进程能恢复运行。为防止产生大量停止状态的孤儿进程组，当孤儿进程组有停止状态的进程时，内核会先后向孤儿进程组发送 SIGHUP 和 SIGCONT 信号，使进程终止运行或恢复运行直至退出。

2. 僵尸进程

僵尸进程是指已终止但未被父进程回收的进程。僵尸进程是进程所处的一种状态，仅保留终止的状态信息，供父进程在适当时机获取并释放。父进程根据获取的状态信息，可获知子进程结束的原因，从而做出相应的处理。

3. 守护进程

守护进程是一种运行在后台的特殊进程，它摆脱了与控制终端的联系，不会受到终端的干扰。守护进程通常为服务器进程，为用户提供各种形式的服务。

2.5.4 进程资源限制

进程在运行期间会消耗一定的资源。随着进程数量的增加，系统可用资源会逐渐减少。为了控制资源的使用，需对进程使用的资源加以限制。为此，Linux 提供了 ulimit 命令，可控制进程对资源的使用。

ulimit 命令的语法：

```
ulimit [option] value
```

功能：

ulimit 为 Shell 内部指令，用于控制 Shell 上进程对资源的使用。

ulimit 命令的常用选项及其含义如表 2-26 所示。

表 2-26   ulimit 命令的常用选项及其含义

选项	含义
-a	显示当前资源的限制状况
-c	设置 core 文件的最大值（逻辑块）
-d	进程数据段的最大值，单位为 KB
-f	创建文件长度的最大值（逻辑块）
-H	硬件限制
-m	进程可使用内存的最大值，单位为 KB
-n	进程能打开文件的最大数量
-s	进程栈的上限，单位为 KB
-p	管道缓冲区的最大值，单位为 KB

< 34 >

续表

选项	含义
-S	使用资源的软件限制
-u	用户进程的最大数量
-v	进程使用虚拟内存的大小，单位为 Kb
-t	每秒 CPU 占用的最大时间

每一项限制的资源都有两个值：软限制和硬限制。软限制限制了进程使用资源的总量，硬限制定义了软限制的上限。普通用户在调整软限制值时，可设置为 0 至硬限制值之间的任意值。新进程将继承父进程对资源的设定。

实例分析如下所示：

```
$ ulimit -a                    # 显示所有限制信息
$ ulimit -u  500               # 设置单一用户的进程上限
```

2.5.5 系统限制选项

内核实现了对系统软硬件资源的管理。每一种资源均有数量限制，进程对资源的使用不应超越这一限制。用户可使用 getconf 命令观察系统的资源配置：

```
getconf  system_var
```

功能：

获取系统配置变量 system_var 的值。

实例分析如下所示：

```
$ getconf -a                   # 获取系统所有配置变量的值
$ getconf ARG_MAX              # 获取命令行的最大长度
$ getconf PAGE_SIZE            # 获取系统内存页的大小
```

2.6 输入/输出重定向和管道

2.6.1 标准输入/输出

用户登录时，login 会打开终端设备，用于标准的输入/输出。键盘为终端的输入设备，显示器为终端的输出设备。打开的终端会关联三个文件描述符，它们分别为 0、1 和 2，如表 2-27 所示，分别用于标准输入、标准输出和标准错误输出。login 上的子孙进程将继承这三个文件描述符。

表 2-27 用户进程中默认打开的文件描述符

文件	文件描述符	默认设备
标准输入	0	键盘
标准输出	1	显示器
标准错误输出	2	显示器

2.6.2 输入/输出重定向

程序读/写文件时，最终使用的是文件描述符。文件描述符仅表示其在进程文件描述符表中的位置，指向打开的文件描述。在不改变程序的前提下，可通过复制文件描述符，使文件描述符指向新的文件描述，从而实现输入/输出的重定向。

< 35 >

1．输入重定向

程序从文件读取数据时，将文件重定向至其他设备或文件的技术称为输入重定向，这里的文件通常指标准输入。其语法形式如下：

```
cmd  [n]< file
```

功能：

命令 cmd 从文件描述符 n 的读入转向文件 file。

2．输出重定向

程序向文件写入数据时，将文件重定向至其他设备或文件的技术称为输出重定向，这里的文件通常指标准输出或标准错误输出。其语法形式如下：

```
cmd  [n]> file
cmd  [n]>> file
```

功能：

命令 cmd 向文件描述符 n 的输出转向文件 file。

操作符的含义如表 2-28 所示。

表 2-28　操作符的含义

文件描述符 n	含义	重定向操作	含义
1	标准输出	>	输出内容至新建文件或覆盖已有文件
2	标准错误输出	>>	输出内容追加至已有文件
&	标准输出和标准错误输出		

3．复制文件描述符

（1）复制输入文件描述符

语法：

```
[n]<&m
```

功能：

将输入文件描述符 m 复制给文件描述符 n，使文件描述符 n 指向文件描述符 m 对应的文件。

（2）复制输出文件描述符

语法：

```
[n]>&m
```

功能：

将输出文件描述符 m 复制给文件描述符 n，使文件描述符 n 指向文件描述符 m 关联的文件。

4．移动文件描述符

（1）移动输入文件描述符

语法：

```
[n]<&digit-
```

功能：

将文件描述符 digit 移动至文件描述符 n，用于输入重定向。

< 36 >

（2）移动输出文件描述符

语法：

```
[n]>&digit-
```

功能：

将文件描述符 digit 移动至文件描述符 n，用于输出重定向。

实例分析如下所示：

```
$ cat < demo.c          # 显示文件 demo.c
$ ls 1> out1            # 将标准输出重定向至文件 out1
$ ls &> out12           # 将标准输出和标准错误输出重定向至文件 out12
$ ls >out12  2>&1       # 将标准输出和标准错误输出重定向至文件 out12
$ ls 2>&1  >out1        # 因复制发生在重定向前，故仅将标准输出重定向至文件 out1
```

2.6.3　管道

管道是实现进程间通信的一种方法，用于连接两个进程的输入和输出，将一个进程的输出作为另一个进程的输入。根据管道的实现方式，可将其分为无名管道和命名管道。

1. 无名管道

无名管道通过在内存中建立文件实现。若无名管道使用结束，则内存文件符自动删除。

语法：

```
[!] cmd1 [ |?|& cmd2 ... ]
```

功能：

命令 cmd1 和 cmd2 通过无名管道符|链接，将命令 cmd1 的输出作为命令 cmd2 的输入，|仅表示标准输出；|&表示标准输出和标准错误输出。

2. 命名管道

命名管道通过在文件系统中建立管道文件实现。用户通过对管道文件的读/写实现进程通信。

mkfifo 命令的语法：

```
mkfifo  [option]  list
```

功能：

创建列表 list 中指定的管道文件，选项-m 用于定义文件的权限，可参见 chmod 命令。

实例分析如下所示：

```
$ mkfifo  -m 644  myfifo      # 建立权限为 644 的命名管道文件 myfifo
$ ls -l >myfifo &             # 以后台运行方式将当前目录的详细信息写入管道文件 myfifo
$ cat myfifo                  # 显示管道文件 myfifo 的内容
```

2.7　元字符与正则表达式

2.7.1　元字符

元字符是一类具有特定含义的特殊字符，通常用于匹配字符串等操作。元字符的定义与其所处环境有关，如 Shell 和 GREP 等。对元字符的定义因软件而异。下面以 Shell 和 EGREP（Extended GREP）为例，介绍元字符的定义和使用方法。

< 37 >

2.7.2 Shell 中的元字符

1. 通配符

Shell 中的元字符也称为通配符，经常出现在 Shell 命令中，用于通配文件和目录。表 2-29 给出了常用的元字符及其含义。

表 2-29 Shell 中常用的元字符及其含义

元字符	含义
?	匹配任意一个字符
*	匹配任意数量的字符
[abc]	匹配 a、b 和 c 中任意一个字符
[a-z]	匹配 a～z 范围内的任意字符
[!a-z]	匹配除 a～z 外的字符

实例分析如下所示：

```
$ ls [a-z]*          # 查找以字母 a 到 z 开头的所有文件
$ ls [!a-z]*         # 查找不以字母 a 到 z 开头的所有文件
$ ls *.c             # 查找后缀名为 c 的所有文件
```

2. 屏蔽元字符的特殊含义

有时，若需在命令中使用元字符本身，则要屏蔽元字符本身的含义。可通过下面两种方式实现。
① 在包含元字符的字符串两边加单引号或双引号。
② 在元字符前使用反斜杠 "\"。
实例分析如下所示：

```
$ ls  ab*cd          # 查找所有文件名以 ab 开头且以 cd 结尾的文件
$ ls  ab\*cd         # 查找文件 ab*cd
```

2.7.3 正则表达式

正则表达式是一种匹配具有某种特征的字符串模板。如同算术表达式一样，它可由若干粒度更小的表达式连接而成，通常由包括元字符在内的若干字符构成。它遵守一定的语法规则，用于描述字符串的匹配方式。正则表达式被编辑器和文字处理等软件广泛使用，如 vim、EGREP 和 AWK 等，通常用于搜索符合某特征的字符串。下面以 egrep 命令为例，介绍正则表达式的使用方法。

GREP 是一款功能强大的文本过滤软件，可从文本文件中过滤与某模式相匹配的行，EGREP、FGREP（Fixed GREP）和 RGREP（Recursive GREP）为它的子集。GREP 支持三种类型的正则表达式，分别是基本正则表达式（Basic Regular Expression，BRE）、扩展正则表达式（Extended Regular Expression，ERE）和 Perl 正则表达式（Perl Compatible Regular Expression，PCRE）。通常，BRE 的表达能力较弱；对于 GNU GREP，BRE 和 ERE 具有相同的表达能力；但对于 BRE，需在?、+、{、|、(和) 字符前加反斜杠 "\"。GREP 默认情况下支持 BRE，EGREP 支持 ERE。

egrep 命令的语法：

```
egrep  pattern  list
```

功能：
过滤列表 list 中文件的内容，显示所有匹配模式 pattern 的行。
egrep 命令支持的元字符及其含义如表 2-30 所示。

< 38 >

表 2-30　egrep 命令支持的元字符及其含义

元字符	匹配字符
^	行首
$	行尾
\char	转义后面的字符
[^]	不匹配方括号中的任意字符
\<	单词的开始
\>	单词的结尾
()	括号内为一组
|	分组
{m}	前缀字符重复 m 次
{m,}	前缀字符至少重复 m 次
{m,n}	前缀字符重复 $m \sim n$ 次
.	所有的单个字符
?	0 个或 1 个前缀字符
+	至少 1 个前缀字符
*	0 个或多个字符

实例分析如下所示：

```
$ egrep '(^abc|def)'' textfile      # 过滤出以单词 abc 或 def 为首的行
$ egrep '\.00$' textfile            # 过滤出以.00 结尾的行
$ egrep '5\..' textfile             # 过滤出包含 5.后任意一个字符的行
$ egrep '^[^a-c]' textfile          # 过滤出不以字符 a、b 或 c 开头的行
$ egrep 'a(bc){2}' textfile         # 过滤出包含 abcbc 的行
$ egrep '[2-5][0-9]' textfile       # 过滤出包含 20 至 59 的行
$ egrep 'a(bc)+' textfile           # 过滤出包含 abc、abcbc、abcbcbc...的行
```

2.8　网络基础

2.8.1　TCP/IP 概述

　　网络是 Linux 系统的重要组成部分，负责计算机间的数据传输，扮演着十分重要的角色。Linux 内核支持 TCP/IP 等多种网络协议，TCP/IP 已成为事实上的互联网标准协议。正确配置 TCP/IP 是保证系统接入互联网的基础。由于 Linux 发行版种类繁多，不同版本间可能存在一定的差异。下面以 CentOS 和 Debian 为例，在正确安装网卡驱动程序和 TCP/IP 的前提下，分别介绍 IP、网关和 DNS（Domain Name System，域名系统）地址的配置。配置方法有两种：手动修改配置文件和使用管理工具。

2.8.2　网络配置文件

　　通常，网络配置信息位于/etc 目录中。当启动 Linux 系统时，通过读取配置文件设置网络。配置文件的命名和格式遵从一定的规则。不同的发行版存在一些细微的差异。下面以发行版 CentOS 和 Debian 为例，给出常用网络配置文件的路径名，如表 2-31 所示。

表 2-31　网络配置文件的路径

配置文件	发行版	描述
/etc/sysconfig/network-scripts/ifcfg-ethN	CentOS	配置 IP、网关和 DNS 地址
/etc/network/interfaces	Debian	配置 IP、网关和 DNS 地址
/etc/hosts	CentOS/Debian	配置主机名
/etc/services	CentOS/Debian	配置网络服务
/etc/resolv.conf	CentOS/Debian	配置 DNS 服务器

< 39 >

下面以 CentOS 和 Debian 发行版为例，介绍基于配置文件的设置方法。

1．基于 DHCP 的设置

DHCP（Dynamic Host Configuration Protocol，动态主机配置协议）可为客户机提供地址的自动管理服务。客户机通过向 DHCP 服务器发送请求，获取 IP、网关和 DNS 服务器地址，实现主机地址的自动分配。主机地址由 DHCP 服务器统一管理，以免产生地址冲突。

（1）基于 CentOS 发行版

```
$ cat /etc/sysconfig/network-scripts/ifcfg-eth0    # 配置文件路径
    DEVICE=eth0                                     # 设备名称
    BOOTPROTO=dhcp                                  # 使用 DHCP
    ONBOOT=yes                                      # 启动时自动激活网卡
```

（2）基于 Debian 发行版

```
$ cat /etc/network/interfaces                       # 显示配置文件内容
auto eth0                                           # 启动时自动激活网卡
iface eth0 inet dhcp                                # 设置 DHCP
```

2．基于静态地址的配置方式

与 DHCP 不同，静态地址配置方式采用人工管理模式。若管理不善，有可能出现同一 IP 地址被重复分配的情况。

（1）基于 CentOS 发行版

```
$ cat /etc/sysconfig/network-scripts/ifcfg-eth0    # 配置文件路径
    DEVICE=eth0                                     # 设备名称
    BOOTPROTO=static                                # 静态地址设置
    BROADCAST=192.168.0.255                         # 广播地址
    ONBOOT=yes                                      # 启动时自动激活网卡
    IPADDR=192.168.0.108                            # IP 地址
    NETMASK=255.255.255.0                           # 掩码地址
    GATEWAY=192.168.0.1                             # 网关地址
    DNS1=192.168.0.1                                # DNS 服务器地址
```

（2）基于 Debian 发行版

```
$ cat /etc/network/interfaces                       # 配置文件路径
auto eth0                                           # 启动时自动激活网卡
iface eth0 inet static                              # 采用静态 IP 地址配置方式
address 192.168.201.100                             # IP 地址
netmask 255.255.255.0                               # 掩码地址
gateway 192.168.201.254                             # 网关地址
dns-nameservers 202.97.224.68                       # DNS 地址
```

2.8.3　网络配置工具

用户也可在系统运行期间利用工具进行设置，下面仅介绍 ping 和 ip 命令。

1．ping 命令

语法：

```
ping [option] destination
```

< 40 >

功能：

向网络中目标机 destination 发送 ICMP（Internet Control Message Protocol，Internet 控制报文协议）报文，检测目标的 IP 是否处于活动状态。

ping 命令的常用选项及其含义如表 2-32 所示。

表 2-32　ping 命令的常用选项及其含义

命令名	含义
-i	指定发送的时间间隔
-c	设置要求回应的次数
-f	尽可能快地发送报文
-s	设置数据包的大小
-t	不停地发送 icmp 包
-b	允许 ping 一个广播地址

实例分析如下所示：

```
$ ping -c 5 -i 0.8 ipaddress        # 以时间间隔 0.8s 发送 icmp 包
$ ping -f -s 2048 ipaddress         # 以尽可能快的方式发送 2KB 的 icmp 包
$ ping -i 3 -s 1024 -t ipaddress    # 以 3s 间隔不断发送 1KB 的 icmp 包
```

2. ip 命令

语法：

```
ip object [command]
```

功能：

配置网络设备，其中 object 用于指定操作对象，command 为操作命令。

object 和 command 的常用选项及其功能如表 2-33 所示。

表 2-33　object 和 command 的常用选项及其功能

object	功能	command	功能
address	IP 地址	add	添加
route	路由表	del	删除
link	网络设备	show	显示
neigh	arp 缓存		
monitor	监视链路信息		

实例分析如下所示：

```
$ ip address show                          # 查看 IP 地址
$ ip address add 192.168.10.11/24 dev eth0 # 为 eth0 设置 IP 地址
$ ip addr show eth0                         # 查看设备 eth0 的地址是否生效
$ ip address del 192.168.10.11/24 dev eth0 # 删除设备 eth0 上的 IP 地址
$ ip route show                            # 列出路由表条目
$ ip route add default via 192.168.10.3    # 更改默认路由
$ ip link show                             # 获取设备信息
$ ip link set eth0 up                      # 激活网络设备 eth0
$ ip neigh show                            # 显示 arp 表
```

< 41 >

第 3 章　Linux 系统的定制与管理

3.1　磁盘管理

3.1.1　磁盘的物理结构

磁盘由若干盘片组成。每个盘片有两个面，每个面上各有一个磁头，用于读/写操作。不同盘面上的磁头按 0、1、2 的顺序依次编号，每个盘面由若干个称为磁道的同心圆构成。半径相同的所有盘面上的磁道构成柱面，从外至内从 0 开始编号。磁道又进一步被划分为若干个扇区，扇区同样按照一定的规则编号。位于同一盘面不同磁道上的扇区，虽然半径不同，但容量相同。扇区的容量通常为 512B。磁盘容量可使用以下公式计算。

$$磁盘容量=柱面数×磁头数×每磁道扇区数×每扇区字节数$$

假设某磁盘共由 3 个盘片组成，每个盘片上有 2 个磁头；每个盘片的两面都有 14 个磁道，磁盘共计 14 个柱面；每个磁道共分为 8 个扇区，每个扇区的容量为 512B，如图 3-1 所示，该磁盘的容量如下。

磁盘容量=柱面数×磁头数×每磁道扇区数×每扇区字节数=14×6×8×512=344064（B）。

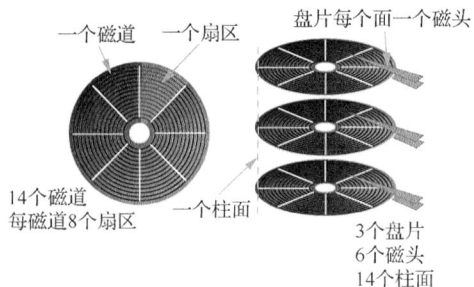

图 3-1　磁盘的内部结构

3.1.2　磁盘分区

1．磁盘分区的格式

随着大容量磁盘的出现，为了更好地管理磁盘空间，应将磁盘划分成若干区域，称为分区。为了便于研究，可将磁盘中的扇区按一定的次序排列，扇区的编号从 0 开始，形成一个线性空间。分区对应于线性空间中某个互不重叠的区域。分区由分区表统一管理，分区表存储于磁盘的某个特定位置。分区表的格式存在多种形式。

下面仅介绍两种常见的磁盘分区格式：主引导记录（Master Boot Record，MBR）和全局唯一标识分区表（Globally Unique Identifier Partition Table Format，GPT）。它们虽然格式不同，但描述每个分区的内容基本相同，均包含分区的起始扇区、大小和状态等信息。

（1）主引导记录

主引导记录源自 DOS（Disk Operating System，磁盘操作系统），是一种传统的磁盘分区格式，又称为主引导扇区，位于磁盘的第 0 个扇区，即位于整个磁盘的 0 柱面 0 磁头 0 扇区，内容包含引导程序（Boot Loader）、磁盘分区表（Disk Partition Table，DPT）和结束标记，结构如图 3-2 所示。

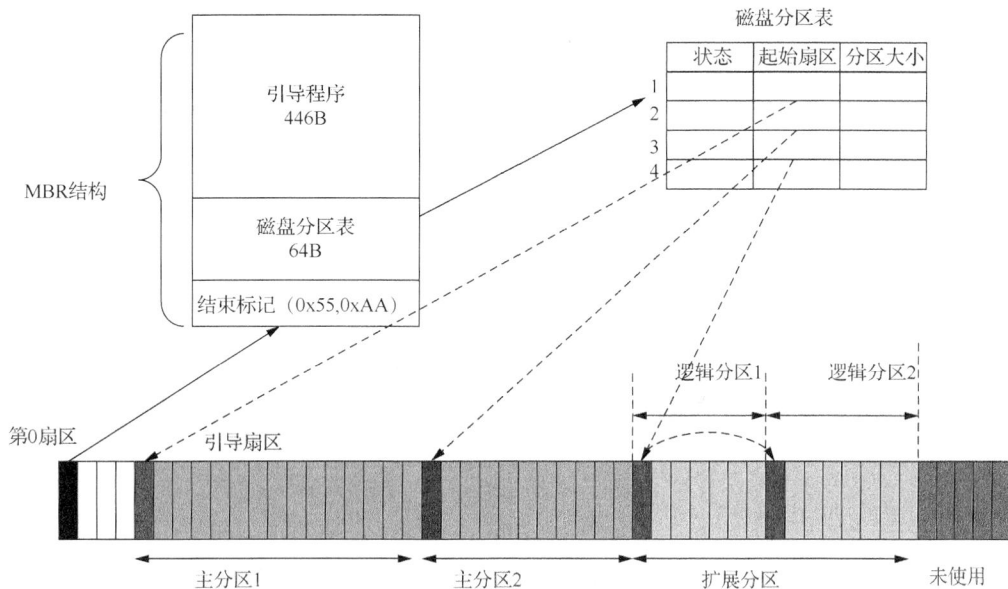

图 3-2　主引导记录的组织结构

主引导记录由 512B 构成，其中，前 446B 用于存放引导程序；中间 64B 用于存放磁盘分区表，每个分区占 16B，其中记录了分区的起始扇区、分区大小和状态等信息；最后两个字节的值是 0x55AA，为有效结束标志。不难看出，磁盘最多只能有 4 个分区。随着磁盘容量的不断增加，显然，4 个分区不能满足某些应用的需要。为此，可将其中的一个分区作为扩展分区，其他分区则称为主分区。扩展分区可进一步划分为若干个逻辑分区，逻辑分区的数量原则上不受限制。通常，分区的第 0 个扇区预留，必要时可存放引导程序等信息；逻辑分区的第 0 个扇区记录下一个逻辑分区的位置。每个磁盘最多只能有 4 个主分区，或 3 个主分区加 1 个扩展分区，每个分区最大支持 2TB。

分区在使用前需格式化为某种类型的文件系统，不同分区的文件系统类型可以不同。

（2）全局唯一标识分区表

全局唯一标识分区表是一种 UEFI（Unified Extensible Firmware Interface，全局可扩展固件接口）支持的分区格式。使用该格式时，主板须支持 UEFI 标准。与 MBR 相比，GPT 出现时间较晚，克服了 MBR 的某些缺点，分区数量可达 128 个，每个分区可支持 18EB 的容量，每个分区包含全局唯一标识符（Globally Unique Identifier，GUID）。

（3）逻辑卷

为方便突破单个设备或分区的容量限制，Linux 内核引入了一种设备映射机制，可将一组设备或分区映射称为逻辑卷的逻辑设备，便于用户定制和扩展。

2．Linux 系统中分区的命名

（1）块设备文件的命名

在 Linux 系统中，磁盘设备和分区的命名有一定的规则，hd 代表 IDE（Integrated Drive Electronics，电子集成驱动器）磁盘；sd 代表 SCSI（Small Computer System Interface，小型计算机系统接口）磁盘；vd 代表虚拟磁盘；同类型设备从字符 a 开始编号，a 代表第一个磁盘，b 代表第二个磁盘，依次类推。另外，dm 表示逻辑卷；dm-x 表示第 x 个逻辑卷。

磁盘上的分区从 1 开始编号。对于 MBR 格式的分区，主分区和扩展分区的编号为 1～4，例如，

< 43 >

第一个 SCSI 磁盘的 4 个分区分别为 sda1、sda2、sda3 和 sda4；扩展分区中的逻辑分区从编号 5 开始，例如，sda 中的第 1 个逻辑分区为 sda5，第 2 个逻辑分区为 sda6。

（2）基于 UUID 的分区标识

通常分区以设备文件或卷标命名，但均存在一定的局限性。例如，假设有磁盘 sda 和 sdb，若 sda 为第 1 块磁盘，当将第 2 块磁盘设置为引导盘时，它们的次序会被颠倒，从而产生一些麻烦。

UUID（Universally Unique Identifier，通用唯一识别码）是全局命名标准，可唯一标识一个对象。一个 UUID 占用 16B，共 128 位。格式化分区时，生成的 UUID 位于文件系统的超级块，用于唯一标识分区。但并非所有文件系统都支持 UUID。与设备文件和卷标命名相比，由于 UUID 具有全局唯一性，因此避免了命名冲突现象的发生。通常 UUID 采用十六进制，由 32 个字母和 4 个连字符组成，其格式可表示为

xxxxxxxx-xxxx-xxxx-xxxx-xxxxxxxxxxxx

实例分析如下所示：

```
$ blkid -s UUID          # 显示系统中所有分区的 UUID
$ blkid -s LABEL         # 显示系统中所有分区的卷标
```

3．Linux 系统中的分区

通常安装 Linux 系统需要 3 个分区，第 1 个分区用于引导，其中存放引导加载程序和内核映像；第 2 个分区用于存放系统，内容包括系统工具和应用软件等，如 bash、gcc 和 vi；第 3 个分区用于交换，当内存不足时，用于缓存换出的物理页。引导分区也可置于普通的/boot 目录中，交换区也可用普通文件取代，因此，在一个分区上安装 Linux 系统是可行的。

下面以 SCSI 磁盘为例，采用 MBR 格式将磁盘划分为 3 个主分区和 1 个扩展分区，并在扩展分区上建立 1 个逻辑分区；主分区依次为 sda1、sda2 和 sda3，扩展分区为 sda4，sda4 上的逻辑分区为 sda5，如图 3-3 所示。sda3 被格式化为 Ext2 文件系统，sda1、sda2、sda3 和 sda5 都可以作为 Linux 系统的分区，分区信息保存在 MBR 中。

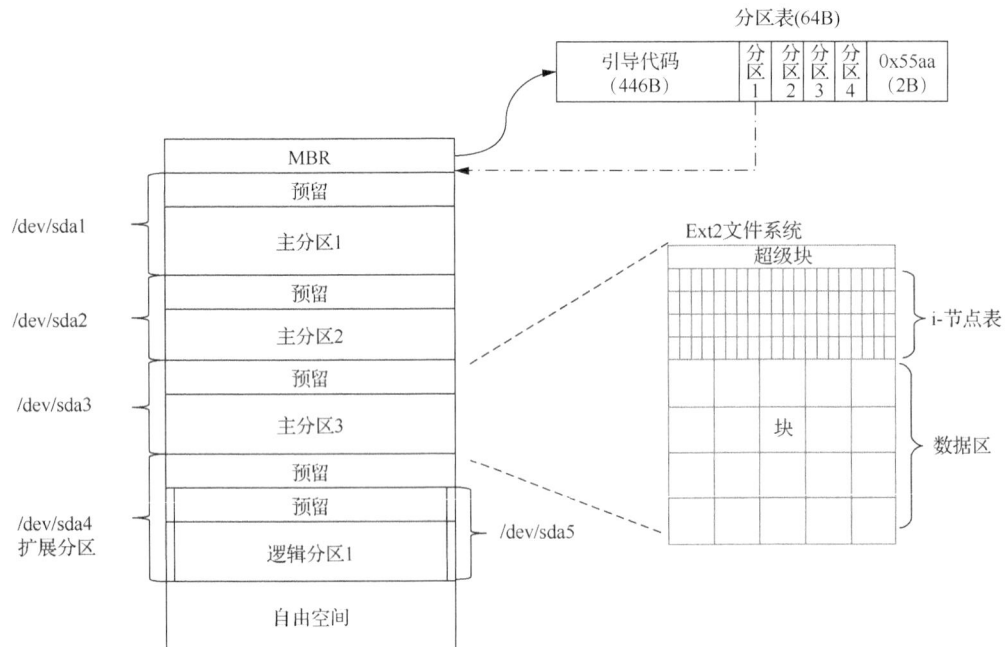

图 3-3　基于 MBR 格式的磁盘分区

< 44 >

4．fdisk 命令

fdisk 是 Linux 系统中常用的磁盘分区命令，支持 GPT、MBR、Sun、SGI 和 BSD 等多种分区类型。通过 fdisk 命令可在磁盘上创建、修改、查询和删除分区。

fdisk 命令的语法：

```
fdisk [option] device
```

功能：

在块设备 device 上建立、修改和删除分区。

在使用 fdisk 命令对块设备进行分区时，可选择表 3-1 所示的命令。

表 3-1 fdisk 命令支持的操作及其含义

命令	含义
n	创建分区
d	删除分区
q	退出但不保存
w	保存退出
p	显示分区信息
m	显示菜单和帮助信息
t	改变分区类型

实例分析如下所示：

```
$ fdisk              # 显示 fdisk 命令的用法信息
$ fdisk -l           # 显示系统中的分区信息
$ fdisk /dev/sdb     # 编辑/dev/sdb 中的分区表
```

3.1.3 分区格式化

分区在使用前必须格式化，即在分区上建立文件系统。不同类型的文件系统，其区别在于组织和管理文件的方式不同。Linux 内核支持多种文件系统，例如 Ext2、FAT（File Allocation Table，文件分配表）和 UFS（UNIX File System，UNIX 文件系统）等。可使用 mkfs 命令对分区进行格式化。

1．mkfs 命令

语法：

```
mkfs [option] device
```

功能：

在分区 device 上建立文件系统。

不同文件系统的选项有所不同。表 3-2 以 Ext2 文件系统为例，给出格式化时常用的选项及其含义。

表 3-2 mkfs 格式化 Ext2 文件系统时常用的选项及其含义

选项	含义
-t	选择文件系统的类型
-c	检查设备中是否有坏块
-v	详细显示模式
-N	设置 i 节点的数量
-m	给管理员预留的比例，默认为 5%
-L	设置卷标

< 45 >

mkfs 是支持多种文件系统的格式化工具，它支持的文件系统以模块的形式位于/sbin 中：
实例分析如下所示：

```
$ ls  /sbin/mkfs*                               # 显示当前mkfs 所支持的文件系统格式
mkfs  mkfs.BFS  mkfs.CRAMFS  mkfs.ext2  mkfs.ext3  mkfs.ext4  mkfs.MINIX
$ mkfs -t ext2 /dev/sda6                        # 格式化为ext2 型的文件系统
$ mkfs -V -c -t ext2 /dev/hda5                  # 格式化时检查坏块
$ mkfs -t ext2 -m 0 -N 1000 -L myfiles /dev/hdb5 # 格式化时设置 i 节点的数量和卷标
```

2．Linux 内核支持的文件系统

若要在系统中使用经过格式化的块设备，Linux 内核须支持相应的文件系统。从 Linux 内核的源代码不难看出，内核支持多种类型文件系统，并随内核的演化而日趋完善。下面仅给出目前支持的部分文件系统，如表 3-3 所示。

表 3-3　Linux 内核支持的文件系统

文件系统类型	含义
Ext2/Ext3/Ext4	Linux 系统的文件系统
ISO 9660/（CDFS）	标准 CDROM（Compact Disk Read-Only Memory，只读光盘）文件系统
VFAT	微软操作系统使用的文件系统
SysV	System V 文件系统
NFS	Sun 公司推出的网络文件系统
NTFS	微软 Windows NT 的文件系统

3．交换区的格式化

交换区（Swap）用于缓存内存中暂时不用的物理页，磁盘分区或普通文件均可用作交换区。交换区可使用 mkswap 工具创建。

实例分析如下所示：

```
$ swapoff /dev/sda5                             # 从系统卸载交换区 sda5
$ mkswap /dev/sda6                              # 在 sda6 上建立交换区
$ swapon /dev/sda6                              # 为系统添加交换区 sda6
$ dd if=/dev/zero of=/tmp/myswap  bs=1024 count=524288  # 创建 myswap 文件用作交换区
$ mkswap /tmp/myswap                            # 在 myswap 上建立交换区
$ swapon /tmp/myswap                            # 为系统添加交换区 myswap
```

3.1.4　Ext 系列文件系统

Linux 内核初期采用 Minix 文件系统，随着内核的不断演化，文件系统的功能也在不断增强，后续版本克服了先前设计的某些不足，先后发展出了 Ext、Ext2、Ext3 和 Ext4 多个版本，但均保留了 UNIX 文件系统的特性；从文件系统组织结构的角度，它们拥有众多的相似性，可将文件系统划分为超级块、i 节点表和数据区共 3 部分。

1．超级块

超级块包含整个文件系统的布局信息和参数设置，例如，逻辑块大小、i 节点表的位置、文件系统的类型和卷标等。可使用 dumpe2fs 命令来查看文件系统的超级块信息：

```
$ dumpe2fs -h /dev/sda2     # 查看分区/dev/sda2 中文件系统的超级块信息
```

2．i 节点表

i 节点表定义了文件系统中所有的 i 节点。i 节点用于存放文件的管理信息，如文件类型、权限、

< 46 >

大小、数据在数据区的分布等。但 i 节点中不包含文件名，文件名及其对应的 i 节点编号以目录项的形式保存在目录文件中。

3．数据区

数据区用于存放文件的内容，其基本单位为逻辑块。一个文件包含若干个逻辑块，这些逻辑块以编号的形式存放于文件所对应的 i 节点中。在读/写文件时，根据读/写指针的位置，可计算出当前数据所在的逻辑块。

图 3-4 是 Ext2 文件系统的实例。其中，文件 demo.c 在 i 节点表中的编号为 102609。该 i 节点存放了 demo.c 文件的属性，其中块号为 208 的逻辑块中存放了该文件的内容。

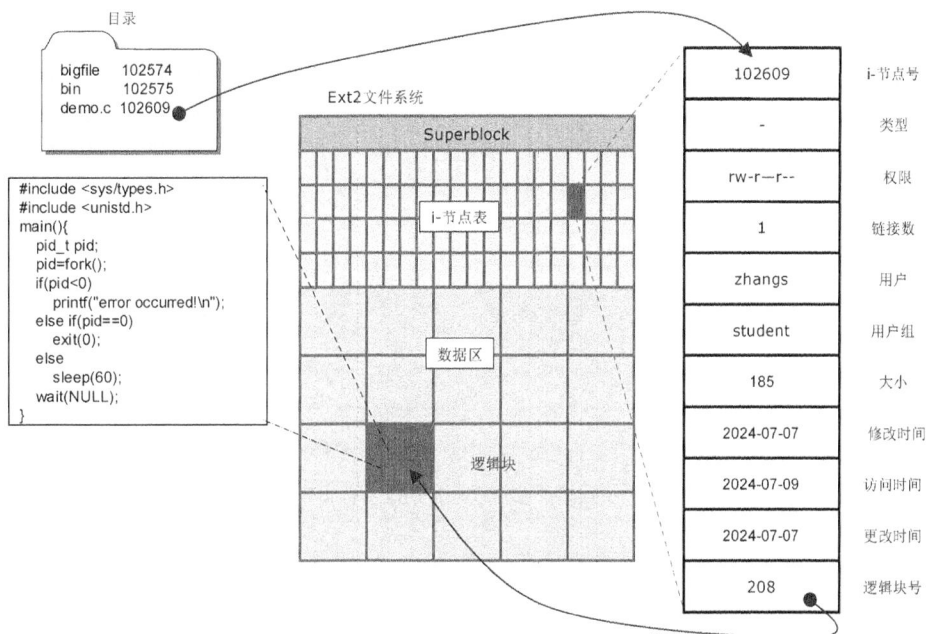

图 3-4　Ext2 文件系统的结构

可使用 ls -il 命令显示 demo.c 文件的相关信息：

```
$ ls -il demo.c
102609 -rwxr-xr-x 1 zhangs student 185 Jul  7 11:07 demo.c
```

3.1.5　文件系统的使用

在使用文件系统前，必须将其挂载至某个目录。当系统启动时，对于某些文件系统，它们已经被挂载成一棵目录树，用户可直接访问这些文件系统。但对于未挂载的设备，如光盘和 U 盘等，在使用前必须挂载。为了便于管理，Linux 专门建立了目录/mnt，用于挂载文件系统。例如，可将光盘挂载至目录/mnt/cdrom 中。当成功挂载后，用户可在/mnt/cdrom 目录下访问光盘。当不再需要时，可直接从该目录上卸载。挂载和卸载文件系统的命令分别为 mount 和 umount。

1．mount 命令

语法：

```
mount [option] device dir
```

< 47 >

功能：

将设备 device 上的文件系统挂载至目录 dir。

mount 命令的常用选项及其含义如表 3-4 所示。

表 3-4 mount 命令的常用选项及其含义

选项	含义
-t	指定文件系统的类型
-w	安装有读/写权限的文件系统
-r	安装只读文件系统
-a	自动挂载/etc/fstab 中定义的文件系统
-L	指定卷标
-U	指定 UUID

块设备除了用设备文件标识外，还可使用卷标或 UUID 进行标识，供挂载块设备时选择使用。值得注意的是，使用卷标或 UUID 时，应避免由于复制设备而导致的重名。

2．umount 命令

语法：

```
umount  device/dir
```

功能：

从 device|dir 上卸载文件系统。

实例分析如下所示：

```
$ mount /dev/cdrom /mnt/cdrom                              # 挂载光盘
$ mount -L /boot part/boot                                 # 挂载指定卷标的分区
$ mount -U 1108b721-7478-4f45-90b8-fd2310bd1453 /mnt/usb   # 挂载指定 UUID 的分区
$ mount -o loop  xxx.iso /mnt/cdrom                        # 挂载光盘映像文件
$ umount /mnt/cdrom                                        # 卸载光盘的挂载点
```

在卸载某文件系统前，须等所有用户结束对文件系统的访问后，文件系统才能被成功卸载。

3.1.6 综合实例

要为 VMware 虚拟机上的 Linux 系统添加一块虚拟磁盘，可在虚拟磁盘上创建一个 MBR 格式的主分区，并格式化为 FAT 类型的文件系统，实现与宿主机 Windows 系统的数据共享，具体操作步骤如下。

① 关闭虚拟机电源，通过设置添加一块虚拟磁盘，若其文件名为 testsdb.vmdk。

② 启动 Linux 系统，在虚拟磁盘上建立分区并格式化，代码如下：

```
$ fdisk /dev/sdb              # 创建一个主分区 /dev/sdb1
$ mkfs -t fat /dev/sdb1       # 将/dev/sdb1 格式化为 FAT 文件系统
$ mount /dev/sdb1 /mnt        # 挂载至/mnt 目录
```

③ 将需要的数据复制至/mnt 目录。

④ 卸载挂载点/mnt，关闭虚拟机电源，代码如下：

```
$ umount /mnt              # 卸载挂载点/mnt
```

⑤ 在 Windows 系统下载 VMware-mount 软件，运行并挂载 testsdb.vmdk 虚拟磁盘，实现数据交换。

< 48 >

3.2　备份与恢复

Linux 系统在运行过程中，存储的数据可能因某些原因存在被损坏的风险，如病毒、黑客攻击和硬件故障等。此外，存储过多数据也会影响系统的性能。因此，需对数据进行定期备份。例如，将数据保存至移动硬盘或网盘，以便需要时恢复。数据恢复属于备份的逆向操作。根据备份对象所处的层次，可将其分为面向文件、面向文件系统和面向设备的备份。

3.2.1　面向文件的备份与恢复

面向文件是指将文件作为备份对象，不关心文件所属的文件系统和存储的块设备。通常备份涉及归档和压缩两个步骤，归档是将若干文件按某种格式打包为一个文件；压缩是通过某种算法，将归档文件转化为体积更小的文件。归档并压缩后的文件更便于存储、传输和管理。下面介绍几种常见的面向文件的备份与恢复工具。

1. cpio 命令

语法：

```
cpio [option] < file [> archive]
```

功能：

将文件 file 列出的文件归档至文件 archive，或还原归档文件 archive，操作取决于具体选项。cpio 命令的常用选项及其含义如表 3-5 所示。

表 3-5　cpio 命令的常用选项及其含义

选项	含义
-v	版本模式
-B	块大小增至 5120B，默认为 512B
-C n	使用块的大小，字节数 n
-O	创建归档文件
-i	还原归档文件
-t	列出内容列表
-d	必要时创建目录
-U	用较新的文件覆盖较旧的文件
-m	保留文件的修改时间

实例分析如下所示：

① 将文件 file 中定义的文件归档至文件 archive.cpio，代码如下：

```
$ cpio -o < file > archive.cpio
```

② 还原归档文件 archive].cpio，代码如下：

```
$ cpio -i < archive].cpio
```

2. tar 命令

语法：

```
tar [option] archive [list]
```

< 49 >

功能：

将列表 list 中的文件归档至 archive，或还原归档文件 archive，具体操作由选项中的参数决定。tar 命令的常用选项及其功能如表 3-6 所示。

表 3-6   tar 命令的常用选项及其功能

选项	功能	选项	功能
-c	建立新的归档文件	-C	指定目录
-x	还原归档文件	-r	向归档文件末尾追加文件
-v	输出处理过程的相关信息	-O	将文件解至标准输出
-z	调用 gzip 来处理归档文件	-t	查看归档文件中的文件
-j	调用 bzip2 来处理归档文件	-f	对普通文件进行操作
-J	调用 xz 来处理归档文件	-p（小写）	保留备份文件原有的权限和属性
-Z	调用 compress 来处理归档文件	-P（大写）	保留绝对路径

Tar 命令支持多种压缩算法。为了减少归档文件的体积，归档时通常配合压缩算法，对归档文件进行压缩。压缩后归档文件的后缀及其含义如表 3-7 所示。

表 3-7   压缩后归档文件的后缀及其含义

后缀名	含义
.tar	归档后未经过压缩
.tar.gz	归档后用 gzip 程序压缩
.tar.bz2	归档后用 bzip2 程序压缩
.tar.xz	归档后用 xz 程序压缩

实例分析如下所示：

```
$ tar -cvf backhome.tar /home          # 归档目录/home
$ tar -czvf backhome.tar.gz /home      # 将目录/home 归档，然后用 gzip 压缩
$ tar -zvf backhome.tar                # 还原归档文件
$ tar -xzvf backhome.tar.gz            # 先用 gzip 解压，然后还原归档文件
```

3. gzip 命令

语法：

```
gzip [option] file
```

功能：

压缩/解压缩文件 file，仅对单个文件有效。

gzip 命令的常用选项及其功能如表 3-8 所示。

表 3-8   gzip 命令的常用选项及其功能

选项	功能
-c	将压缩的资料输出到终端
-d	解压缩

实例分析如下所示：

```
$ gzip filename          # 压缩后文件名变成 filename.gz
$ gzip -d filename.gz    # 解压缩文件 filename.gz
```

4. bzip2 命令

语法：

```
bzip2 [option] file
```

< 50 >

功能：

压缩/解压缩文件 file。

bzip2 和 gzip 采用的压缩算法不同，bzip2 命令的常用选项及其功能如表 3-9 所示。

表 3-9　bzip2 命令的常用选项及其功能

选项	功能
-c	将压缩的结果输出到终端
-d	解压缩
-z	压缩

实例分析如下所示：

```
$ bzip2  filename                          # 压缩后文件名变为 filename.bz2
$ bzip2 -d filename.bz2                     # 解压缩文件 filename.bz2
```

与 gzip 相比，bzip2 的压缩效率较高，但压缩速度较慢。在进行网络下载时，应尽量选择 bzip2 压缩的软件包，它消耗的网络流量较少。

3.2.2　面向文件系统的备份与恢复

面向文件系统的备份是以整个文件系统为单位。不同的文件系统在组织结构上存在差异，因此，备份工具与文件系统有关。下面以 Ext2/3/4 文件系统为例，介绍 dump 和 restore 命令。

1．dump 命令

语法：

```
dump  [option]  file  directory
```

功能：

将挂载至目录 directory 的 Ext2/3/4 文件系统备份至归档文件 file。

dump 命令的常用选项及其含义如表 3-10 所示。

表 3-10　dump 命令的常用选项及其含义

选项	含义
-[0-9]	备份的层级
-f	指定生成备份的文件
-u	在系统中记录备份文件系统的层级和时间等信息

2．restore 命令

语法：

```
restore  [option]  file
```

功能：

还原由 dump 备份的归档文件 file。

restore 命令的常用选项及其含义如表 3-11 所示。

表 3-11　restore 命令的常用选项及其含义

选项	含义
-f	从指定设备或文件中还原备份的数据
-i	使用交互方式，在还原过程中向用户提出咨询
-r	进行还原操作

< 51 >

实例分析如下所示：

```
$ dump -0u -f back1.bak /boot        # 归档文件系统
$ restore -irf back1.bak             # 还原文件系统
```

3.2.3 面向设备的备份与恢复

面向设备的备份属于低级备份，不考虑设备上数据的存储结构，也与设备上的文件系统无关。备份时将设备文件作为对象，对某区域的内容进行转储；恢复时仅需将数据还原至原有位置即可。dd 命令属于典型的面向设备的备份与恢复工具。

dd 命令的语法：

```
dd [option]
```

功能：

复制文件的某个区域，复制时可同时进行格式转换。

dd 命令的常用选项及其含义如表 3-12 所示。

表 3-12　dd 命令的常用选项及其含义

选项	含义
of=file	输出到文件 file，而不是标准输出
if=file	输入文件 file，file 不是标准输入
bs=size	一次读/写的字节数，默认为 512B
count=n	复制的块数
conv=ascii	把 EBCDIC 码转换为 ASCII 码
conv=ebcdic	把 ASCII 码转换为 EBCDIC 码
conv=ibm	把 ASCII 码转换为 alternate EBCDIC 码
skip=blocks	从输入文件开头跳过 blocks 个块后再开始复制
seek=blocks	从输出文件开头跳过 blocks 个块后再开始复制

实例分析如下所示：

```
$ dd if=/dev/sda1 of=/tmp/sda1.dd       # 备份整个磁盘分区
$ dd if=/dev/sda of=test count=1        # 备份磁盘的引导扇区
```

3.3　软件包管理

3.3.1 软件包概述

通常 Linux 发行版以光盘映像文件的形式发布，内容包含 Linux 内核在内的大量软件包，构成了一套以安装为目的的 Linux 系统。在安装 Linux 发行版时，用户可通过裁剪软件包，定制满足自身要求的 Linux 系统。软件包是具有某种格式的二进制文件，内容通常包含程序、配置文件和帮助文档等。目前，存在两种形式的软件包：RPM（RedHat Package Management，红帽软件包管理器）和 APT（Advanced Package Tool，高级软件包工具）。

1. RPM

RPM 是由 Red Hat 公司推出的软件包管理器，被 Fedora、Redhat、CentOS 和 SUSE 等主流发行版采用。软件包文件以后缀.rpm 命名。

< 52 >

2．APT

APT 属于 Debian 软件包管理工具，被 Ubuntu 等 Debian 衍生版广泛使用。软件包文件以后缀.deb 命名。它解决了软件包的依赖关系，软件包的安装与升级更为方便。

目前，软件包均采用网络化和中心化的管理模式，将软件包存储在若干网络镜像服务器上，由服务器统一管理。用户可使用在线工具安装、卸载和升级软件包。

3.3.2 软件包的命名与配置

1．软件包的命名

无论何种类型，软件包的命名均遵从一定的规则。通常，软件包文件的名称由下列几部分构成：

packagename-version-reversion_architecture.xxx

其中，packagename 为软件包的名称；version 为主版本号；reversion 为次版本号；architecture 表示适用的硬件类型；后缀.xxx 表示软件包类型。

例如：

```
software-1.2.3-1.i386.rpm              # RPM 软件包
software-1.2.3-1.deb                   # APT 软件包
```

2．软件包的安装路径

软件包在 Linux 系统上的安装位置遵从一定的规范，不同性质文件的存放位置不同。下面给出软件包常用的安装目录，如表 3-13 所示。

表 3-13　软件包的安装目录

文件类型	安装目录
普通执行程序	/usr/bin
管理程序	/usr/sbin
配置文件	/etc
应用文档资料	/usr/share/doc
联机帮助	/usr/share/man

3.3.3 RPM

1．rpm 命令

语法：

```
rpm [option] [list]
```

功能：

管理列表 list 中的 RPM 软件包，负责安装、升级、查询和卸载 RPM 软件包。

rpm 命令的常用选项及其含义如表 3-14 所示。

表 3-14　rpm 命令的常用选项及其含义

选项	含义	选项	含义
-i	安装软件包	-a	查询所有已安装的软件包
-q	查询软件包	-h	显示安装进度

< 53 >

续表

选项	含义	选项	含义
-e	卸载软件包	--v	验证软件包
-u	升级软件包	-l	查询软件包中的文件列表
-f	查询属于哪个软件包	-p	查询软件包文件
-s	显示软件包中的文件列表		

实例分析如下所示：

```
$ rpm -ivh packagename.rpm        # 安装软件包并显示安装进度
$ rpm -qi packagename             # 查看已安装软件包的信息
$ rpm -qpl packagename.rpm        # 查询 RPM 软件包中文件的信息
$ rpm -e packagename              # 删除已安装的软件包
$ rpm -U packagename.rpm          # 升级软件包
```

2．yum 命令

YUM 是一款使用 Python 语言编写而成的软件包管理工具，支持 HTTP（Hypertext Transfer Protocol，超文本传输协议）和 FTP（File Transfer Protocol，文件传输协议），在较新的 Redhat 衍生版中得到广泛使用。YUM 能从指定服务器上下载并自动安装软件包，无须考虑软件包间的依赖关系。

语法：

```
yum [command] [list]
```

功能：

按命令 command 的要求在线管理列表 list 中指定的 RPM 软件包，负责在线安装、升级、查询和卸载 RPM 格式的软件包。

yum 命令的常用选项及其含义如表 3-15 所示。

表 3-15　yum 命令的常用选项及其含义

常用选项	含义
install	安装指定软件包
update	更新软件包
check-update	检查可更新的软件包
upgrade	升级指定软件包
remove	卸载软件包
search	搜索软件包
info	显示指定软件包的信息
list	显示所有已安装的软件包

实例分析如下所示：

```
$ yum install packagename        # 安装软件包
$ yum update                     # 更新已安装的全部软件包
$ yum check-update               # 检查可更新的软件包
$ yum remove packagename         # 卸载软件包
$ yum list packagename           # 显示软件包的安装情况
```

3．dnf 命令

DNF（Dandified YUM）是由 Fedora 引入的新一代软件包在线管理工具。它对 yum 进行了优化，

< 54 >

使其具有更好的用户体验。

dnf 命令的语法：

```
dnf [command] [list]
```

功能：

按命令 command 的要求在线管理列表 list 中指定的软件包，负责安装、升级、查询和卸载 RPM 格式的软件包。

dnf 命令的常用选项及其含义如表 3-16 所示。

表 3-16   dnf 命令的常用选项及其含义

常用选项	含义
install	安装指定软件包
update	升级软件包
remove	删除软件包
reinstall	重新安装特定软件包
distro-sync	更新软件包到最新的稳定发行版
check-update	检查系统所有软件包的更新
clean all	删除缓存的无用软件包
info	查看软件包详情
list installed	列出所有安装的 RPM 包
list available	列出所有可安装的 RPM 包

实例分析如下所示：

```
$ dnf install packagename          # 安装软件包
$ dnf update packagename           # 升级软件包
$ dnf remove packagename           # 删除软件包
$ dnf info packagename             # 查询软件包的相关信息
$ dnf list installed               # 列出所有已安装的软件包
```

3.3.4 APT

1. dpkg 命令

DPKG（Debian Packager）是一款本地软件包管理工具，适用于 Debian/Ubuntu 及其衍生版，用于管理本地 APT 格式的软件包。

dpkg 命令的语法：

```
dpkg [option] file
```

功能：

Debian 本地软件包管理工具，负责安装、升级、查询和卸载软件包。

dpkg 命令的常用选项及其含义如表 3-17 所示。

表 3-17   dpkg 命令的常用选项及其含义

常用选项	含义
-l	列出已安装的所有软件包
-i	安装软件包
--c	查看软件包的内容
--r	删除软件包，但保留其配置

< 55 >

续表

常用选项	含义
--P	删除包含配置文件在内的软件包
-L	列出安装包的相关文件
-s	列出软件包的详细信息

实例分析如下所示：

```
$ dpkg  -i  packagename.deb        # 安装本地软件包
$ dpkg  -r  packagename            # 删除软件包
$ dpkg  -s  packagename            # 查找软件包的状态信息
$ dpkg  -L  package_name           # 显示软件包安装文件的位置信息
```

2．apt 命令

语法：

```
apt  [command]  pkg
```

功能：

按命令 command 的要求在线管理软件包 pkg，负责软件包的安装、升级、查询和卸载。

apt 命令的常用选项及其含义如表 3-18 所示。

表 3-18　apt 命令的常用选项及其含义

常用选项	含义
install	安装软件包
update	重新获取软件包列表
upgrade	更新软件包
remove	移除软件包
autoremove	自动移除全部不使用的软件包
clean	清除下载的归档文件
autoclean	清除已下载的归档文件
purge	移除软件包和配置文件
check	检验是否有损坏的依赖
source	下载源代码
build-dep	安装指定软件包所需的开发环境
search	搜索软件包
show	显示软件包信息

实例分析如下所示：

```
$ apt  install  packagename        # 安装软件包
$ apt  build-dep  packagename      # 安装相关的编译环境
$ apt  upgrade                     # 更新已安装的软件包
$ apt  remove  packagename         # 删除软件包
$ apt  source  packagename         # 下载该软件包的源代码
$ apt  search  packagename         # 使用关键字 pkg 搜索软件包
$ apt  show    packagename         # 显示软件包的详细信息
```

< 56 >

3.4 Linux 系统的初始化

3.4.1 Linux 系统的启动过程

Linux 系统的启动与硬件平台、分区格式和引导加载程序有关。下面以 Intel x86 为例，基于 MBR 磁盘分区表和 GRBU（GRand Unified Bootloader，通用引导加载程序），给出 Linux 系统的启动过程，如图 3-5 所示。打开电源后，驻留于主板上的基本输入/输出系统（Basic Input/Output System，BIOS）根据设置，找到引导盘上的 MBR，执行活动分区上的 GRUB 引导程序；继而将 Linux 内核加载至内存，并移交控制权；待内核初始化完成后，根据传递的参数将指定设备挂载为根文件系统，继续执行根文件系统上的初始化程序 init；由 init 完成应用环境的初始化，此时，启动过程结束，等待用户登录。

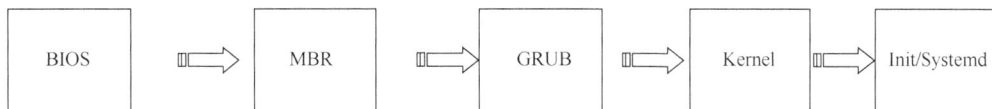

图 3-5　Linux 系统的启动过程

3.4.2 GRUB

GRUB 是开机运行的第一个程序，内容包括引导和加载两部分功能。GRUB 引导程序完成一系列初始化后，加载操作系统内核至内存，并移交控制权，最终引导整个操作系统。

GRUB 作为 GNU 自由软件之一，是一款功能强大的引导加载程序，具有很强的可扩展性，被 Linux 发行版广泛采用。GRUB 支持多种文件系统和内核映像格式，可引导包括 Linux 系统在内的多种操作系统，如 BSD 系列和 Windows 等；并为用户提供了两种交互方式：命令行和菜单，用户可根据自身需求进行选择。

1．GRUB 的实现

受 x86 引导扇区的限制，GRUB 将自身划分为两个部分，第一部分为 boot.img，大小控制在一个扇区 512B 内，用于引导后续部分；第二部分为 GRUB 的主体，其文件名为 core.img，用于实现操作系统的加载。

（1）boot.img 文件

GRUB 将 boot.img 文件置于磁盘的第 0 个扇区，目的是加载并执行 core.img 中的代码。

（2）core.img 文件

core.img 文件为 GRUB 的主体，由若干模块构成。该文件可将系统从实模式切换至保护模式，使 GRUB 具有更大的寻址空间，为加载操作系统内核创造条件。GRUB 根据配置文件 grub.cfg 的内容，确定内核的名称和位置，解析并将其复制至内存。待移交控制权后，加载使命完成。

2．创建基于 GRUB 的引导分区

要成为 GRUB 启动分区，应先将分区格式化为 GRUB 支持的文件系统，然后在分区上建立 GRUB 启动环境，内容包括创建引导加载程序和启动配置文件。为此，GRUB 分别提供了 grub-install 和 grub-mkconfig 工具。grub-install 为分区建立引导加载程序，将内容安装至/boot/grub 目录；grub-mkconfig 用于生成 GRUB 配置文件。

3．实例分析

为运行于 VMware 虚拟机上的 Linux 系统添加一块 GRUB 引导盘，具体操作步骤如下。

< 57 >

① 关闭 VMware 虚拟机电源，在设置中添加一块虚拟磁盘。

② 为添加的虚拟硬盘创建一个主分区，代码如下：

```
$ fdisk /dev/sdb
```

③ 将创建的主分区/dev/sdb1 格式化为 Ext3 文件系统，代码如下：

```
$ mkfs -t ext3 /dev/sdb1
```

④ 挂载/dev/sdb 至/mnt，代码如下：

```
$ mount /dev/sdb1 /mnt
```

⑤ 安装 GRUB 引导程序，代码如下：

```
$ grub-install --boot-directory=/mnt/boot /dev/sdb
```

3.4.3 Linux 应用环境的初始化

Init 源自 System V，为 UNIX 系统运行的第一个应用程序，延用于早期的 Linux 系统，如 CentOS 5 之前的版本。随着 Linux 的不断演化，Init 暴露出一些不足，在新版 Linux 系统中得到了优化和发展，先后引入了 Upstart 和 Systemd 方案。

1. System V Init

System V Init 诞生于早期的 System V 系统。程序名为 init，它是内核初始化后运行的第一个程序，用于建立用户环境。init 程序根据/etc/inittab 脚本初始化系统，内容涉及/etc/init.d 和/etc/rc[runlevel].d 目录，runlevel 为系统的运行级别。因该方法产生年代较早，不支持并发和模块化。

2. Upstart

Upstart 被 CentOS 6 等发行版采用，它克服了传统 Init 的某些不足，是一种事件驱动的初始化方法，适用于变化的硬件环境，可根据增减设备时产生的事件动态调整服务。Upstart 支持并发操作，可缩短系统的启动时间。Upstart 启动时从/etc/init 目录中读取任务脚本。脚本的后缀名为.conf，每个脚本对应一个任务。

3. Systemd

Systemd 和 Upstart 一样，是对传统 Init 的改进。Systemd 为系统的启动和管理提供了一系列的解决方法，具有较高的并发性和扩展性，其配置文件位于/usr/lib/systemd/system 和/etc/systemd/system 中。Systemd 应用于新版的 Linux 发行版，如 Fedora15 和 Debian 等。

3.5 Linux 系统性能诊断

Linux 系统由若干进程构成，每个进程都会消耗一定的资源。随着进程数量的增加，系统剩余的资源会逐渐减少。若控制不当，会给系统性能造成很大的影响，甚至使系统崩溃。例如，对于应用服务器，其消耗的资源量通常与在线用户数量有关。若服务器设计不当，当用户数量急剧增加时，可能出现意想不到的结果。因此，实时监测系统状态是日常维护的一项重要工作。通过检测可及时发现系统存在的隐患，以便采取适当的措施，将问题消灭于萌芽状态。为了满足系统性能诊断的需要，开发人员为 Linux 系统设计了一系列诊断工具。利用这些工具，可有效提高系统的维护效率。下面介绍其中的几种常用工具。

3.5.1　压力测试工具

极端环境容易暴露软件的潜在问题。Stress 是一款压力测试工具，专为模拟极端恶劣环境而设计，可模拟 CPU、内存和 I/O 等高负载环境。

stress 命令的语法：

```
stress [option]
```

功能：

系统负载模拟工具，用于测试系统在不同压力下的表现。

stress 命令的常用选项及其含义如表 3-19 所示。

表 3-19　stress 命令的常用选项及其含义

常用选项	含义
-c n	创建 n 个不断调用 sqrt()函数的进程
-i n	创建 n 个不断调用 sync()函数的进程
-m n	创建 n 个不断调用 malloc()/free()函数的进程
-d n	创建 n 个不断调用 write()/unlink()函数的进程
-t n	设置超时 n s

实例分析如下所示：

```
$ stress -c 10        # 创建 10 个不间断消耗 CPU 的进程
$ stress --m 20       # 创建 20 个不断申请和释放内存的进程
```

3.5.2　系统性能检测工具

为了观察系统运行过程中各种资源的使用状况，开发人员设计了一系列系统性能检测工具，使用户可从不同角度观察系统所处的状态。下面对其中一些常见工具逐一进行介绍。

1. uptime 命令

语法：

```
uptime [option]
```

功能：

显示系统的运行时间。

uptime 命令仅有一行输出，依次为系统的当前时间、运行时长、当前登录的用户数和过去 1、5 及 15min 的平均负载。平均负载是指单位时间内可运行和不可中断进程的平均数。通过观察一段时间内系统的平均负载，可获知处理器的负载状况。

实例分析如下所示：

```
$ uptime              # 显示系统的运行时间
```

2. mpstat 命令

语法：

```
mpstat [option] [interval] [count]
```

功能：

显示多处理器的统计信息，其中 interval 表示统计的间隔时间（s）; count 为连续统计的次数。

< 59 >

mpstat 命令的常用选项及其含义如表 3-20 所示。

表 3-20 mpstat 命令的常用选项及其含义

常用选项	含义
-P	指定显示的 CPU
-u	显示 CPU 的利用率
interval	相邻两次采样的时间间隔,单位为 s
count	采样的次数

实例分析如下所示:

```
$ mpstat -P ALL 2 5     # 显示所有 CPU 的状态, 间隔 2s, 连续 5 次
```

3. vmstat 命令

语法:

```
vmstat [option] [interval] [count]
```

功能:

显示系统内存、进程、CPU 和 I/O 等统计信息。其中 interval 表示统计的间隔时间(s);count 为连续统计的次数。

vmstat 命令的常用选项及其含义如表 3-21 所示。

表 3-21 vmstat 命令的常用选项及其含义

常用选项	含义
-a	显示活跃和非活跃页缓存消耗的内存
-f	自系统启动至今系统 fork 的数量
-m	显示 slabinfo
-d	显示磁盘读/写的统计信息
interval	相邻两次采样的时间间隔(s)
count	采样的次数

实例分析如下所示:

```
$ vmstat 10 3      # 显示系统虚拟内存的使用状况, 间隔 10s, 连续 3 次
```

4. iostat 命令

语法:

```
iostat [option] [interval] [count]
```

功能:

显示磁盘 I/O 和 CPU 的统计信息。其中 interval 表示统计的间隔时间(s);count 为连续统计的次数。

iostat 命令的常用选项及其含义如表 3-22 所示。

表 3-22 iostat 命令的常用选项及其含义

常用选项	含义
-c	显示 CPU 的统计信息
-d	显示磁盘 I/O 信息
-x	显示更多磁盘的 I/O 信息
interval	相邻两次采样的时间间隔(s)
count	采样的次数

< 60 >

实例分析如下所示：

```
$ iostat -d        # 仅显示磁盘 I/O 的统计信息
```

5．pidstat 命令

语法：

```
pidstat [option] [interval] [count]
```

功能：

显示系统中进程的统计信息，其中 interval 表示统计的间隔时间（s）；count 为连续统计的次数。
pidstat 命令的常用选项及其含义如表 3-23 所示。

表 3-23   pidstat 命令的常用选项及其含义

常用选项	含义
-d	显示进程 I/O 的使用情况
-r	显示进程内存的使用情况
-w	显示进程上下文的切换情况
-p	显示特定进程的信息
-u	显示 CPU 的利用率
-t	显示线程的相关信息

实例分析如下所示：

```
$ pidstat  -r        # 显示进程内存的使用情况
$ pidstat -d         # 显示进程 I/O 的使用情况
```

6．ss 命令

语法：

```
ss [option]
```

功能：

系统中的网络套接字的统计信息。
ss 命令的常用选项及其含义如表 3-24 所示。

表 3-24   ss 命令的常用选项及其含义

常用选项	含义
-t	显示 TCP（Transmission Control Protocol，传输控制协议）套接字
-u	显示 UDP（User Datagram Protocol，用户数据报协议）套接字
-w	显示原始套接字
-x	显示 UNIX 域套接字
-p	显示使用套接字的进程
-l	仅显示监听的套接字
-a	显示所有套接字
-4	显示 IPv4 套接字
-6	显示 IPv6 套接字

实例分析如下所示：

```
$ ss -t -a          # 显示所有 TCP 套接字
$ ss -u -a          # 显示所有 UDP 套接字
```

< 61 >

第 4 章　Shell 命令语言

4.1　Shell 概述

Shell 是一种用户交互程序，源自 UNIX 系统，位于用户与内核之间，是用户与内核沟通的桥梁，使用户能轻松实现对系统软硬件资源的访问。Shell 进程不断接收并执行用户提交的作业，将执行结果返回给用户；它对提交的作业进行管理，完成前后台作业切换等操作。同时，Shell 引入了变量、控制语句和函数等语法，使其具有结构化程序设计能力。但与 C/C++ 等高级语言不同，Shell 对语法的处理以命令为基础，采用解释执行的方式，因此称为 Shell 命令语言。

4.1.1　Shell 的诞生与分类

Shell 诞生于 UNIX。随着 UNIX 的演化和 Linux 的出现，先后出现了多个 Shell 分支。下面介绍几款具有代表性的 Shell。

1971 年，第一个 Shell 出现在 UNIX V6 系统中，由 AT&T Bell 的软件工程师肯尼斯·蓝汤普森（Kenneth Lane Thompson）开发，有时也称为 UNIX V6 Shell，类似于 Multics（Multiplexed Information and Computing System，多任务信息及计算系统）的前身。

1977 年，Bourne Shell 出现在 UNIX V7 系统中，由 AT&T Bell 的计算机科学家史蒂夫·伯恩（Steven Bourne）开发，一直沿用至今，成为众多系统的默认 Shell。它以命令行方式执行，支持 Shell 脚本编程。

1978 年，C Shell 出现在 BSD UNIX 系统中，由美国加州大学伯克利分校的比尔·乔伊开发。在 C Shell 中，Shell 脚本的语法类似于 C 语言，引入了命令的历史记忆功能。TCSH（Turbo C Shell）为 C Shell 的增强版，加入了命令补全和行编辑功能。

1983 年，Korn Shell 正式发布，它由 AT&T Bell 的计算机科学家大卫·考雷什（David Koresh）开发。Korn Shell 继承了 C Shell 和 Bourne Shell 的优点，与 Bourne Shell 兼容，同时具有较高的性能，交互界面更为友好。Korn Shell 起初为专有软件，2000 年开始遵循 GPL 协议，将源代码开放。

1988 年，作为 GNU 计划的一部分，GNU Bourne-Again Shell（即 BASH）由计算机科学家布莱恩·福克斯（Brian Fox）开发完成。目前，BASH 已成为 Linux 发行版中的标准 Shell。它不但与 Bourne Shell 兼容，还继承了 C Shell 和 Korn Shell 的优点。

4.1.2　Linux 发行版中的 Shell

GNU/Linux 作为开源操作系统，通常将 BASH 作为默认 Shell，此外也支持多种 Shell 版本。表 4-1 以 CentOS 为例列出其支持的 Shell 版本。

表 4-1 CentOS 支持的 Shell 版本

Shell 名称	描述	位置
bash	Bourne Again Shell，来自 GNU 项目	/bin/bash
dash	遵从 POSIX 标准的轻量级 Shell	/bin/dash
csh	C Shell，TCSH 的一个符号链接	/bin/csh
tcsh	CSH 的增强版，与 CSH 兼容	/bin/tcsh

4.2 Shell 脚本

用 Shell 命令语言编写的文本文件通常称为 Shell 脚本，后缀名以.sh 标识。脚本用于描述完成某项工作需执行的一系列命令。需要运行时，Shell 脚本可像普通可执行程序一样执行。

4.2.1 Shell 脚本的执行过程

Shell 脚本执行时，脚本会被逐行解释执行。Shell 每读取一行，首先进行语法检查，若发现错误，则立刻退出执行；否则根据命令类型分别处理。若为内部命令，Shell 调用自身相应的功能；若为外部命令，依据环境变量 PATH 定义的搜索路径，寻找对应的可执行程序；一旦发现，则加载至 Shell 创建的子进程；完成执行后，Shell 继续执行下一条命令，直至脚本结束。Shell 脚本的执行过程如图 4-1 所示。

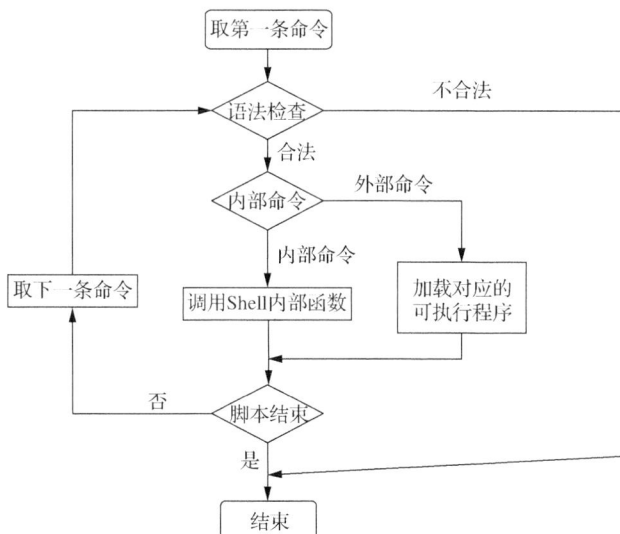

图 4-1 Shell 脚本的执行过程

4.2.2 命令的运行环境

Shell 运行期间会将某些参数保存至变量，供命令执行时使用，如用户名、工作目录和搜索路径等，它们构成 Shell 环境的参数。命令是否会改变当前 Shell 环境中的参数，取决于命令的运行环境。运行环境可分为当前 Shell 环境和子 Shell 环境。

（1）当前 Shell 环境

在当前 Shell 环境下执行的命令，环境中的变量对命令可见，命令可直接修改变量的内容。

< 63 >

（2）子 Shell 环境

子 Shell 环境拥有独立的命名空间，子 Shell 会生成父 Shell 的变量副本，命令对副本的修改，对父 Shell 不产生影响。

4.2.3 脚本的执行方法

脚本在何种 Shell 环境下运行取决于脚本的执行方式。下面给出 3 种不同的脚本执行方式。

（1）添加可执行权

基于文本文件的 Shell 脚本通常无可执行权限，但可通过添加可执行权，使其和命令一样直接运行于子 Shell 环境：

```
$ chmod u+x demo.sh        # 给 demo.sh 添加可执行权
$ ./demo.sh                # 在子 Shell 环境中运行
```

（2）使用 bash 命令执行

使用 bash 命令执行是指将脚本作为参数交由 Shell 交互程序执行，使脚本运行于子 Shell 环境：

```
$ bash demo.sh             # 在子 Shell 环境中运行
```

（3）利用元字符“.”执行脚本

在执行的脚本前加上字符“.”和空格，脚本即可运行于当前 Shell 环境：

```
$ . demo.sh                # 在当前 Shell 环境中运行
```

（4）实例分析

在不同 Shell 环境中执行脚本，观察脚本对当前 Shell 环境的影响。代码如脚本 4-1 所示。

脚本 4-1　一个简单 Shell 脚本

```
#!/bin/bash
# exam4-1.sh
var1="welcome to use Shell script"
echo ${var1}
cd /usr/lib
pwd
```

① 在当前 Shell 环境中运行 exam4-1.sh：

```
$ var1=123                     // 在当前 Shell 环境中定义变量 var1
$ cd /boot                     // 改变当前工作目录
$ . exam4-1.sh                 // 在当前 Shell 环境中执行 exam4-1.sh
$ echo $var1                   // 显示当前 Shell 环境中变量 var1 的值
welcome to use Shell script    // 改变了原变量 var1 的值
$ pwd                          // 显示当前 Shell 环境的工作目录
/usr/lib                       // 当前工作目录发生了改变
```

② 在子 Shell 环境中运行 exam4-1.sh：

```
$ var1=123                     // 在当前 Shell 环境中定义变量 var1
$ cd /boot                     // 改变当前 Shell 环境的工作目录
$ bash exam4-1.sh              // 在子 Shell 环境中执行 exam4-1.sh
$ echo $var1                   // 显示当前 Shell 环境中变量 var1 的值
123                            // 原 var1 的值未改变
$ pwd                          // 显示当前 Shell 环境的工作目录
/boot                          // 原工作目录未改变
```

< 64 >

4.3 Shell 命令的组成

用户通过作业完成各项工作。从作业构成的角度来看，命令是作业的基本单位。下面以 bash 为例，根据命令组织结构的不同，将命令分为简单命令、管道、命令序列和复合命令 4 种进行讲解。

4.3.1　简单命令

简单命令仅包含一个命令。它由若干单词构成，单词间用空格分割。单词可为变量引用和重定向。在简单命令中，第一个单词为命令名；后续参数为命令选项、操作对象和重定向，选项和操作对象取决于具体命令。简单命令的语法如下所示：

```
[!] cmd [list]
```

功能：

在该简单命令中，cmd 为命令名，list 为参数列表。参数数量因命令而异，命令的返回值取决于命令最终执行 exit 系统调用时返回的状态。若命令因信号而结束，其返回值为 128+n，n 为信号的编号。

4.3.2　管道

管道用于两进程间单向数据传输，一个进程的输出通过管道可作为另一个进程的输入。管道由若干简单命令构成，命令间用管道线 “|” 或 “|&” 分割，其语法如下所示：

```
[!] cmd1 [|?|& ] cmd2
```

功能：

在该管道中，cmd1 为简单命令，cmd2 为简单命令或管道。若命令 cmd1 和 cmd2 间用管道线 “|” 连接，则命令 cmd1 的标准输出作为命令 cmd2 的标准输入；若用操作符 “|&” 连接，则命令 cmd1 的标准输出和标准错误输出作为命令 cmd2 的标准输入。管道的返回状态取决于管道中最后一个命令的返回状态。管道中的每个命令均在子 Shell 环境中执行。

4.3.3　命令序列

命令序列由若干简单命令或管道构成，命令间用;、&、&&、||或回车换行符分割，其语法如下所示：

```
cmd1 [ ; | & | && | || | <newline> ] cmd2
```

功能：

cmd1 和 cmd2 为简单命令或管道。cmd2 也可为命令序列，分别执行 cmd1 和 cmd2 命令，具体功能取决于命令间的操作符。

操作符的含义如表 4-2 所示。

表 4-2　命令序列中操作符的含义

操作符	含义
cmd1 ; cmd2	以独立的进程依次运行 cmd1 和 cmd2
cmd1 & cmd2	cmd1 和 cmd2 同时运行，分属于不同进程组
cmd1 && cmd2	当 cmd1 执行为真时，执行 cmd2
cmd1 || cmd2	当 cmd1 执行为假时，执行 cmd2

< 65 >

4.3.4 复合命令

复合命令由简单命令、管道和命令序列加上特定的控制逻辑构成。根据控制逻辑的性质，可将复合命令分为（list）、{list;}、((expression))、[[expression]]和控制语句 5 种。

① (list)：在子 Shell 环境中运行。

② { list; }：在当前 Shell 环境中运行，需以回车换行符或分号结尾。

③ ((expression))：专用于数值计算，在当前 Shell 环境中运行，其语法可参见 C 语言的算术表达式。当表达式的值为 0 时，其返回状态为 0，否则返回状态为 1。

④ [[expression]]：用于测试条件表达式 expression 的真假。它是[]和 test 的扩展，支持条件的组合，在当前 Shell 环境中运行。

⑤ 控制语句：是控制执行逻辑的语法成分，由选择、循环和函数构成，具体内容在后面讨论。

实例分析如下所示：

① 在子 Shell 环境中执行赋值语句，代码如下：

```
$ var1=12 ; (var1=23 ; echo -n $var1) ; echo $var1
```

输出结果如下所示：

```
23 12
```

② 在当前 Shell 环境中执行赋值语句，代码如下：

```
$ var1=12 ; { var1=23 ; echo -n $var1; } ; echo $var1
```

输出结果如下所示：

```
23  23
```

③ 使用条件组合测试文件 testfile 是否为目录且可写，代码如下：

```
$ [[ ( -d testfile ) && ( -w testfile ) ]] && echo "testfile is a writable directory"
```

4.4 Shell 变量

4.4.1 Shell 变量的分类

Shell 使用变量保存各种参数。根据参数性质的不同，Shell 将变量划分为用户自定义变量、环境变量、位置变量和预定义变量。Shell 变量无类型之分，参数类型取决于所赋的值。

1. 用户自定义变量

用户自定义变量由用户定义。变量名的命名规则与 C/C++等语言相同，变量名必须以字符或下画线开始，其余部分可为字母、数字或下画线。

（1）用户自定义变量的赋值

语法：

```
name=value
```

功能：

将 value 值赋给变量 name。

< 66 >

（2）变量的引用

语法：

```
name2=${name1}
name2=$name1
```

功能：

将变量 name1 的值赋给变量 name2。

（3）清除变量的内容

语法：

```
unset name
```

功能：

注销变量 name，unset 为 Shell 的内部命令。

2．环境变量

环境变量用于记录 Shell 的环境参数，如用户身份和工作环境等。它存储于 Shell 进程用户地址空间的特定区域，通常在 Shell 启动时创建；Shell 运行期间也可动态修改。子进程可继承父进程的环境变量，因而，环境变量对 Shell 上创建的子孙进程可见。

为了便于区分，环境变量一般用大写字母表示。利用 env 命令可观察当前 Shell 定义的环境变量，用户自定义变量可通过 export 命令转化为环境变量。环境变量的赋值和引用与用户自定义变量相同。

（1）设置环境变量

语法：

```
export  [option]  name  [=word] …
```

功能：

管理 Shell 中的环境变量，可创建、删除和查询环境变量。

export 命令的常用选项及其含义如表 4-3 所示。

表 4-3　export 命令的常用选项及其含义

常用选项	含义
-f	指定变量名为函数名
-n	删除指定的环境变量
-p	显示 Shell 赋予进程的所有环境变量

（2）系统中的环境变量

系统中的环境变量较多，不同发行版可能存在一定的差异，用户可根据实际情况进行定制。表 4-4 仅给出部分常用的环境变量及其含义。

表 4-4　Shell 中常见的环境变量及其含义

环境变量	含义
HOME	当前用户的主目录
PATH	命令搜索路径
LOGNAME	用户登录名
PS1	第一命令提示符
PS2	第二命令提示符，默认是 ">"
PWD	用户的工作目录
UID	当前用户标识

< 67 >

环境变量 PATH 的值由若干以冒号分隔的目录路径构成。当执行外部命令时，Shell 将按 PATH 给出的顺序依次搜索目录，一旦找到便立即执行。环境变量 PS1 用于设置命令提示符。表 4-5 给出了一些有特定含义的字符及其含义。

表 4-5　环境变量 PS1 支持的转义符及其含义

转义符	含义
\w	当前工作目录
\h	主机名
\u	用户名
\d	日期
\t	时间
\a	响铃提示

（3）配置环境变量

为满足用户的个性化需求，Linux 系统提供了两种类型的配置文件：全局和局部配置文件。配置文件的命名与发行版有关，下面以 CentOS 为例进行讲解。全局配置文件位于/etc/profile，其中定义的环境参数对所有用户都有效；局部配置文件 ~/.bash_profile 位于每个用户的主目录中，仅对特定用户有效。示例代码如下所示：

```
/etc/profile              # 全体用户环境变量设置
/etc/bashrc               # 全体用户别名设置
~/.bash_profile           # 面向特定用户的环境变量设置
~/.bashrc                 # 面向特定用户别名的定义
```

3. 位置变量

对于向脚本或函数传递的参数列表，位置变量表示参数在列表中的位置。变量名由 Shell 内部定义。表 4-6 给出了位置变量的含义。

表 4-6　Shell 中的位置变量的含义

位置变量	含义
0, 1, 2,…	数字代表参数的位置，$1 代表第 1 个参数的值，$2 代表第 2 个参数的值，依次类推

4. 预定义变量

预定义变量用于保存系统预先定义的参数，每个参数具有特定的含义。表 4-7 是 Shell 常用的预定义变量及其含义。

表 4-7　Shell 中的预定义变量及其含义

预定义变量	含义
#	位置参数的数量
*	代表传入的所有参数，"$*"的内容作单个字符串处理
?	最后一条命令的返回状态
$	当前进程的进程号
!	后台运行的最后一个进程号
@	代表传入的所有参数
0	接收参数的对象

4.4.2　其他类型的变量

1. 别名

别名是一种为命令定义的助记符，目的是简化操作。

语法：

```
alias [-p] [ name[=value] …]
```

功能：

为 value 定义别名 name，其中选项-p 用于显示所有定义的别名。

2. 数组

BASH 提供了对一维数组的支持，数组的下标可为算术表达式。

（1）数组的定义与赋值

① 语法一：

```
name=(value1 value2… valuen)
```

功能：

将 value1 value2 直至 value$n$ 赋给数组 name 的相应元素。

② 语法二：

```
name[index]=value
```

功能：

将 value 赋给数组 name 的第 index 个元素。

（2）数组元素的引用

实例分析代码如下：

```
${name[index]}            # 引用数组 name 下标为 index 的元素
${name[*]}                # 引用数组 name 的所有元素
${!name[*]}               # 引用数组 name 的所有键，所有赋值元素的下标
${#name[*]}               # 显示数组 name 所含元素的数量
```

3. 命令置换

命令置换可将命令的运行结果作为参数，其语法形式有两种。下面以变量赋值为例，给出命令置换的语法。

语法：

```
name=`cmd`
name=$(cmd)
```

功能：

将命令 cmd 的执行结果赋给变量 name。

实例分析如下所示：

```
$ var1=123 ;echo $var1             # 赋值并显示变量的值
$ export var2="hello Linux"        # 将变量转化为环境变量
$ PS1="\w>"                        # 设置命令提示符为当前目录与字符>
$ alias pw="cd /home/zhangs"       # 为命令定义别名
$ data=(1 2 3 4 5 ) ; echo ${data[*]}   # 定义并显示数组
$ echo $(pwd)                      # 显示当前工作目录
```

< 69 >

4.4.3 输入和输出

Shell 为用户提供了 read 和 echo 命令，分别用于标准输入和输出。变量的值可通过 read 命令从键盘获得，echo 命令可将字符串输出至终端。

1. read 命令

语法：

```
read  [option]  list
```

功能：

从键盘上输入列表 list 中变量的值。

read 命令的常用选项及其含义如表 4-8 所示。

表 4-8　read 命令的常用选项及其含义

常用选项	含义
-p prompt	设置提示信息
-n num	当 read 读 num 个字符后返回
-s	键盘输入后屏幕不回显，可用于密码输入
-t timeout	设置超时时间为 timeout
-r	取消转义字符的转义作用
-d delim	定义新的换行符

2. echo 命令

语法：

```
echo  [option]  [list]
```

功能：

显示列表 list 中的字符串。

echo 命令的常用选项及其含义如表 4-9 所示。

表 4-9　echo 命令的常用选项及其含义

常用选项	含义
-n	不在最后自动换行
-e	启用转义符
-E	禁用转义符，默认选项

表 4-10 给出了 echo 命令支持的一些转义符及其含义。

表 4-10　echo 命令支持的转义符及其含义

转义符	含义
\a	从系统扬声器发送出声音
\b	向左删除
\c	取消行末的换行符号
\E	Esc 键
\f	换页字符
\n	换行字符
\r	Enter 键
\t	表格跳位键
\\	反斜线本身

< 70 >

实例分析如下所示：

```
$ read -s -n1 -p "Yes (Y) or not (N)？"  answer      # 从键盘输入一个字符，不回显
$ read var1 var2                                     # 输入变量 var1 和 var2
$ echo -e "a\tb\tc\nd\te\tf"                         # 2 行 3 列显示
```

输出结果如下所示：

```
a    b    c
d    e    f
```

4.4.4　参数的引用

引用可用于屏蔽 Shell 对元字符等的特殊解释，使引用对象恢复其本身的含义。Shell 为用户提供了三种形式的引用，分别为反斜杠、单引号和双引号。Shell 中有$、\和等元字符，对它们的解释取决于引用的方式。

1．参数的引用方式

（1）反斜杠

在元字符前加上反斜杠"\"表示转义，即改变原字符的含义。但回车换行符例外，在回车换行符前加反斜杠"\"表示续行。

（2）单引号

Shell 对单引号内的字符不做解释，保留字符原有的含义，但不能包含单引号。

（3）双引号

Shell 除对双引号内的变量引用、命令置换和转义符做出解释外，其他字符保留其原有含义。

2．实例分析

① 显示元字符*的作用，代码如下所示：

```
$ echo *                          # 显示当前目录下所有文件名
```

② 反斜杠使元字符回归字符属性，代码如下所示：

```
$ echo  \*                        # 输出结果为*
```

③ 单引号对元字符的处理如下所示：

```
$ text='* means all files'        # 元字符*仅做字符处理
$ echo '$text'                    # 输出结果为$text
$ echo $text                      # 输出当前目录下的所有文件名和 means all files
```

④ 以 root 身份演示双引号对字符$、`和\的处理，代码如下所示：

```
$ dlist=$(whoami)                 # 将 root 赋给变量 dlist
$ dlist=whoami;echo  " * $dlist "  # 输出结果为" * whoami"，*作为字符处理
$ dlist=whoami;echo " `$dlist`"   # 输出结果为 root，先变量引用，然后命令替换
$ echo "\$dlist"                  # 反斜杠"\"为转义符，输出$dlist
```

⑤ 不加双引号与加双引号的比较如下所示：

```
$ x=*
$ echo $x                         # 显示当前目录下的所有文件名
$ echo "$x"                       # 仅显示变量 x 的值
```

< 71 >

⑥ 回车换行符前加反斜杠 "\" 表示续行，如下所示：

```
$ text="Linux kernel \                    # 反斜杠 "\" 表示续行
> development"
$ echo $text                              # 输出变量 text 的值
Linux kernel development
```

4.5 控制语句

控制语句由选择语句和循环语句两部分构成。在 Shell 中，选择语句包括 if 语句、case 语句和 select 语句，循环语句包括 for 语句、while 语句和 until 语句。条件表达式是构成控制语句的基础，其值决定控制语句的执行逻辑。

4.5.1 条件表达式

条件表达式由操作对象和操作符构成。操作符表示操作对象间的关系，若表达式关系成立，则条件表达式的值为真，否则为假。下面给出测试条件表达式是否成立的命令：

```
test  [!]expr
[ [!]expr ]
[[ [!]expr ]]
```

该命令用于测试条件表达式 expr 是否为真，若为真，则返回 0；否则返回 1。

根据操作对象性质的不同，可将条件表达式分为文件表达式、字符串表达式、数学表达式和逻辑表达式。

1. 文件表达式

文件表达式用于测试文件的状态，判断文件是否具有某种属性，如文件是否可读、可写和可执行等。文件表达式中的操作符及其含义如表 4-11 所示。

表 4-11　文件表达式中的操作符及其含义

操作符	含义
-d filename	若文件 filename 为目录文件，则返回真
-f filename	若文件 filename 为普通文件，则返回真
-r filename	若文件 filename 可读，则返回真
-s filename	若文件 filename 的长度大于 0，则返回真
-u filename	若文件 filename 的 SUID 标志位被设置，则返回真
-w filename	若文件 filename 可写，则返回真
-x filename	若文件 filename 可执行，则返回真

2. 字符串表达式

字符串表达式用于判断字符串的性质及字符串间的关系，如字符串是否为空和两个字符串是否相同等。字符串表达式中的操作符及其含义如表 4-12 所示。

表 4-12　字符串表达式中的操作符及其含义

操作符	含义
string	若字符串 string 非空，则返回真
-n string	若字符串 string 的长度大于 0，则返回真

< 72 >

续表

操作符	含义
-z string	若字符串 string 的长度为 0, 则为返回真
string1 = string2	若字符串 string1 和 string2 相等, 则返回真
string1 != string2	若字符串 string1 和 string2 不等, 则返回真

3. 数学表达式

数学表达式用于比较两个数值的大小关系, 如判断两个数值是否相等。数学表达式中的操作符及其含义如表 4-13 所示。

表 4-13　数学表达式中的操作符及其含义

操作符	含义
n1 –eq n2	判断数字 n1 与 n2 是否相等, 若相等, 返回 0; 否则返回 1
n1 –ne n2	判断数字 n1 与 n2 是否不等, 若不等, 返回 0; 否则返回 1
n1 –lt n2	判断数字 n1 是否小于 n2, 若是, 返回 0; 否则返回 1
n1 –gt n2	判断数字 n1 是否大于 n2, 若是, 返回 0; 否则返回 1
n1 –le n2	判断数字 n1 是否小于或等于 n2, 若是, 返回 0; 否则返回 1
n1 –ge n2	判断数字 n1 是否大于或等于 n2, 若是, 返回 0; 否则返回 1

4. 逻辑表达式

若操作对象通过逻辑运算符连接, 则构成逻辑表达式。逻辑表达式中的操作符及其含义如表 4-14 所示。

表 4-14　逻辑表达式中的操作符及其含义

操作符	含义
e1 –a e2	逻辑表达式 e1 和 e2 同时为真时返回 0, 否则返回 1
e1 –o e2	逻辑表达式 e1 和 e2 有一个为真时返回 0, 否则返回 1
! e1	逻辑表达式 e1 不为真时返回 0, 否则返回 1

5. 实例分析

测试主目录中文件 demo 是否为非普通文件, 代码如下:

```
$ test ! -r ~/demo
```

字符串比较, 代码如下:

```
$ month="January " ; test "$month" = January ; echo $?        # 输出结果为 1
$ month="January" ; test $month = January ; echo $?           # 输出结果为 0
```

4.5.2　选择语句

与其他语言一样, 脚本不总是顺序执行, 有时需根据上一条语句的状态, 选择不同的执行路径。对于不同的应用场景, 为使选择的方式更具可读性, Shell 提供了三种选择语句, 它们分别为 if、case 和 select 语句。

1. if 语句

（1）if 语句的三种形式

① 语法一:

```
if  list1
then
```

< 73 >

```
        list2
 else
        list3
 fi
```

当命令序列 list1 的返回状态为 0 时，执行命令序列 list2，否则执行命令序列 list3。

② 语法二：

```
if List1
then
   list2
fi
```

当 List1 的返回状态为 0 时，执行 list2，否则执行条件语句后面的命令。

③ 语法三：

```
if list1
then
      list2
elif list3
      then
            list4
      else
            list5
fi
```

上述语法三包含两层嵌套，当命令序列 list1 的返回状态为 0 时，执行命令序列 list2；若命令序列 list3 的返回状态为 0，执行命令序列 list4，否则执行命令序列 list5；命令序列 list5 属于第 2 个条件语句的一部分。在实际应用中，一般嵌套层数不能超过两层，否则会影响脚本的可读性。

（2）实例分析

① 输入两个数，比较它们的大小，代码如脚本 4-2 所示。

脚本 4-2　比较两个数的大小

```
#!/bin/bash
# exam4-2.sh
if (( ${#}!=2 ))
then
    echo "Usage: ${0} num1 num2"
    exit 1
fi
if (( ${1}>${2} ))
then
    echo "${1} is greater than ${2}"
    exit 0
fi
if (( ${1}<${2} ))
then
    echo "${1} is less than ${2}"
    exit 0
fi
echo "${1} is equal to ${2}"
```

运行结果如下所示：

```
$ bash exam4-2.sh 10 8
10 is greater than 8
```

② 判断当前用户是否与输入的用户名一致，代码如脚本 4-3 所示。

< 74 >

脚本 4-3 判断当前用户是否与输入的用户名一致

```
#!/bin/bash
# exam4-3.sh
echo -n "enter your login name:"
read name
if [ ${name} = ${USER} ]
then
     echo  "nice to meet you"
else
     echo "sorry ,try again"
fi
```

2．case 语句

有些变量存在多种取值，不同值对应不同的操作。为避免使用嵌套过深的 if 语句，Shell 引入了分支语句，从而提高了代码的可读性。

（1）case 语句的形式

case 语句的语法结构如下所示：

```
case name in
[(] pattern1)
    list1
    ;;
[(] pattern2)
    list2
    ;;
...
[(] patternn)
    listn
    ;;
esac
```

当变量 name 的值与模式 pattern 1 匹配时，执行命令序列 list1；当变量 name 的值与模式 pattern 2 匹配时，执行命令序列 list 2，依次类推。命令序列后使用;;表示不再进行后续匹配。case 语句的模式用于描述匹配的对象，模式通常为正则表达式。

（2）实例分析

显示系统当前所处的时间段（如上午、下午或晚上），代码如脚本 4-4 所示。

脚本 4-4 显示系统当前所处的时间段

```
#!/bin/bash
# exam4-4.sh
hour=$(date +%H)
case ${hour} in
(0[5-9]|1[01])
    echo "Good morining"
    ;;
(1[2-7])
    echo "Good afternoon"
    ;;
(*)
    echo "Good evening "
    ;;
esac
```

3．select 语句

（1）select 语句的形式

select 语句的语法结构如下所示：

< 75 >

```
select name [ in words ]
do
    list
done
```

从列表 words 中选择所需的菜单项，将其赋给变量 name，继而执行命令序列 list，该过程不断循环往复，直至 list 主动退出循环。

（2）实例分析

根据用户选择的操作系统，显示其官网地址，代码如脚本 4-5 所示。

脚本 4-5　显示所选操作系统的官网地址

```
#!/bin/bash
# exam4-5.sh
echo select
select sel in 'GNU/Linux' 'FreeBSD' 'Minix' 'quit'
do
    case ${sel} in
    ('GNU/Linux')

        echo "www.gnu.org"
        ;;
    ('FreeBSD')
        echo "www.freebsd.org"
        ;;
    ('Minix')
        echo "www.minix3.org"
        ;;
    ('quit')
        echo "see you later"
        break
    esac
done
```

运行结果如下所示：

```
$bash exam4-5.sh
select
```

① GNU/Linux

② FreeBSD

③ Minix

④ quit

```
#? www.gnu.org        # 选择 1 的运行结果
#? see you later      # 选择 4 的运行结果，并结束选择
```

4.5.3　循环语句

Shell 命令语言支持 for、while 和 until 三种类型的循环语句。下面仅介绍其中较常用的两种：for 语句和 while 语句。

1．for 循环语句

（1）for 语句

① 语法一：

```
for name  [in  words]
do
```

< 76 >

```
        list
done
```

for 语句用于将参数列表 words 中的参数依次赋给变量 name，循环执行命令序列 list。

② 语法二：

```
for (( expr1;expr2;expr3 ))
do
    list
done
```

expr1、expr2 和 expr3 为算术表达式，语义与 C 语言中的 for 语句相同。

break 和 continue 为 for 的子句，用于进一步控制循环的执行路径。

（2）break 语句

语法：

```
break [n]
```

功能：

退出 n 层循环。默认情况下，n 为 1。

（3）continue 语句

语法：

```
continue [n]
```

功能：

返回第 n 层循环继续执行。

（4）实例分析

① 从输入的若干数中寻找并输出最小值，代码如脚本 4-6 所示。

脚本 4-6　寻找最小值

```
#!/bin/bash
# exam4-6.sh
if (( ${#}<1))
then
    echo "Usage: $0 num1 num..."
    exit 1
fi
smallest=${1}
for i in ${*}
do
    if (( i<smallest ))
    then
        smallest=${i}
    fi
done
echo " the smallest number is: ${smallest}"
```

运行结果如下所示：

```
$bash exam4-6.sh 56 5 -5 99 10  8
the smallest number is: -5
```

② 按升序排列输入的数据，代码如脚本 4-7 所示。

脚本 4-7　按升序排列输入的数据

```
#!/bin/bash
# exam4-7.sh
# input data
```

< 77 >

```
if (( ${#}<1 ))
then
    echo "Usage: ${0} num1 num2..."
    exit 1
fi
i=0
for k in ${*}
do
    data[$i]=${k}
    ((i++))
done
# sort data
len=${#data[@]}
for (( i=0 ; i<$len-1 ; i++ ))
do
    for (( j=i+1 ; j<$len ; j++ ))
    do
        if [ ${data[$i]} -gt ${data[$j]} ]
        then
            tmp=${data[$i]}
            data[$i]=${data[$j]}
            data[$j]=${tmp}
        fi
    done
done
# display data
for k in ${data[*]}
do
    echo -n "${k} "
done
echo
```

运行结果如下所示：

```
$bash exam4-7.sh 56 5 -5 99 10  8
-5  5  8  10  56  99
```

2. while 语句

（1）语法：

```
while  list1
do
    list2
done
```

功能：

循环执行命令序列 list2，直至命令序列 list1 的返回状态为非 0。

（2）实例分析

输入一个数 n，计算 $1 \sim n$ 的和，代码如脚本 4-8 所示。

脚本 4-8　计算 $1 \sim n$ 的和

```
#!/bin/bash
# exam4-8.sh
if ((${#}!=1))
then
    echo "Usage: ${0} num"
    exit 1
fi
i=1
```

< 78 >

```
sum=0
while (( i<=$1 ))
do
    (( sum+=i))
    ((i++))
done
echo the sum is ${sum}
```

运行结果如下所示：

```
$bash exam4-8.sh 100
the sum is 5050
```

4.6 函数

4.6.1 函数的定义

为了便于脚本的实现与维护，通常采用模块化方法将脚本按功能分解为若干个函数，每个函数完成一个特定功能。在 Shell 中，函数可视作命名的命令序列，其语法如下所示：

```
name () compound-command [redirection]
function name [()] compound-command [redirection]
```

功能：

name 定义函数名，compound-command 为复合命令，redirection 表示重定向。

4.6.2 函数的调用

1. 函数的调用及注意事项

函数的调用方式如下所示：

```
name 参数列表
```

在使用函数时，需要注意以下几点。

① 调用前，必须先进行定义。

② 函数中使用的位置参数对应调用函数时传递的参数位置。

③ 函数的返回状态取决于函数中最后一条命令的执行状态。

④ 使用 local 声明的局部变量，其作用仅限于函数本身。

2. 实例分析

输入整数 n，显示 $2 \sim n$ 的素数，代码如脚本 4-9 所示。

脚本 4-9　显示 $2 \sim n$ 的素数

```
#!/bin/bash
# exam4-9.sh
prime()
{
    i=2
    while (( i<${1} ))
    do
        j=2
        flag=1
```

< 79 >

```
            while  (( j<=i/2 ))
            do
                if   (( i%j==0 ))
                then flag=0;break
                fi
                (( j++ ))
            done
            if [ $flag -eq 1 ]
            then echo -n "${i} "
            fi
            (( i++ ))
    done
    echo
}
if  (( $#!=1)) || (($1<=2))
then
    echo "Usage:$0 num"
    exit 1
fi
prime ${1}
```

运行结果如下所示：

```
$bash exam4-9.sh 100
2  3  5  7  11  13  17  19  23  29  31  37  41  43  47  53  59  61  67  71  73  79  83  89  97
```

< 80 >

第5章 GNU C 开发环境

5.1 GNU C 编译器

5.1.1 目标代码的生成

用高级语言编写的代码必须经过编译和链接，最终生成可执行文件。在此过程中需要使用一系列工具。下面以 C/C++和汇编语言为例，介绍源代码的编译和链接过程，如图 5-1 所示。

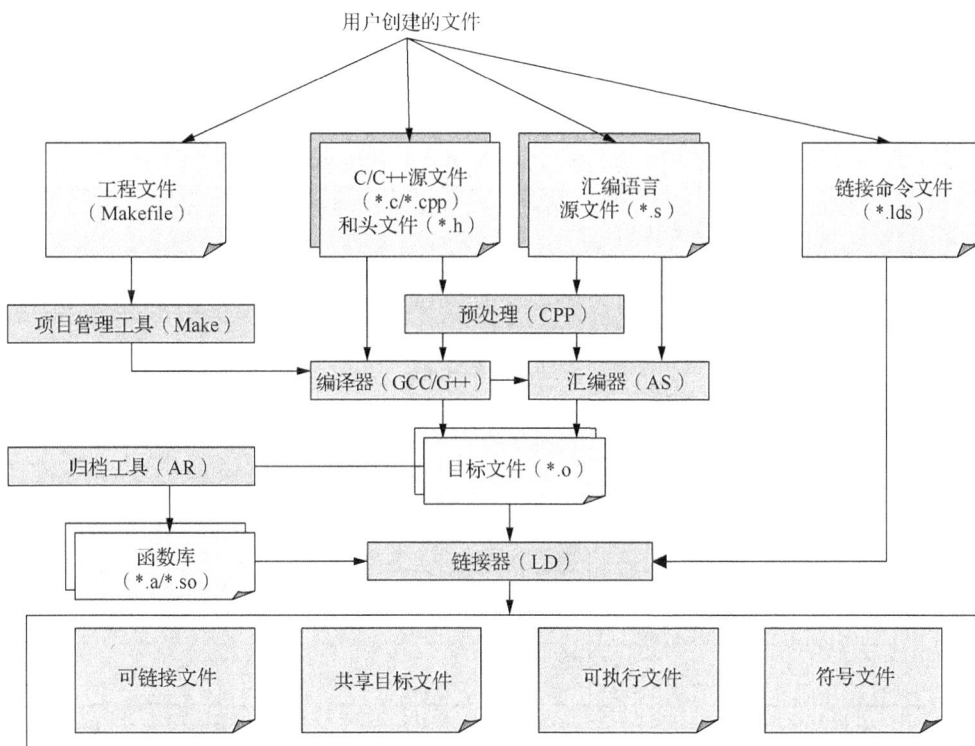

图 5-1　C/C++语言和汇编语言源程序的编译与链接过程

整个过程可分为预处理、编译/汇编和链接三个阶段。首先，对 C/C++源文件进行预处理，处理行首为#的预处理指令，如宏定义和条件编译等，将其转换为等价源文件；接着，对预处理后的源文件进行编译，经词法分析、语法分析、中间代码生成与优化，由汇编器翻译产生目标文件；最后，在链接命令文件的控制下，链接器将生成的目标文件和引用的函数库链接成可执行文件，链接命令文件用于定义可执行文件中各段的组织结构和地址空间布局。为提高软件的开发效率，必要时可将目标文件归档为静态函数库或共享函数库，以函数库的形式供其他应用程序使用。

在软件开发过程中，规模较大的软件项目通常有多个源文件，为了实现对整个编译和链接过程的自动化管理，开发者引入了项目管理工具。用户可将编译和链接过程以规则的形式写入 Makefile 文件，Make 根据 Makefile 文件定义的规则，推导目标产生的步骤，依次执行相应的命令，从而实现目标生成的自动化。

下面分类介绍 Linux 环境下 C 语言开发涉及的一系列工具，并通过实例演示它们的使用方法。

5.1.2　GNU C 编译链接工具

GNU 为多种编程语言实现了相应的编译器，如 C、C++、Objective-C、Fortran、Ada 和 Go 等，它们构成了编译器套件 GCC（GNU Compiler Collection）。GCC 最初为 GNU 操作系统的编译器而编写，自诞生至今，GCC 发布了多个版本。

1. 编译器 GCC

GCC 是 GNU 下的 C 语言编译器，为了便于用户使用，GCC 可通过命令行参数调用预处理器、汇编器和链接器等工具，从而实现从源文件至最终目标文件的全过程控制。

gcc 命令的语法：

```
gcc [option] list
```

功能：

编译/链接列表 list 中的 C 源文件。

gcc 命令的常用选项及功能描述如表 5-1 所示。

表 5-1　gcc 命令的常用选项及功能描述

常用选项	功能描述
-Wall	打印警告信息
-g	生成调试信息
-o0 -o1 -o2	优化选项。若有多个，则最后一个有效
-I（i 大写）	指定额外头文件的搜索路径
-L	指定额外函数库的搜索路径
-D	定义宏
-l	指定引用函数库的名称
-static	指定链接时使用静态库
-shared	指定生成共享库
-E	仅预处理，不编译
-S	仅编译，不汇编
-c	仅编译和汇编，不链接
-o	指定输出文件名
-Wl	告诉 gcc/g++ 命令传送参数至 Linker
-fPIC	生成地址无关代码
-M -MM	生成目标依赖关系，-MM 不包含系统头文件

gcc 命令为用户构建了一个集成环境，将开发所需的工具纳入其中，并预设了常用的参数，从而方便用户使用。例如，将源文件编译并链接生成可执行文件时，源文件通常会引用标准函数库 GLIBC 中的函数。编译时，为了进行语法分析，需指定引用函数原型所在头文件的路径；链接时，为了与引用的目标对象进行组装，需指定引用函数所在函数库的路径和名称。为了简化编译和链接时的参数设置，在建立开发环境时，系统对 GLIBC 函数库的安装路径进行了设置，编译和链接时无须额外指定。但对于用户自定义的函数库，使用时需利用选项进行设置。

gcc 命令涉及的选项较多。例如，编译时可选择代码优化、生成汇编代码和产生调试信息等功能，

< 82 >

用户可根据自身需求进行定制。为了更好地理解 gcc 命令选项，下面以程序 5-1 为例，通过实例介绍 gcc 命令常用选项的使用方法。

程序 5-1　演示 gcc 命令常用选项使用的示例程序

```
// exam5-1.c
#include<stdio.h>
int count =20;
int main(void)
{
    int sum = 0;
#ifdef DEBUG
    printf("running in debug mode\n");
#else
    printf(" running in no debug mode\n");
#endif
    for (int i = 0; i < count; i++)
        sum += i;
    printf("the sum is:\t%d\n", sum);
}
```

实例分析如下所示：

```
$ gcc  -E  -DDEBUG  exam5-1.c  -o  exam5-1.i      // 预处理生成 exam5-1.i
$ gcc  -S  exam5-1.i                              // 编译生成 exam5-1.s
$ gcc  -c  exam5-1.s                              // 汇编生成 exam5-1.o
$ gcc  exam5-1.o  -o  exam5-1                     // 链接生成 exam5-1
$ exam5-1                                         // 观察程序运行结果
running in debug mode
the sum is: 190
```

2. 汇编器 AS

as 命令的语法：

```
as [option] list
```

功能：

汇编列表 list 中的源汇编文件。

as 命令的常用选项及其含义如表 5-2 所示。

表 5-2　as 命令的常用选项及其含义

常用选项	含义
-I dir	将目录 dir 加入 .include 的搜索路径
-o	指定将要生成的目标文件
-g	生成调试信息

实例分析如下所示：

```
$ as  test.s  -o  test.o        # 将源文件 test.s 汇编为目标代码 test.o
```

由于 gcc 命令是编译工具的集成器，因此汇编器 as 可以用 gcc -S 代替。

3. 链接器 LD

链接器 LD 按链接命令文件的要求，对目标文件和函数库进行合并和重定位，生成目标文件。目标文件通常为可执行程序。默认情况下，无须自定义链接命令文件，ld 命令会使用默认的链接命令文件。

ld 命令的语法：

```
ld [option] list -o output
```

< 83 >

功能：

将列表 list 中的目标文件链接生成文件 output。LD 在链接命令脚本的控制下，将目标文件中的节按类合并成段，为段分配运行所需的地址空间，对引用的符号进行重定位，链接分为静态链接和动态链接，静态链接依赖静态函数库，而动态链接依赖共享函数库。ld 命令的常用选项及其功能如表 5-3 所示。

表 5-3　ld 命令的常用选项及其功能

常用选项	功能
-e entry	指定程序入口
-Map file	输出映射文件
-l	指定链接库
-L dir	添加搜索路径
-o	设置输出文件名
-T file	指定链接命令文件

若要产生可执行文件，需链接目标文件及其引用的函数库，通常无须指定入口地址。链接命令脚本默认将 start 设置为初始入口地址，以 start 开始的初始化代码由 GLIBC 提供，该代码在链接生成可执行文件时被嵌入，为进入主程序做一些准备工作，例如，向用户栈中压入环境变量和命令行参数等。

实例分析如下所示：

```
$ ld --verbose              // 显示链接命令文件
```

5.2　项目管理工具——GNU Make

5.2.1　项目管理概述

在项目开发过程中，常采用模块化方法按功能将系统划分为若干模块，每个模块都有对应的源代码文件。当生成目标时，通常逐个编译源文件，最终链接生成所需的目标。在这一过程中，因软件需反复调试，不断重复编译与链接操作。若采用手工方式，会浪费大量时间；若采用 Shell 脚本，也仅省去了命令输入的时间。

假设一个小型系统经过分析与设计，划分为若干模块，模块对应的源文件分别为 app.c、main.c、frame.c、component.c 和 lib.c，最终需生成可执行程序 app。

1. 手工管理

手工管理的命令如下所示：

```
$ gcc app.c main.c frame.c component.c lib.c -o app
```

在该命令中，gcc 命令逐个编译源文件，最终链接生成目标程序。有时仅需修改其中某个文件，却要编译所有源文件，缺乏一定的灵活性。为此，可将编译和链接步骤分开，改用以下方法：

```
$ gcc -c app.c
$ gcc -c main.c
$ gcc -c frame.c
$ gcc -c component.c
$ gcc -c lib.c
$ gcc app.o main.o frame.o component.o lib.o -o app
```

2. 基于 Shell 脚本的管理

若源文件较多，手工管理显然低效。若将操作步骤写入 Shell 脚本，通过执行 Shell 脚本生成目

< 84 >

标，一定程度上会缓解手工输入带来的麻烦。下面以 Shell 脚本的形式管理上述项目，代码如脚本 5-1
所示。

脚本 5-1　Shell 脚本

```
#!/bin/bash
#script5-1.sh
gcc -c app.c
gcc -c main.c
gcc -c frame.c
gcc -c component.c
gcc -c lib.c
gcc app.o main.o frame.o component.o lib.o -o app
```

Shell 脚本存在一个问题，每当要修改其中一个文件时，gcc 命令均会执行一次。对于规模较大的
项目，无疑会消耗大量时间，显然是无法忍受的。

5.2.2　GNU Make

为了便于管理，提高软件开发效率，GNU 开发了一款用于项目管理的自由软件 Make，可对目标
的生成进行自动化管理。用户仅需将生成目标的规则写入通常名为 Makefile 的文件。当需生成目标时，
仅需在命令提示符下输入携带目标作为参数的 make 命令。Make 会从指定的文件中读取规则，按预先
定义的规则自动执行相应的命令，最终生成所需的目标，其间无须手工干预。

1. 规则

生成目标的一系列操作可分解成若干条规则，每条规则具有相同的结构，其语法定义如下：

```
目标:依赖文件
<tab> [修饰符]命令1
<tab> [修饰符]命令2
…
<tab> [修饰符]命令n
```

规则用于描述目标产生的条件和过程，由依赖关系和动作两部分组成。依赖关系用于描述生成目
标需依赖的文件，动作则用于描述目标生成需执行的命令。命令行以<tab>字符开始。

目标由若干以空格分割的文件名或标签组成，通常目标仅包含一个文件名或标签；依赖文件是目
标生成所依赖的文件，它由若干以空格分割的文件名构成。依赖文件中的文件通常为另一条规则的目
标，依赖文件可为空。

重建目标需满足下列条件之一。

① 目标文件不存在。

② 目标的修改时间早于依赖路径上某文件的修改时间。

建立目标时，Make 从规则推导出产生目标的路径。当条件满足时，Make 以反向递推的方式生成
依赖的对象，直至产生最终目标。若目标的修改时间晚于所依赖的文件，则对应规则中的命令不予执
行，以提高项目的管理效率。

通常，规则中的目标为文件名。有时也可为标签，标签属于伪目标，仅用于执行命令。例如，目
标 clean 用于清除编译时产生的中间文件。建立标签时，规则中的命令将无条件执行。为了避免与真实
文件相冲突，应将标签定义为.PHONY 的依赖。

命令前的修饰符为可选项，修饰符用于对命令执行过程进行修饰。例如，字符@表示命令本身不
回显，仅显示命令的运行结果。Make 支持的常见修饰符及其含义如表 5-4 所示。

< 85 >

表 5-4　Make 支持的常见修饰符及其含义

常见修饰符	含义
@	不显示执行的命令
-	忽略命令执行返回的非 0 值
+	使命令行可以通过指定-n、-q 或-t 选项来执行

2. Make 工具

（1）make 命令

make 命令的语法：

```
make [option] [list]
```

功能：

自动生成列表 list 中指定的目标。若未指定目标，则指向规则脚本的首目标。

Make 的默认规则脚本为 GNUmakefile、Makefile 或 makefile 文件。make 命令的常用选项及其功能描述如表 5-5 所示。

表 5-5　make 命令的常用选项及其功能描述

常用选项	功能描述
-C dir	在读取规则文件之前，进入指定的目录 dir
-f file	指定规则脚本文件 file
-h	显示所有的 make 命令选项
-i	忽略所有的命令执行错误
-I dir	添加头文件的搜索路径
-n	只打印要执行的命令，但不执行这些命令
-p	显示 make 命令的预定义变量和内置规则
-s	在执行命令时不显示命令
-w	在处理规则文件之前和之后，显示工作目录

（2）实例分析

编写一个 Makefile 文件，对 5.2.1 节中提到的项目利用 Make 工具进行管理，内容如脚本 5-2 所示。

脚本 5-2　脚本文件 Makefile

```
# script5-2
app:app.o main.o frame.o component.o lib.o
    gcc app.o main.o frame.o component.o lib.o -o app
app.o:app.c
    gcc -c app.c
main.o:main.c
    gcc -c main.c
frame.o:frame.c
    gcc -c frame.c
component.o:component.c
    gcc -c component
lib.o:lib.c
    gcc -c  lib.c
clean:
    rm -rf *.o
```

用户可以使用下列命令创建所需要的目标：

```
$ make main.o          # 创建目标 main.o
$ make                 # 创建目标 app
```

< 86 >

下面给出脚本 5-2 中的目标依赖关系。如图 5-2 所示，箭头指向依赖文件对应的目标时当某个对象被修改时，直接或间接依赖于它的目标应依次被重建。例如，若文件 main.c 被修改，则目标 main.o 和 app 应依次被重建。

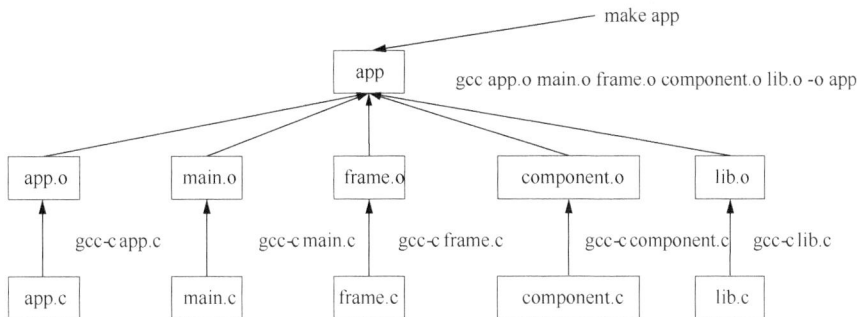

图 5-2　Makefile 文件中的目标依赖关系

5.2.3　GNU Make 中的变量

为了提高可扩展性，使规则更简洁，Make 引入了变量、函数和模式等高级特性。变量可保存文件名列表、命令和参数。Make 支持 4 种类型的变量，分别是自定义变量、环境变量、预定义变量和自动变量。

1．自定义变量

与 Shell 中的用户自定义变量一样，Make 中的自定义变量也由用户定义，对大小写敏感，一般用大写字母表示。需注意的是，自定义变量可能会引用其他变量。

（1）自定义变量的赋值

自定义变量存在多种赋值方式，常见的赋值方式如表 5-6 所示。

表 5-6　Make 中自定义变量的赋值方式

赋值方式	含义
name = string	以递归展开方式为变量 name 赋值，string 中引用的变量在使用时展开
name := string	以直接展开方式为变量 name 赋值，string 中引用的变量在定义时展开
name += string	为变量 name 添加新值
name ?= string	为未定义的变量 name 赋值

（2）变量引用

变量引用的语法如下：

```
${name}
```

2．环境变量

Make 会继承父进程 Shell 的环境变量，系统中的环境变量对 Make 可见。此外，用户可在脚本中使用 export/unexport 创建/注销环境变量，环境变量的引用方法与自定义变量相同。由于环境变量具有全局性，应尽量避免使用，尤其对于使用递归方式编写的 Makefile 脚本。

3．预定义变量

为了提高脚本的可读性和可移植性，Make 引入了预定义变量，并为它们设置了默认值。在实际应用时，预定义变量可被重新赋值。Make 支持的常见预定义变量如表 5-7 所示。

< 87 >

表 5-7 Make 支持的常见预定义变量

预定义变量	含义	默认值
AR	归档程序	ar
AS	汇编器	as
CC	C 编译器	gcc
CXX	C++编译器	g++
CPP	C 预处理器	gcc -E
RM	删除文件的命令	rm −r
VPATH	依赖文件的搜索路径	空

4．自动变量

在讲述自动变量前，先引入两个概念：隐含规则和模式规则。

对于规模较大的软件，项目管理脚本通常拥有大量的规则，其中很多规则具有相似性。为了简化设计，提高脚本的可读性，Make 引入了隐含规则和模式规则。

（1）隐含规则

隐含规则也称内置规则，为 Make 内部的预定义规则。在实际应用中，有些规则频繁出现且具有相似的的行为模式，例如，将后缀为.c 的 C 源文件编译为后缀为.o 的目标文件，将后缀为.o 的目标文件链接为可执行程序等。为了简化脚本设计，Make 以模式规则的方式预先进行了定义，用户无须在脚本中显式定义。根据重构目标的特征，Make 会推演并调用它们。隐含规则可通过 make −p 命令观察。下面给出一个具体实例：

```
%.o: %.c                                 # 依赖关系
$(COMPILE.c) $(OUTPUT_OPTION) $<         # 执行的命令
```

（2）模式规则

若规则的依赖关系中使用了通配符%，称其为模式规则。例如，模式 d%.c 表示以字母 d 开头的任意 C 源文件。通常，隐含规则属于模式规则。

规则中的命令通常会引用依赖关系中的文件，而文件名往往是动态变化的。例如，依赖文件中的文件可能位于某个子目录中。规则在解释执行时，Make 会在文件名前添加其所在的路径。对于隐含规则和模式规则，依赖关系未明确指定具体的文件名，文件名会在规则解释时自动生成。在这种情况下，命令无法使用具体的文件名。为此，Make 引入了自动变量，它们会适应依赖关系的解释。Make 中常见的自动变量如表 5-8 所示。

表 5-8 Make 中常见的自动变量

变量	功能描述
$^	规则中所有的依赖文件，文件以空格分割，以出现的先后为序
$<	规则中的第一个依赖文件
$?	所有比目标文件更新的依赖文件，文件以空格分割
$*	目标模式中%及其之前的部分
$@	规则中的目标

5.2.4 函数

Make 提供了两种类型的函数，分别为用户自定义函数和内置函数。用户自定义函数由用户定义；而内置函数由 Make 定义，属于内部函数。

< 88 >

1．Make 中的函数

（1）用户自定义函数

在编写规则时，不同规则有时会使用一组相同的命令序列。为使脚本更简洁，Make 引入了自定义函数，其语法和调用方法如下。

① 语法：

```
define  funname
<tab>命令序列
endef
```

② 调用方法：

```
$(call funname,arg1,arg2...)
```

（2）内置函数

内置函数属于 Make 内部函数，通常用于字符串操作。例如，要获取指定目录中的所有 C 源文件，将后缀为.c 的文件名替换为后缀为.o 的目标文件。在源代码的编译和链接过程中，时常需要这样的操作。内置函数的调用方法如下：

```
$(funname arg1,arg2...)
```

2．内置函数的使用方法

下面仅以 wildcard()和 patsubst()内置函数为例，介绍内置函数的使用方法。

（1）获取匹配模式的文件名

语法：

```
$(wildcard  pattern...)
```

功能：

列出指定目录下所有与模式 pattern 匹配的文件名。

（2）模式替换函数

语法：

```
$(patsubst pattern,replacement,text)
```

功能：

将文本 text 中与模式 pattern 匹配的部分替换为 replacement。

3．实例分析

某软件采用基于框架的模块化设计方法，将系统分解成若干模块。为了便于维护和管理，通常将源文件按功能归档至不同的目录。编写项目管理脚本 Makefile 时，可采用集中式管理和递归式管理两种设计方法。

（1）集中式管理

集中式管理是将整个项目由唯一的 Makefile 文件统一管理。假设项目的源文件按如下目录组织：

```
topdir
        include
            lib.h
            frame.h
        Makefile
        src
```

< 89 >

```
    └──         app.c
    └──         main.c
    └──         component.c
└──    lib
    └──       lib.c
    └──       frame.c
```

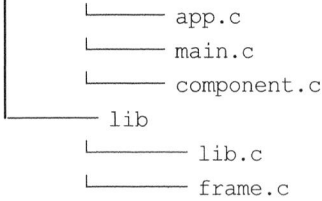

基于集中式管理方式的 Makefile 文件的内容如脚本 5-3 所示。

脚本 5-3　基于集中式管理方式的 Makefile 文件

```
SOURCE := $(wildcard lib/*.c src/*.c)
OBJECTS := $(SOURCE:.c=.o)
DEP := $(SOURCE:.c=.d)
CFLAGS = -Wall -I include
VPATH := lib src
app:$(OBJECTS)
    $(CC) $(CFLAGS) $(OBJECTS) -o $@
dep:$(DEP)
%.d: %.c
    $(CC) -MM $(CFLAGS) $(CPPFLAGS) $< > $@.$$$$; \
    sed 's,\($*\)\.o[ :]*,\1.o $@ : ,g' < $@.$$$$ > $@; \
    rm -f $@.$$$$
ifneq "$(MAKECMDGOALS)" "clean"
-include $(DEPS)
endif
clean:
    rm -rf *.o *.d
```

下面演示使用 Make 工具生成所需目标的操作方法。

```
$ make clean           # 清除中间目标和依赖关系文件
$ make dep             # 生成依赖关系文件
$ make                 # 生成目标
```

（2）递归式管理

递归式管理除了顶层目录包含 Makefile 文件外，其下每个含有 C 源文件的子目录也包含 Makefile 文件；子目录的 Makefile 由上层目录的 Makefile 调用执行。基于该方式的项目源文件目录结构如下：

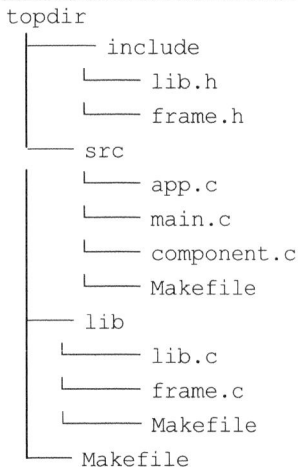

```
topdir
├──    include
│   └──    lib.h
│   └──    frame.h
├──    src
│   └──    app.c
│   └──    main.c
│   └──    component.c
│   └──    Makefile
├──    lib
│   └──    lib.c
│   └──    frame.c
│   └──    Makefile
└──    Makefile
```

递归方式下，子目录中 Makefile 的内容如脚本 5-4 所示。

< 90 >

脚本 5-4　基于递归式管理方式子目录中的 Makefile 文件

```
SOURCE := $(wildcard *.c)
OBJECTS := $(SOURCE:.c=.o)
DEPS := $(SOURCE:.c=.d)
CFLAGS = -Wall -I ../include
all:$(OBJECTS)
dep:$(DEPS)
%.d: %.c
    $(CC) -MM $(CFLAGS) $(CPPFLAGS) $< > $@.$$$$; \
    sed 's,\($*\)\.o[ :]*,\1.o $@ : ,g' < $@.$$$$ > $@; \
    rm -f $@.$$$$
ifneq "$(MAKECMDGOALS)" "clean"
-include $(DEPS)
endif
clean:
    rm -rf *.o *.d
```

递归方式下，顶层目录中 Makefile 文件的内容如脚本 5-5 所示。

脚本 5-5　基于递归式管理方式顶层目录中的 Makefile 文件

```
SOURCE := $(wildcard lib/*.c src/*.c)
OBJECTS := $(patsubst %.c,%.o,$(SOURCE))
SUBDIRS = lib src
app: $(SUBDIRS)
    $(CC) $(CFLAGS) $(OBJECTS) -o $@
.PHONY: $(SUBDIRS)
dep clean:$(SUBDIRS)
$(SUBDIRS):
    echo $(MAKECMDGOALS)
    $(MAKE) -C $@ $(MAKECMDGOALS)
```

5.3　创建和使用函数库

5.3.1　函数库概述

软件开发过程中往往会积累一定数量的可复用代码。为了提高开发效率，可将它们以函数库的方式供开发人员使用。根据函数库的使用方式，函数库可分为静态函数库和共享函数库。它们各具优势，用户可根据具体的应用场景选择使用。这两种函数库在链接生成可执行程序时采用了不同的链接方式，如图 5-3 所示。

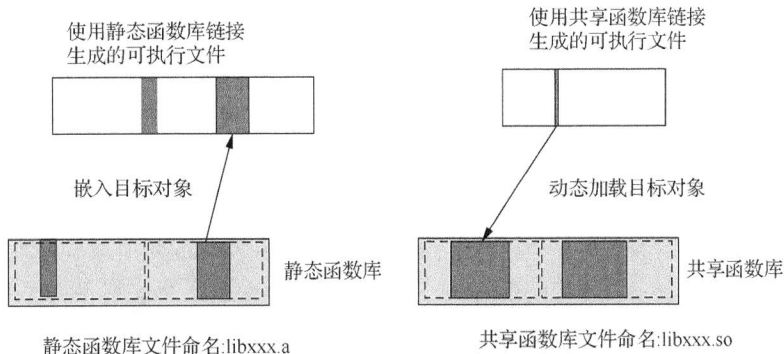

图 5-3　静态函数库与共享函数库

< 91 >

函数库由若干目标文件构成，一个目标文件由若干函数和全局变量组成，链接静态函数库时，链接器将引用的目标对象嵌入至可执行文件，引用对象的运行地址在链接时已经确定；而在链接共享函数库时，仅在生成的可执行文件中记录引用目标对象的名称等信息，引用对象的运行地址在程序加载时通过重定位才能确定。

5.3.2 静态函数库

静态函数库由若干目标文件经归档产生，它结构简单。静态函数库的文件名通常用 libxxx.a 表示，通常以 lib 作为前缀，以.a 为后缀。创建静态函数库时，源文件先经编译产生目标文件，继而由 AR 工具归档生成静态函数库。

1．ar 命令

ar 命令用于静态函数库的管理，可创建新的静态函数库，对静态函数库中的目标对象进行添加、删除和查询操作。

ar 命令的语法：

```
ar [option] archive [list]
```

功能：

创建、修改和查询静态函数库，其中 archive 为静态函数库文件，list 为目标文件列表。

ar 命令的常用选项及其功能描述如表 5-9 所示。

表 5-9　ar 命令的常用选项及其功能描述

选项	功能描述
-d	从静态函数库中删除目标对象
-r	向静态函数库中插入目标对象，若存在则替换
-t	显示静态函数库中的目标对象列表
-x	从静态函数库中提取一个目标对象
-c	创建一个函数库
-v	显示 AR 的版本信息
-u	若静态函数库中已经存在同名目标，则用新目标更新

2．创建静态函数库

下面给出两个 C 源文件来创建静态函数库，分别是 exam5-2.c 和 exam5-3.c，源代码如程序 5-2 和程序 5-3 所示。

程序 5-2　计算两数的和

```
// exam5-2.c
int add(int x, int y){
    return x + y;
}
```

程序 5-3　计算 1～n 的和

```
// exam5-3.c
int func(int n)
{
  int sum = 0;
    for ( int i = 0;i <= n; i++)
        sum += i;
    return sum;
}
```

< 92 >

exam5-2.c 定义了一个 add 函数，用于计算两数的和；exam5-3.c 定义了一个 func 函数，用于计算 $1 \sim n$ 的和。

将 exam5-2.c 和 exam5-3.c 编译并归档为静态函数库 libdemo.a 的过程如下。

① 编译 exam5-2.c 和 exam5-3.c，分别生成目标文件 exam5-2.o 和 exam5-3.o，命令如下：

```
$ gcc -c -Wall exam5-2.c
$ gcc -c -Wall exam5-3.c
```

② 使用 AR 工具将 exam5-2.o 和 exam5-3.o 归档为静态函数库 libdemo.a，命令如下：

```
$ ar -cru libdemo.a exam5-2.o exam5-3.o
```

3. 静态函数库的使用

为了使用静态函数库，需为接口函数定义头文件。头文件的代码如程序 5-4 所示。

程序 5-4　exam5-4.h

```
// exam5-4.h
#ifndef _DEMOLIB_API_H
#define _DEMOLIB_API_H
    extern int add(int x, int y);
    extern int func(int count);
#endif
```

使用 exam5-2.c 和 exam5-3.c 定义的函数时，需包含对应的头文件 exam5-4.h。下面给出一个具体的应用实例，代码如程序 5-5 所示。

程序 5-5　自定义函数库测试程序

```
// exam5-5.c
#include<stdio.h>
#include "exam5-4.h"
int main(void)
{
    int val;
    int x, y;
    x = 12;
    y = 18;
    val = add(x, y);
    printf("the mult of x and y is %d\n", val);
    val = func(100);
    printf("the sum is:\t%d \n", val);
    return 0;
}
```

exam5-5.c 调用了 add 和 func 函数。下面以静态链接的方式演示 exam5-5.c 的编译与链接过程：

```
$ gcc -I. -L. exam5-5.c -o exam5-5 -ldemo
```

其中，-I.和-L.表示头文件和函数库均位于当前目录；-ldemo 表示函数库名为 demo，省略了前缀 lib 和后缀.a。

4. 静态函数库的特点

采用静态函数库链接生成的可执行程序具有下列特点。

① 运行时无须静态函数库的支持。

② 具有较高的运行速度。

③ 占用较多内存和磁盘空间。

④ 不易维护。

< 93 >

5. 静态函数库的其他操作

① 查询静态函数库 libdemo.a 中的目标对象,命令如下:

```
$ ar -t libdemo.a
exam5-2.o
exam5-3.o
```

② 删除静态函数库 libdemo.a 中的目标对象 exam5-2.o,命令如下:

```
$ ar -d libdemo.a exam5-2.o
$ ar -t libdemo.a
exam5-3.o
```

5.3.3 共享函数库

对于使用静态函数库链接生成的可执行文件,当多个实例被运行时,引用的静态函数库对象通常会在内存中形成多个副本。为减少资源消耗,引入了共享函数库,由于在使用时需要链接,有时也称为动态链接库。它由若干地址无关目标文件构成,共享对象可被加载至进程地址空间的任意位置,可被不同的使用者共享。共享函数库也可被未使用它链接的程序访问,共享函数库的文件名通常用 libxxx.so 表示,以 lib 作为前缀,以.so 为后缀,xxx 为共享函数库的名称。

1. 共享函数库的命名

为了便于维护,共享函数库的命名应遵循一定的规则,其命名格式如下:

```
共享函数库名.so.主版本号.次版本号
```

共享函数库名通常将 lib 作为前缀,以后缀.so 为标识,主次版本号分别表示修改的程度,次版本号表示做了较小的修改,共享函数库中全局变量和函数的语义未发生变化,与之前的版本兼容;主版本号表示有了较大的修改,语义可能发生改变。

共享函数库的真实名称通常包含主次版本号。为了保证次版本号的改变不影响共享函数库的加载,在生成共享函数库时,可为共享函数库起个别名。别名不包含次版本号。使用共享函数库的程序仅记录共享函数库的别名,别名通过符号链接指向真实的共享函数库。当共享函数库升级导致次版本号改变时,别名仅需指向新的共享函数库即可,无须重新链接。

别名在由动态链接器加载共享函数库时使用。使用持有别名的共享函数库生成的可执行文件会记录引用的别名,程序加载时,动态链接器会使用指定的别名寻找共享函数库。

2. 创建共享函数库

(1)将 exam5-2.c 和 exam5-3.c 归档为共享函数库 libdemo.so.2.3,并为其定义别名 libdemo.so.2,命令如下:

```
$ gcc -Wall -fPIC -shared exam5-2.c exam5-3.c -o libdemo.so.2.3 -Wl,--soname,
libdemo.so.2
```

选项-Wl, --soname, libdemo.so.2 告诉 gcc 将参数 soname 传递至链接器,为生成的共享函数库定义别名 libdemo.so.2。

(2)使别名指向共享函数库的真实名,命令如下:

```
$ ln -s libdemo.so.2.3 libdemo.so.2     # 建立别名与真实共享函数库名的关联
```

(3)为别名创建链接器名,命令如下:

```
$ ln -s libdemo.so.2 libdemo.so     # 链接器名供链接时使用
```

< 94 >

3．使用共享函数库

exam5-5.c 使用共享函数库 libdemo.so.2.3 编译并链接生成可执行文件 exam5-5，命令如下：

```
$ gcc -I./ -L./ exam5-5.c -o exam5-5 -ldemo
```

在链接自定义共享函数库时，需指定共享函数库的位置与名称。通常将自定义共享函数库置于特定的搜索路径，根据两次符号链接，最终找到 libdemo.so.2.3。

4．共享函数库的动态链接

对于使用共享函数库链接生成的可执行文件，由于共享函数库的运行地址尚未确定，因此，程序加载时需进行重定位，系统通常将该工作交由一个称为动态链接器的程序完成。它本身也是可执行文件，位于/lib/ld-linux.so.X（X 为版本号），用于实现共享函数库的动态链接，解析所引用的符号，完成符号的重定位。

5．共享函数库的搜索

动态链接器对共享函数库的搜索遵循一定的规则，即按以下优先级依次搜索。

（1）若设置了环境变量 LD_LIBRARY_PATH，装载器依次搜索其中的目录。

（2）若生成程序时使用了-rpath 选项，则查找指定的目录。

（3）检查/etc/ld.so.cache 文件，确认其中是否包含所需的共享函数库。

（4）检查/lib 和/usr/lib 目录。

6．共享函数库的特点

与静态函数库相比，使用共享函数库链接生成的可执行文件具有下列特点。

（1）占用较少的内存和磁盘空间，磁盘和内存仅需保留一个副本。

（2）容易维护。

（3）程序运行时需要共享函数库的支持。

（4）程序启动速度较慢。

为了提高应用程序的可扩展性，动态链接器为用户提供了一套编程接口，包括 dlopen()、dlsym() 和 dlclose()等函数。利用该接口，在程序运行期间可实现共享函数库的动态加载。该技术在基于插件的系统中得到了广泛应用，如数据库和 Web 服务器等。

5.4 GNU C 函数库——GLIBC

5.4.1 GLIBC 概述

GNU C 函数库 GLIBC 属于 GNU 项目的一部分，用 C 语言和汇编语言编写而成，是一个向后兼容的函数库。它封装了内核接口的硬件特性，支持 ISO C、SVID、POSIX、BSD 和 SUS 等多种接口标准，对基于不同硬件环境下的 Linux/UNIX 系统可实现应用层源代码的可移植性。GLIBC 项目大约始于 1988 年，经历了 30 多年的发展，内容日趋完善，目前仍在不断改进与发展，版本大约每隔 6 个月更新一次。除了 GLIBC 外，还有一些适用于嵌入式系统的 C 函数库，例如，uClibc、Android Bionic 和 musl libc 等。

根据函数的构造路径，GLIBC 将函数分为核心函数和库函数两种。核心函数仅封装了系统调用的硬件接口特性，如 open 函数和 execve 函数等。库函数可进一步分为衍生函数和辅助函数。衍生函数在

< 95 >

核心函数的基础上对功能做了进一步扩展，如 GLIBC 的标准 I/O 函数库；辅助函数与内核无关，是为提高编程效率而引入的一系列函数，如数学函数和字符串函数等。

5.4.2 Linux 内核与 GLIBC 的关系

GLIBC 函数库以中间件的形式位于应用程序和内核之间，是应用程序访问 Linux 内核的桥梁。下面以 x86 为例，介绍核心函数 fork()的构造方法，其实现过程如图 5-4 所示。

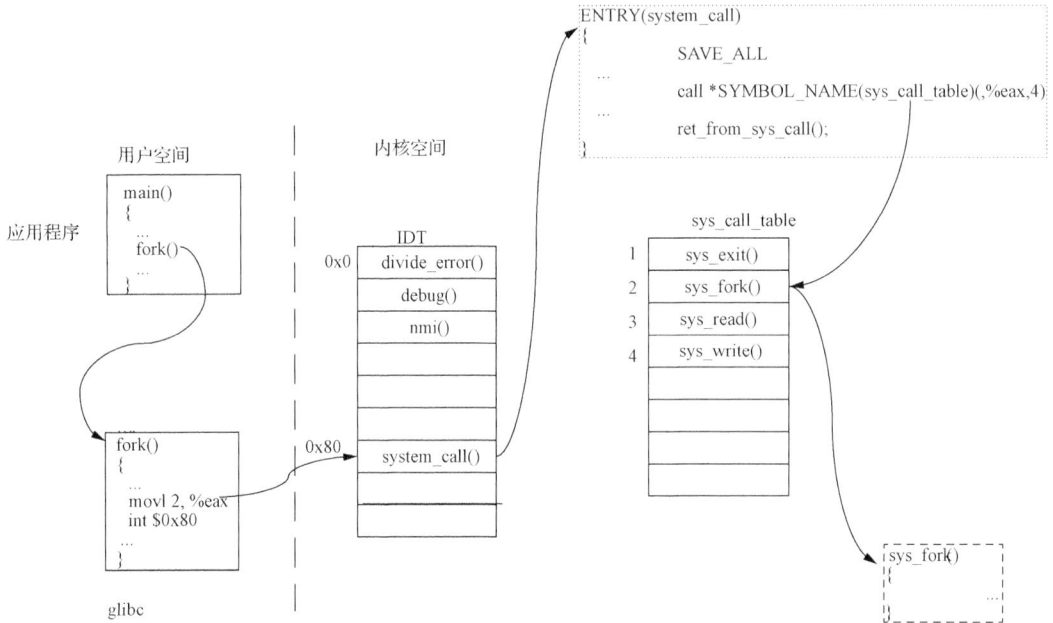

图 5-4 GLIBC 函数库与 Linux 内核的关系

fork()函数位于 GLIBC 函数库中，用 x86 汇编语言编写，封装了 fork 系统调用接口的硬件特性。Linux 内核的入口函数为 system_call()，它位于中断向量表的 0x80 处。每个系统调用的执行逻辑遵循相同的模式，以保护现场、执行具体的业务逻辑和恢复现场。sys_call_table 为指针型数组。每个系统调用有唯一的功能号，功能号与数组下标一一对应。在数组单元中，指针指向对应系统调用的入口地址。系统调用的参数按某种规则传入相应的寄存器。fork()函数的功能号为 2，其无须传递参数。fork 业务逻辑的入口函数为 sys_fork()。

fork()函数执行时，进程通过执行软中断指令 int $0x80，从用户态进入内核态，执行入口函数 system_call()；首先保护现场，根据 fork()的功能号 2，从 sys_call_table 数组中确定真正的入口函数 sys_fork()；待 sys_fork()函数执行结束，恢复现场并返回至中断点。

用户在访问内核系统调用时，需借助软中断指令，用户空间和内核空间通常拥有各自的栈，为了实现参数传递，需遵循一定的规则。以 IA-32 为例，寄存器传递参数的次序依次为 eax、ebx、ecx、edx、esi 和 edi。寄存器 eax 用于存放系统调用的功能号，ebx 传递第 1 个参数，ecx 传递第 2 个参数，依次类推。用户需利用汇编语言实现对内核服务的访问。下面以 GNU 汇编为例，演示用户绕过 GLIBC 函数库，直接访问内核服务，代码如程序 5-6 所示。

程序 5-6 演示使用 GNU 汇编访问内核服务

```
// exam5-6.c
char * pstr = "Welcome to build your program\n";
```

< 96 >

```
char **envp;
static int write(int fd, const void * buffer, int size)
{
    int ret;
    asm (
        "int  $0x80    "
        : "=a" (ret)
        : "a" (4),"b" (fd),"c" (buffer),"d" (size)
    );
    return ret;
}
static void exit(int status)
{
    asm (
        "int  $0x80    "
        :: "a" (1),"b" (status)
    );
}
int stringlen(char *p)
{
    int i =0;
    while (*p++ != '\0')
        i++;
    return i;
}
int main(int argc,char *argv[])
{
    int len = stringlen(pstr);
    write(1,pstr,len);
    return 0;
}
char *bp = 0;
void init(void)
{
    int argc,sz = sizeof(long);
    char ** argv;
#ifdef __x86_64__
    asm ("mov %rbp,bp");
#elif __i386__
    asm ("mov %ebp,bp");
#endif
    argc = (int)*(bp + sz);
    argv = (char **) (bp + 2*sz);
    envp = (char **) (bp +(argc+3)*sz);
    int ret = main(argc,argv);
    exit(ret);
}
```

上述实例演示了通过软中断访问 write 系统的调用过程。write 系统调用的功能号为 4。在调用 int 80 之前，需将文件描述符、字符串地址、字符串长度和系统调用 write 的功能号存入相应的寄存器。对上述代码进行编译与链接，最后生成可执行文件 exam5-6，具体步骤如下。

```
$ gcc -c exam5-6.c # 编译生成目标文件 exam5-6.o
$ ld -static -e init exam5-6.o -o exam5-6 # 使用静态库方式链接，指定入口地址 init
```

通过上述实例，用户可从主程序中分离出接口函数，单独生成函数库。利用该方法，用户可构造出自己的函数库，使其具有动态内存管理和标准输入输出等功能。

< 97 >

5.4.3　GLIBC 函数库的特性

1．特性测试宏

（1）概述

为了实现源代码的可移植性，可在源代码文件的开头定义特性测试宏。特性测试宏用于控制源代码在编译时的可见范围，屏蔽不符合要求的函数原型、数据类型、常量和全局变量等对象，使源代码引用的对象符合特定的要求，能在 Linux 环境下编写符合各种标准的应用程序。

测试宏的使用有两种方法：一是在源代码的头文件前定义所需的特性测试宏；二是在编译时传递参数，即 cc -DMACRO=value。

（2）实例分析

利用特性测试宏显示程序在默认情况下开启的测试宏，代码如程序 5-7 所示。

程序 5-7　显示程序在默认情况下开启的测试宏

```
// exam5-7.c
#include <stdio.h>
#include <unistd.h>
#include <stdlib.h>
int main(int argc, char *argv[])
{
    #ifdef _POSIX_SOURCE
        printf("_POSIX_SOURCE defined\n");
    #endif
    #ifdef _POSIX_C_SOURCE
        printf("_POSIX_C_SOURCE defined: %ldL\n", (long) _POSIX_C_SOURCE);
    #endif
    #ifdef _ISOC99_SOURCE
        printf("_ISOC99_SOURCE defined\n");
    #endif
    #ifdef _ISOC11_SOURCE
        printf("_ISOC11_SOURCE defined\n");
    #endif
    #ifdef _XOPEN_SOURCE
        printf("_XOPEN_SOURCE defined: %d\n", _XOPEN_SOURCE);
    #endif
    #ifdef _XOPEN_SOURCE_EXTENDED
        printf("_XOPEN_SOURCE_EXTENDED defined\n");
    #endif
    #ifdef _LARGEFILE64_SOURCE
        printf("_LARGEFILE64_SOURCE defined\n");
    #endif
    #ifdef _FILE_OFFSET_BITS
        printf("_FILE_OFFSET_BITS defined: %d\n", _FILE_OFFSET_BITS);
    #endif
    #ifdef _BSD_SOURCE
        printf("_BSD_SOURCE defined\n");
    #endif
    #ifdef _SVID_SOURCE
        printf("_SVID_SOURCE defined\n");
    #endif
    #ifdef _DEFAULT_SOURCE
        printf("_DEFAULT_SOURCE defined\n");
    #endif
    #ifdef _ATFILE_SOURCE
        printf("_ATFILE_SOURCE defined\n");
    #endif
    #ifdef _GNU_SOURCE
```

< 98 >

```
        printf("_GNU_SOURCE defined\n");
    #endif
    #ifdef _REENTRANT
        printf("_REENTRANT defined\n");
    #endif
    #ifdef _THREAD_SAFE
        printf("_THREAD_SAFE defined\n");
    #endif
    #ifdef _FORTIFY_SOURCE
        printf("_FORTIFY_SOURCE defined\n");
    #endif
    exit(0);
}
```

程序的运行结果如下所示：

```
$ gcc -Wall exam5-7.c -o exam5-7        // exam5-7.c 经编译与链接生成 exam5-7
$ exam5-7                               // 执行 exam5-7
_POSIX_SOURCE defined
_POSIX_C_SOURCE defined: 200809L
_DEFAULT_SOURCE defined
_ATFILE_SOURCE defi
```

2. 函数的返回值

（1）概述

函数调用会有一个返回值。通常，返回 0 表示成功，返回 -1 表示失败。导致失败的原因有很多，函数会将错误原因记录在全局变量 errno 中，供用户进一步分析与处理。值得注意的是，并非所有函数都有返回值，也非所有库函数都遵从该规范。可通过 man 命令了解关于函数的更多信息。

errno 由 errno.h 定义。errno.h 文件对错误进行了描述，可通过 perror 和 strerror 函数输出这些信息。下面仅对 EINTR 和 EAGAIN 错误代码进行介绍。

① EINTR

若处于阻塞状态的函数调用因信号中断而退出，函数返回值为 -1。此时，errno 的值为 EINTR。例如，利用 recv() 和 send() 函数读/写套接字时，可能出现信号中断的情况。

② EAGAIN

若函数调用在非阻塞模式下无数据可读，则返回 -1。此时，errno 的值为 EAGAIN，告诉用户稍后重新尝试。

（2）实例分析

显示函数返回失败的详细信息，代码如程序 5-8 所示。

程序 5-8   显示错误代码 errno 的详细信息

```
// exam5-8.c
#include<stdio.h>
#include<stdlib.h>
#include<errno.h>
#include<string.h>
int main()
{
    for (int i = 0; i <= 256;i++) {
        printf("errno:%2d\t%s\n", i, strerror(i));
    }
    return 0;
}
```

程序的运行结果如下所示：

< 99 >

```
$ exam5-8 // 执行exam5-8
errno: 0 Success
errno: 1 Operationnot permitted
errno: 2 No suchfileor directory
errno: 3 No suchprocess
errno: 4 Interruptedsystemcall
...
errno:131Statenot recoverable
errno:132Operationnot possible due toRF-kill
errno:133Memory page has hardware error
```

< 100 >

第 6 章 Linux 文件系统

6.1 Linux 文件系统概述

6.1.1 文件系统的概念

计算机系统的外存，如硬盘、光盘和闪存等，具有容量大、信息不易丢失等特点。对于应用程序和文档等需要长期保存的信息，通常，为了便于管理，需在外存设备上建立文件系统。逻辑块是文件系统的最小存储单位，一个逻辑块由若干个连续的扇区组成。因此，在 Linux 系统中，外存设备通常称为块设备。从某个角度来说，块设备可看作由若干连续逻辑块构成的线性空间。

文件系统对块设备上的逻辑块进行编号，以某种数据结构对逻辑块进行管理。文件系统将用户数据抽象为文件。从用户的角度，文件可看作由若干逻辑上连续的字节构成的字节流，它们分布于块设备上的若干逻辑块中。内核将文件偏移量与逻辑块间的映射关系保存至 i 节点。文件系统利用目录将文件组织成一棵目录树。目录是一种特殊的文件，由若干目录项组成，每个目录项包含文件名和对应的 i 节点编号。i 节点编号表示 i 节点的存储位置，i 节点记录了除文件名外的文件属性。

通过文件系统，用户无须了解数据在块设备上的组织结构，利用文件系统提供的接口就可方便地访问文件。Linux 内核支持多种文件系统，如 Ext2、FAT 和 JFFS（Journalling Flash File System，闪存设备日志型文件系统）等。每种文件系统对块设备都有各自的组织管理形式和特点，但向用户提供的接口是相同的。

6.1.2 虚拟文件系统

Linux 内核支持多种文件系统，如 Ext2、FAT 和 NFS 等，内核将真实文件系统统一至被称为虚拟文件系统（Virtual File System，VFS）的框架下。虚拟文件系统是对真实文件系统的抽象，为真实文件系统中的对象定义一组标准的操作方法，封装了真实文件系统的特性，为系统调用层提供一组标准的编程接口，如 open()、read()、write()、close()、stat()和 lseek()等，应用程序通过它们便可实现对文件的访问。同时，为了提高文件系统的存取效率，内核在真实文件系统与虚拟文件系统之间增加了页高速缓存（Page Cache）组件。文件系统提供了一种数据的组织结构，数据的 I/O 请求最终通过块设备驱动程序完成。为了提高块设备驱动程序的可复用性和可扩展性，块设备驱动程序由通用块设备驱动层、I/O 调度层和底层块设备驱动组成。文件系统的架构模式如图 6-1 所示。

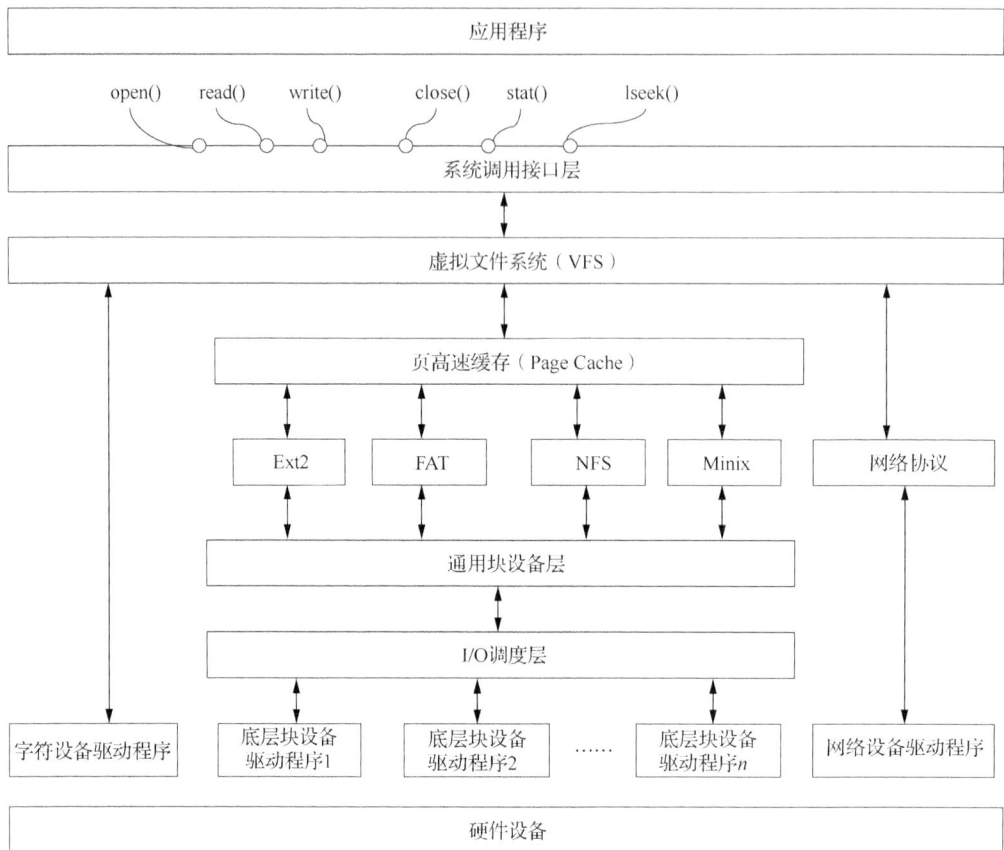

图 6-1 Linux 文件系统的架构模式

当应用程序访问文件时，首先通过系统调用接口层到达虚拟文件系统；根据文件所属的文件系统，通过真实文件系统获得数据在块设备中的位置；最终在设备驱动程序的作用下完成文件的访问操作。为了提高存取效率，内核分别在虚拟文件系统与真实文件系统之间、真实文件系统与底层块设备驱动程序之间增加了页高速缓存和 I/O 调度层。页高速缓存用于减少实际 I/O 次数；I/O 调度层利用调度算法对 I/O 请求进行优化，从另一层面提高 I/O 效率。

文件系统构建于整个块设备或块设备的某个分区，系统可存在多种不同类型的文件系统。作为特殊的字符设备文件，字符设备驱动程序利用该接口向用户提供相关的 I/O 服务，实现对具体字符设备的操作。网络套接字通过接入虚拟文件系统，使用户可像普通文件一样经由具体的网络协议和网络设备驱动，最终访问网络设备。

6.1.3 文件系统的结构

文件系统建立在由若干连续的逻辑块构成的存储空间上。虽然每种文件系统对逻辑块采用不同的组织、分配和管理形式，但根据用途，逻辑块可归纳为三类：超级块、i 节点表和数据区。下面以 Ext2 文件系统为例，介绍 Ext2 文件系统的基本结构，如图 6-2 所示。

超级块用于存放整个文件系统的管理信息，其中定义了逻辑块大小、i 节点表和数据区的位置等管理信息。i 节点表用于存放 i 节点，每个文件对应一个唯一的 i 节点。i 节点中存放了与文件相关的信息，例如，文件内容在数据区中的分布、文件的大小、权限分配和文件的创建时间等。数据区则用于存放系统中所有文件的内容。

< 102 >

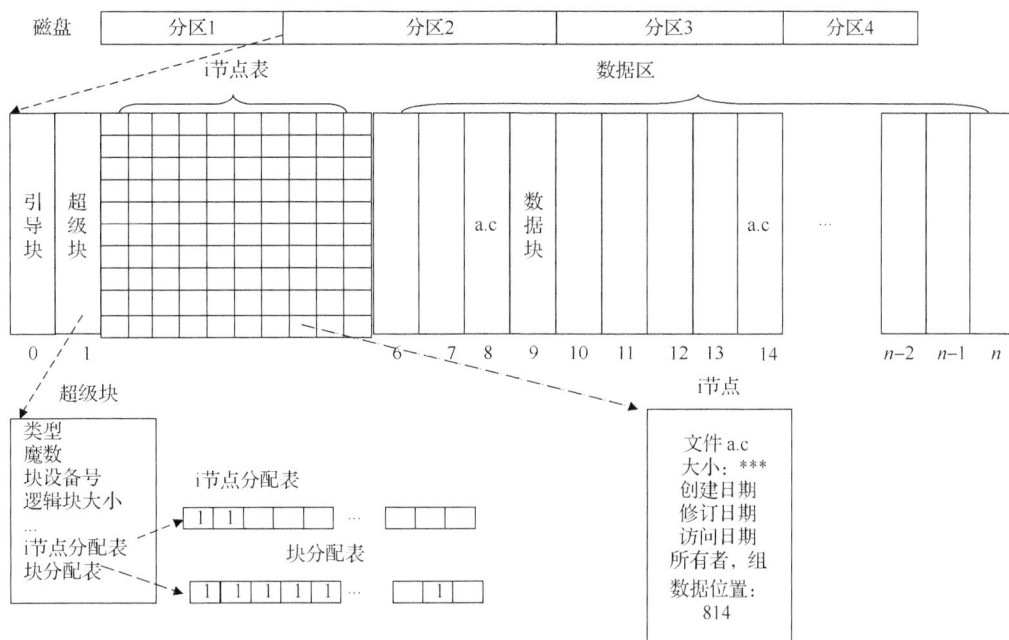

图 6-2　Ext2 文件系统的组织结构

6.1.4　文件的接口函数

　　Linux 内核的各种真实文件系统、块设备和字符设备统一在虚拟文件系统的框架中。虚拟文件系统为应用提供了一组抽象的文件输入/输出接口，大大减少了 Linux 内核中应用程序接口的数量。下面是与文件 I/O 操作相关的接口函数，如表 6-1 所示。

表 6-1　与文件 I/O 操作相关的接口函数

分类	接口函数	功能描述
文件基本 I/O 操作	open()/close()/unlink()	打开/创建/关闭/删除文件
	read()/write()	读/写文件
	readv()/writev()	分散读出/集中写入
	pread()/pwrite()	基于特定偏移量的读/写操作
	lseek()	设置文件的当前偏移量
	truncate()	截断文件
	dup()/dup2()	复制文件描述符
文件属性操作	stat()/fstat()/lstat()	获取文件的属性信息
	chmod()	设置文件的权限
	chown()	设置文件的归属
	fcntl()	设置文件的行为属性
目录操作	mkdir()/rmdir()	创建/删除目录
	chroot()/chdir()	改变进程的根目录和工作目录
	opendir()	打开目录
	readdir()	读目录
	closedir()	关闭目录
	nftw()	遍历目录树
文件系统操作	mount()/umount()	挂载/卸载文件系统
	statvfs()	获取文件系统的统计信息
	fsync()/syncfs()	同步文件/文件系统
标准 I/O 函数库	fopen()/fclose()	打开/关闭文件
	fread()/fwrite()	读/写文件流
	fflush()	刷新文件流
	fscanf()/fprintf()	格式化输入/输出
	setvbuf()	设置文件流的缓存模式

< 103 >

6.2 文件的基本操作

基本输入/输出是 Linux 内核提供的基础文件访问接口。为了隔离系统调用的硬件特性，GLIBC 对系统调用进行了封装，以 open()、read()和 close()等方式，向用户提供基本的 I/O 接口函数。本节介绍其中部分函数的使用方法。

6.2.1 基本 I/O 操作

从用户的角度，路径名表示文件在文件系统中的位置和名称；但从内核的角度，文件由目录项和 i 节点构成。目录项包含文件名，它存储在目录文件中；i 节点存储在文件系统的 i 节点表中，每个文件拥有唯一的 i 节点。除文件名外，文件的其他属性均记录在 i 节点中。

在 Linux 内核中，进程用 task_struct 结构描述，其中包含一个称为文件描述符表的一维数组 fd，用于存放打开的文件。文件描述符表示打开文件所在数组的位置，其内容指向一个称为文件描述的 file 结构，如图 6-3 所示。

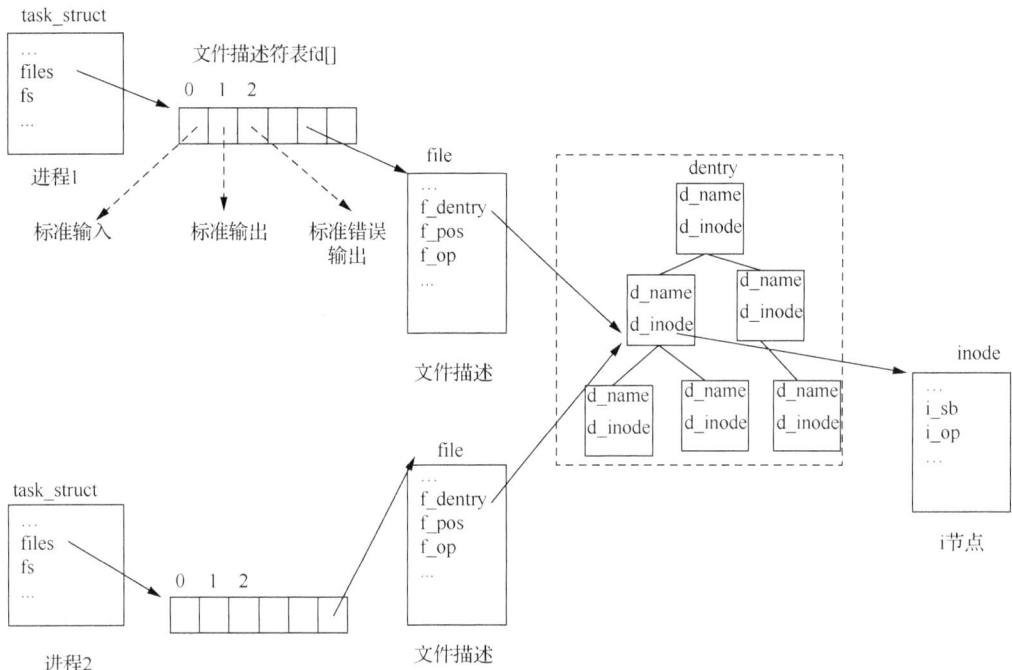

图 6-3 打开文件过程中建立的数据结构

file 结构用于记录打开文件的状态，其中，f_pos 指向文件当前偏移量；f_dentry 指向文件对应的目录项；文件操作的具体实现被封装在 f_op 指向的结构中。

在第一次使用文件前，应先打开文件，内核根据路径名在文件系统中寻找对应的目录项和 i 节点，在内存中构建文件描述，文件描述为 file 类型实例，用于记录打开文件的当前状态；并在进程的文件描述符表中申请空闲单元，所获单元的下标即文件描述符，使其指向文件描述。进程中的不同文件描述符可指向不同的文件描述，也可共享同一文件描述；同一文件描述可被不同进程的文件描述符共享。当文件不再使用时，应及时关闭文件，使文件描述的引用次数减 1。当文件描述的引用次数为 0 时，文件描述所占的资源也随之得到释放。

< 104 >

通常，fd 数组的前三个描述符 0、1 和 2 继承自父进程，分别代表标准输入、标准输出和标准错误输出。

1．open()/close()/unlink()函数

头文件：

```
#include <sys/types.h>
#include <sys/stat.h>
#include <fcntl.h>
```

函数原型：

```
int open(const char *pathname, int flags);
int open(const char *pathname, int flags, mode_t mode);
int close(int fd);
int unlink(const char *pathname);
```

功能：

打开/创建/关闭/删除文件。

参数：

pathname 指向文件的路径；flags 指定文件的操作方式；mode 指定新建文件的权限分配；fd 指向打开的文件描述符。

返回值：

open()函数成功返回文件描述符，否则返回-1。

open()函数用于打开或新建一个文件，文件路径存放于 pathname 指向的地址，flags 表示文件的操作方式，mode 用于设置新建文件的权限；close()函数用于关闭文件描述符 fd 指向的文件，关闭文件会将仍位于缓冲区中的数据立即同步至磁盘，以避免数据的丢失。当文件描述的引用次数为 0，可使用 unlink 函数将文件删除。

open()函数中参数 flags 的含义如表 6-2 所示。

表 6-2　open()函数中参数 flags 的含义

参数 flags	含义
O_RDONLY	只读的方式
O_WRONLY	只写的方式
O_RDWR	读/写方式
O_APPEND	追加数据
O_CREAT	创建文件，与 mode 参数配合使用
O_EXCL	与 O_CREAT 联合使用，测试文件是否存在
O_TRUNC	截断文件，使其长度为 0
O_SYNC	同步 I/O
O_ASYNC	异步 I/O，当 I/O 就绪时产生 SIGIO 信号
O_NONBLOCK	非阻塞 I/O 模式
O_DIRECT	直接 I/O 模式

对于 Linux 系统，文件是个抽象的概念，不局限于普通的磁盘文件，一些外部设备、管道、套接字、定时器和事件等都可抽象为文件。不同文件的行为特征也各不相同，flags 参数可指定文件的打开方式。下面介绍其中的部分选项。

（1）O_SYNC：以同步方式打开文件，等待发起的 I/O 请求直至完成。

（2）O_ASYNC：以异步方式打开文件。当就绪的 I/O 事件发生时，通常产生 SIGIO 信号。

（3）O_NONBLOCK：以非阻塞方式打开文件。发起的 I/O 请求立刻返回，无论请求是否完成。

（4）O_DIRECT：以直接方式打开文件。发起的 I/O 请求不经过内核缓存，直接到达设备驱动程序。

< 105 >

当 flags 包含 O_CREAT 位时，参数 mode 用于定义新文件的权限设置。mode 可包含如表 6-3 所示的权限位。

表 6-3　open 函数中参数 mode 的含义

参数 mode	数值	含义
S_IRWXU	00700	允许用户读、写和执行
S_IRUSR	00400	允许用户读
S_IWUSR	00200	允许用户写
S_IXUSR	00100	允许用户执行
S_IRWXG	00070	允许用户组读、写和执行
S_IRGRP	00040	允许用户组读
S_IWGRP	00020	允许用户组写
S_IXGRP	00010	允许用户组执行
S_IRWXO	00007	允许其他用户读、写和执行
S_IROTH	00004	允许其他用户读
S_IWOTH	00002	允许其他用户写
S_IXOTH	00001	允许其他用户执行
S_ISUID	04000	set-user-ID 位
S_ISGID	02000	set-group-ID 位
S_ISVTX	01000	sticky 位

新建文件的最终权限由参数 mode 和创建者进程的权限掩码共同决定。

2．read()/write()函数

（1）函数概述

读/写文件时，会涉及用户缓存和内核缓存。用户缓存位于进程的用户空间，用于存放用户读/写的数据；内核缓存位于内核空间，用于缓存所有进程读/写的数据，以便提高磁盘 I/O 性能。

读文件时，首先判断数据是否已存在于内核缓存，若存在，则将数据复制至用户缓存，否则发起读请求。写文件时，将数据从用户缓存复制至内核缓存，内核缓存中的数据会延迟写入磁盘，以便有机会积累更多数据，从而提高 I/O 效率。

头文件：

```
#include <unistd.h>
```

函数原型：

```
ssize_t read(int fd, void *buf, size_t count);
ssize_t write(int fd, const void *buf, size_t count);
```

功能：
读/写文件。
参数：
buf 指向缓冲区；count 指定读/写字节数。
返回值：
成功则返回读/写的字节数，错误返回-1。

read()函数从文件 fd 的当前偏移量处读取长度为 count 的数据至缓存 buf；write()函数则将缓存 buf 中长度为 count 的数据写至文件 fd 的当前偏移量处。

（2）实例分析

利用基本 I/O 函数实现文件复制，代码如程序 6-1 所示。

< 106 >

程序 6-1 利用基本 I/O 函数实现文件复制

```
// exam6-1.c
#include <stdio.h>
#include <fcntl.h>
#include <stdlib.h>
#include <unistd.h>
#include <err.h>
char buf[BUFSIZ];
int main(int argc, char *argv[])
{
    if (argc !=3) {
        fprintf(stderr, "Usage: %s filein fileout\n", argv[0]);
        exit(1);
    }
    int fds = open(argv[1], O_RDONLY);
    if (fds == -1)
        err(1, "%s", argv[1]);
    int fdt = open(argv[2], O_WRONLY|O_CREAT, 0666);
    ssize_t len;
    while ((len = read(fds, buf, BUFSIZ)) > 0)
        write(fdt, buf, len);
    close(fds);
    close(fdt);
}
```

6.2.2 分散读出和集中写入

有时，需将若干地址不连续的内存块写入文件或将读取的内容存放于若干地址不连续的内存块，虽然可通过若干次 read() 和 write() 函数实现，但每一次读/写后可能会被信号中断。而 readv() 和 writev() 函数属于原子操作，有效避免了中断。

1. readv()/writev() 函数

头文件：

```
#include <sys/uio.h>
```

函数原型：

```
ssize_t readv(int fd, const struct iovec *iov, int iovcnt);
ssize_t writev(int fd, const struct iovec *iov, int iovcnt);
```

功能：

数据的分散读出/集中写入。

参数：

iovec 指向缓存向量；iovcnt 指定缓存的数量。

返回值：

成功则返回读/写的字节数，失败返回 -1。

readv() 函数将从文件 fd 读取的数据分散存入数量为 iovcnt 的缓存向量 iovec 中，writev() 函数则将数量为 iovcnt 的缓存向量 iovec 写入文件 fd 中。fd 为读/写文件的文件描述符，缓存用结构类型 iovec 表示，其定义如下：

```
struct iovec {
    void  *iov_base;        // 缓存的起始地址
    size_t iov_len;         // 缓存的大小
};
```

< 107 >

2. 实例分析

利用 readv()函数从文件中分散读取数据，代码如程序 6-2 所示。

程序 6-2　从文件中分散读取数据

```c
//exam6-2.c
#include <stdio.h>
#include <stdlib.h>
#include <sys/uio.h>
#include <fcntl.h>
#include <err.h>
#include <unistd.h>
int main(int argc, char *argv[])
{
    if (argc != 2){
        fprintf(stderr, "Usage:%s file\n", argv[0]);
        exit(1);
    }
    int fd = open(argv[1], O_RDONLY);
    if (fd == -1)
        err(1, "%s", argv[1]);
    ssize_t totreq = 0;
    struct iovec iov[3];
    struct stat myStruct;
    iov[0].iov_base = &myStruct;
    iov[0].iov_len = sizeof(struct stat);
    totreq += iov[0].iov_len;
    int x;
    iov[1].iov_base = &x;
    iov[1].iov_len = sizeof(x);
    totreq += iov[1].iov_len;
    char str[100];
    iov[2].iov_base = str;
    iov[2].iov_len = 100;
    totreq += iov[2].iov_len;
    ssize_t nread = readv(fd, iov, 3);
    if (nread < totreq)
        printf("read fewer bytes than requested\n");
    printf("total request %ld bytes\tread %ld bytes\n",
    (long) totreq, (long) nread);
    exit(0);
}
```

程序的运行结果如下所示：

```
$ gcc -Wall exam6-2.c -o exam6-2          // exam6-2.c 经编译与链接生成 exam6-2
$ exam6-2 test.dat                        //执行 exam6-1,从 test.dat 文件中分散读取数据
total request 192 bytes read 192 bytes
```

6.2.3 基于特定偏移量的读/写操作

当一个文件同时被多个进程访问，文件的当前偏移量便成为竞争资源，需利用文件锁等进行同步机制，确保文件的互斥操作。这会带来一定的系统开销。为此，Linux 内核引入了一种基于特定偏移量的读/写接口函数 pread()/pwrite()，多个进程可同时操作文件的不同区域。例如，基于多线程的 FTP 客户端利用该接口，提高了文件的下载速度。

< 108 >

pread()/pwrite()函数如下。

头文件：

```
#include <unistd.h>
```

函数原型：

```
ssize_t pread(int fd, void *buf, size_t count, off_t offset);
ssize_t pwrite(int fd, const void *buf, size_t count, off_t offset);
```

功能：

基于特定偏移量的读/写操作。

参数：

offset 指向偏移量。

返回值：

成功则返回读/写的字节数，失败返回-1。

pread()函数从文件 fd 的偏移量 offset 处读取长度为 count 的数据主缓存 buf，pwrite 函数则将缓存 buf 中长度为 count 的数据写入文件 fd 的偏移量 offset 处。

Linux 自内核 2.6.30 版起引入了 preadv()/pwritev()系统调用，它们结合了 pread()/pwrite()和 readv()/writev()函数的特性，作为 Linux 非标准化的接口函数。

6.2.4　设置偏移量

通常，读操作开始于文件的起始位置，在文件尾部进行写操作，文件的当前偏移量依次从 0 往后移动。若改变当前的读/写位置，需调整当前偏移量。为此，内核提供了 lseek()函数。利用 lseek()函数，可将文件的当前偏移量调整至任意位置。

1. lseek 函数

头文件：

```
#include <sys/types.h>
#include <unistd.h>
```

函数原型：

```
off_t lseek(int fd, off_t offset, int whence);
```

功能：

设置文件的当前偏移量。

参数：

whence 指定参照坐标。

返回值：

成功则返回距文件头的字节数，失败返回-1。

lseek()函数以 whence 为参考坐标，将文件 fd 的当前偏移量移动至 offset 处。参数 whence 的含义如表 6-4 所示。

表 6-4　lseek()函数中参数 whence 的含义

参数 whence	含义
SEEK_SET	从文件头开始
SEEK_CUR	相对于当前文件的偏移量

< 109 >

参数 whence	含义
SEEK_END	距离文件尾部的字节数
SEEK_DATA	寻找下一个数据区的开始地址
SEEK_HOLE	寻找包含下一个空洞的开始地址

2. 实例分析

利用 lseek()函数从 lastlog 文件中寻找用户的最后一次登录时间，代码如程序 6-3 所示。

程序 6-3　显示用户最后一次登录时间

```c
//exam6-3.c
#include <time.h>
#include <lastlog.h>
#include <paths.h>
#include <fcntl.h>
#include <stdio.h>
#include <err.h>
#include <stdlib.h>
#include <unistd.h>
#include <errno.h>
#include <string.h>
#include <pwd.h>
int main(int argc, char *argv[])
{
    if (argc < 2){
        fprintf(stderr, "Usage: %s username [usename ...]  \n",argv[0]);
        exit(1);
    }
    int fd = open(_PATH_LASTLOG, O_RDONLY);
    if (fd == -1)
        err(1, "%s", _PATH_LASTLOG);
    for (int i = 1; i < argc; i++) {
        struct passwd *pwd;
        pwd = getpwnam(argv[i]);
        if (pwd == NULL)
            exit(1);
        uid_t uid =pwd->pw_uid;
        if (uid == -1) {
            printf("No such user: %s\n", argv[i]);
            continue;
        }
    lseek(fd, uid * sizeof(struct lastlog), SEEK_SET);
    struct lastlog llog;
    if (read(fd, &llog, sizeof(struct lastlog)) <= 0) {
        printf("read failed for %s\n", argv[i]);
        continue;
    }
    printf("%-8.8s %-6.6s %-20.20s %s", argv[i], llog.ll_line,
    llog.ll_host, ctime((time_t *) &llog.ll_time));
    }
    close(fd);
    exit(0);
}
```

程序的运行结果如下所示：

```
$ gcc -Wall exam6-3.c -o exam6-3        // exam6-3.c 经编译与链接生成 exam6-3
$ exam6-3 root zhangs                   // 显示用户 root 和 zhangs 最后一次登录的时间
```

< 110 >

```
root tty1 Mon Jan 31 04:15:16 2022
zhangs tty2 Mon Jan 31 04:15:22 2022
```

lastlog 文件用于记录用户最后一次登录系统的时间，位于/var/log/lastlog 中，在头文件 paths.h 中用常量 _PATH_LASTLOG 表示。文件中未包含用户名，而是以用户 ID 为索引，可通过用户 ID*sizeof(struct lastlog)来确定记录的位置。

6.2.5　截断文件

1．文件空隙

通常写操作追加数据至文件尾部。若在距文件尾部后若干字节处写入数据，则会形成空隙，如图 6-4 所示。

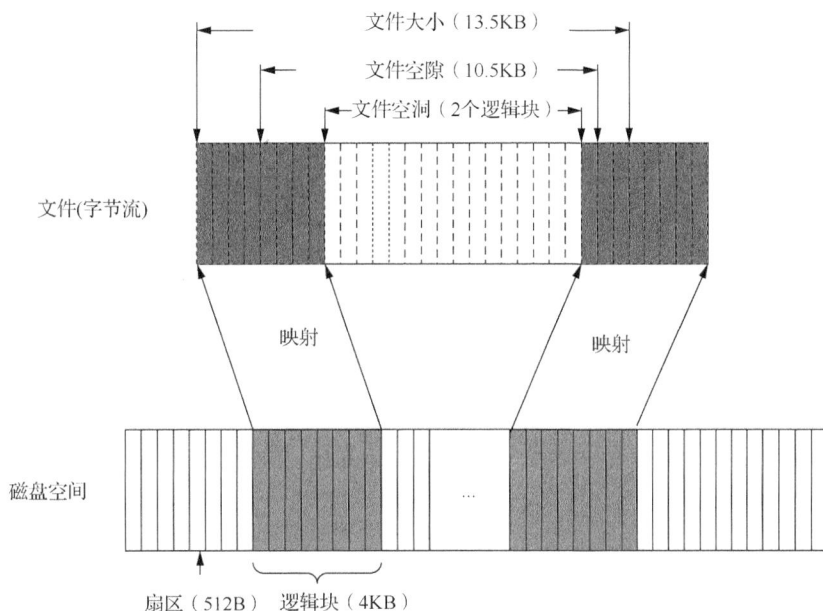

图 6-4　稀疏文件的结构

假设扇区大小为 512B，逻辑块大小为 4KB，向新建文件写入 2KB 的数据后，再向距文件尾部 10.5KB 处写入 1KB 数据。此时，文件大小为 13.5KB，其中包含一个大小为 10.5KB 大小的空隙。

向文件写入数据时，内核会从文件系统中申请空闲的逻辑块，将其映射至文件的线性地址空间。为了节省资源，内核不会将逻辑块映射至文件的空隙中。空隙中无逻辑块映射的区域称为空洞。图 6-4 的空隙中存在一个大小为 8KB 的空洞，占用 2 个逻辑块空间。当从空隙中读取数据时，不管是否位于空洞，均返回 0。

在读/写文件时，若当前偏移量超过了文件的结尾，读操作将返回 0；而对于写操作，则会成功写入数据，在文件结尾与偏移量之间形成空隙。文件空隙可能存在空洞，空洞一定属于空隙的一部分。存在空隙的文件有时也称为稀疏文件。

2．文件空隙的产生

有时需将文件截断，以释放占用的磁盘空间。为此，内核引入了 truncate()函数接口，当截断的位置超过文件长度时，同样会产生空隙。

truncate 函数的头文件：

< 111 >

```
#include <unistd.h>
#include <sys/types.h>
```

函数原型：

```
int truncate(const char *path, off_t length);
int ftruncate(int fd, off_t length);
```

功能：

截断文件。

参数：

path 指向文件路径；length 指定文件长度。

返回值：

成功则返回 0，失败返回-1。

truncate()函数将文件 path 截断，使其长度变为 length。若原文件长度大于 length，则多余的部分被丢弃；若文件长度小于 length，则向空隙填入 0。截断操作不改变文件的当前偏移量，但文件的修改时间将发生改变。

复制一个存在空洞的文件时，若遇到空洞，则移动偏移量至下一个数据块；然后继续复制，直至源文件结束。

3．实例分析

创建一个包含两个数据块的稀疏文件，观察程序运行结果，并分析稀疏文件的结构，代码如程序 6-4 所示。

程序 6-4　观察并分析新建稀疏文件的结构

```
//exam6-4.c
#define _GNU_SOURCE
#include <stdlib.h>
#include <stdio.h>
#include <sys/stat.h>
#include <unistd.h>
#include <fcntl.h>
#include <err.h>
void finddatablock(int fd, int start, int len)
{
    int locate = start;
    while(1){
        int offsetd = lseek(fd,locate,SEEK_DATA);
        if ( offsetd <0)
            break;
        int offseth = lseek(fd,offsetd,SEEK_HOLE);
        printf("datablock offset %d, size %d\n",offsetd,offseth- offsetd);
        if (offseth >= len)
            break;
        locate = offseth;
    }
}
int main(int argc, char *argv[])
{
    if (argc != 7){
        fprintf(stderr, "Usage:%s filename  doffset1 len1 doffset2 len2 filelen\n",
        argv[0]);
        fprintf(stderr, "doffset1: first data block offset \n");
        fprintf(stderr, "len1: first data block length \n");
        fprintf(stderr, "doffset2: second data block offset \n");
        fprintf(stderr, "len2: second data block length \n");
```

< 112 >

```
        fprintf(stderr, "filelen: total file length \n");
        exit(1);
    }
    int doffset1 = atol(argv[2]);
    int len1 = atol(argv[3]);
    int doffset2 = atol(argv[4]);
    int len2 = atol(argv[5]);
    int filelen = atol(argv[6]);
    int fd = open(argv[1], O_RDWR|O_CREAT, 0666);
    if (fd == -1)
        err(1, "%s", argv[1]);
    lseek(fd, doffset1, SEEK_SET);
    for (int i = 0; i < len1; i++)
        write(fd,"A", 1);
    lseek(fd, doffset2, SEEK_SET);
    for (int i = 0; i < len2; i++)
        write(fd,"X", 1);
    ftruncate(fd, filelen);
    struct stat stat;
    fstat(fd,&stat);
    printf("block size %ld number of blocks %lld file length %lld\n",
    (long)stat.st_blksize,(long long)stat.st_blocks,(long long)stat.st_size);
    finddatablock(fd, 0, stat.st_size);
     close(fd);
    exit(0);
}
```

程序的运行结果如下所示：

```
$ gcc -Wall exam6-4.c -o exam6-4           // exam6-4.c 经编译与链接生成 exam6-4
$ exam6-4 test 4096 10 12288 5 12293
block size 4096 number of blocks 16 file length 12293
datablock offset 4096, size 4096
datablock offset 12288, size 5
```

上述实例创建了一个长度为 12293B 的稀疏文件 test，其中包含两个数据块，第一个数据块从偏移量 4096B 处开始，长度为 10B；第二个数据块从偏移量 12288B 处开始，长度为 5B。该稀疏文件中存在两个空隙，第一个空隙为文件开始的 4096B，大小为一个逻辑块，其中包含空洞的大小也正好为一个逻辑块；第二个空隙从文件偏移量 4106B～12288B 处结束，其中的空洞从偏移量 8192B 处开始，至偏移量 12288B 处结束，占用一个逻辑块大小。文件实际占用 2 个逻辑块，共计 8192B，实际写入 15B。

6.2.6 I/O 重定向

每个进程拥有各自独立的文件描述符表，表中每个单元存放指向文件描述的指针，文件描述用于保存打开文件的状态信息。当使用 open()函数打开文件时，返回的文件描述符为进程文件描述符表的下标。

登录进程 login 建立会话后创建三个文件描述符，它们分别为 0、1 和 2，分别用于标准输入、标准输出和标准错误输出，Shell 上执行的进程继承了这些文件描述符。

1. I/O 重定向

读/写文件时，针对的是文件描述符，并不关心描述符指向的文件描述。当描述符指向的文件描述发生变化时，读/写的文件也随之发生改变。

（1）输入重定向

读文件时，若文件描述符指向的文件描述发生了改变，将会从另一个文件读取数据，这种现象称为输入重定向。

< 113 >

（2）输出重定向

写文件时，若文件描述符指向的文件描述发生了改变，数据将会写入另一个文件中，这种现象称为输出重定向。

例如，内核将文件描述符 0 分配给打开的 test 文件，则进程在进行标准输入时，数据将来自文件 test，而不是键盘；若内核将文件描述符 1 分配给打开的 demo 文件，则进程在进行标准输出时，会将信息输出至 demo 文件，而不是显示器。

2．I/O 重定向的编程接口

（1）open-close-open

使用 open-close-open 方法时，会将打开的文件关闭后立刻打开另一个文件，实现从一个文件至另一个文件的 I/O 重定向。值得注意的是，该方法对 UNIX 系统未必有效，这是由文件描述符的分配算法决定的。

打开文件时，Linux 内核从下标 0 开始扫描进程的文件描述符表；若发现空闲单元，则在单元中保存文件描述的地址，并将单元的下标作为文件描述符返回。基于该方法，可通过 open-close-open 的方法实现重定向。例如，对于输入重定向，首先关闭文件描述符 0，进程文件描述符表中第 0 号单元成为空闲单元；此时，进程打开另一文件时，内核会将文件描述符表的第 0 号单元分配给打开的文件，并返回描述符 0，从而实现输入重定向。

（2）dup()/dup2()函数

Linux 内核提供了 dup()/dup2()系统调用，用于复制文件描述符，可实现输入/输出重定向。

头文件：

```
#include <unistd.h>
```

函数原型：

```
int dup(int oldfd);
int dup2(int oldfd, int newfd);
```

功能：

复制文件描述符。

参数：

oldfd 指向原文件描述符；newfd 指向新文件描述符。

返回值：

成功则返回副本的文件描述符，失败返回-1。

dup()函数用于为文件描述符 oldfd 创建副本，副本位于调用者进程文件描述符表中下标最小的空闲单元，并将该下标作为文件描述符返回；dup2()函数创建副本的位置由 newfd 指定，若 newfd 指向的文件已打开，在复制前先将其关闭。为安全起见，在调用 dup2()函数前，若 newfd 已打开，应使用 close()函数将其关闭。

oldfd 和副本的文件描述符指向同一个文件描述，它们共享包括文件当前偏移量在内的文件状态，文件描述的引用次数加1。值得注意的是，这与两次打开同一个文件不同。

3．实例分析

利用 dup()函数复制标准输出的文件描述符，代码如程序 6-5 所示。

程序 6-5 复制文件描述符

```
//exam6-5.c
#include <stdio.h>
#include <stdlib.h>
#include <unistd.h>
```

< 114 >

```
#include <fcntl.h>
int main(int argc, char *argv[])
{
    if (argc !=2) {
        printf("Usage: %s filename\n",argv[0]);
        exit(1);
    }
    int fd = open(argv[1],O_WRONLY|O_CREAT,0644);
    int fd1 = dup2(fd,1);
    printf("hello dup2:%d\n", fd1);
    write(fd, "end of program\n",15);
    return 0;
}
```

程序的运行结果如下所示：

```
$ gcc -Wall exam6-5.c -o exam6-5  //exam6-5.c 经编译与链接生成 exam6-5
$ exam6-5 test
$ cat test
end of program
hello dup2:1
```

上述实例将创建文件 test 的文件描述符并复制给标准输出。由于创建的普通文件默认情况下采用全缓存模式，调用标准输入/输出函数库的 printf() 向文件输出数据时，会暂时保存至内存，直至退出进程，从而导致后调用 write() 函数输出的内容先出现在文件中。

6.3 文件属性操作

6.3.1 获得文件的属性信息

i 节点记录了描述文件属性的元数据。不同文件系统的 i 节点存在一定的差异，为此，内核采用通用的 stat 结构类型描述文件的属性，并引入相应的 stat() 接口函数。

1. stat 接口函数

头文件：

```
#include <sys/stat.h>
#include <unistd.h>
```

函数原型：

```
int stat(const char*pathname,struct stat*buf);
int fstat(int fd,struct stat*buf);
int lstat(const char *pathname,struct stat*buf);
```

功能：
获取文件的状态属性。
参数：
fd 指向文件描述符。
返回值：
成功则返回 0，失败返回-1。
stat() 函数将文件 pathname 的属性置于 buf 指向的地址；lstat() 函数返回符号链接文件的属性，而不是链接所指向的文件；buf 为 stat 类型的指针。stat 结构类型的定义如下：

< 115 >

```
struct stat {
    dev_t st_dev;                       // 文件的设备编号
    ino_t st_ino;                       // i 节点编号
    mode_t st_mode;                     // 文件的类型和存取权限
    nlink_t st_nlink;                   // 硬链接数量，即引用次数
    uid_t st_uid;                       // 用户 UID
    gid_t st_gid;                       // 用户组 GID
    dev_t st_rdev;                      // 设备类型
    off_t st_size;                      // 文件字节数
    unsigned long st_blksize;           // 块大小
    unsigned long st_blocks;            // 块数，一块大小为 512B
    time_t st_atime;                    // 最后一次访问时间
    time_t st_mtime;                    // 最后一次修改时间
    time_t st_ctime;                    // 最后一次更改时间（指属性）
    };
```

上述程序中，st_mode 为一个 2B 大小的无符号整数，其中包含文件类型和访问控制权限，st_mode 的第 12~15 位（共 4 位）表示文件的类型，其取值含义如表 6-5 所示。

表 6-5　st_mode 的第 12~15 位取值的含义

参数 mode	数值	含义
S_IFSOCK	0140000	Socket 文件
S_IFLNK	0120000	符号链接
S_IFREG	0100000	普通文件
S_IFBLK	0060000	块设备文件
S_IFDIR	0040000	目录文件
S_IFCHR	0020000	字符设备文件
S_IFIFO	0010000	命名管道

st_mode 的第二部分为第 0~11 位（共 12 位），用于定义使用者的访问权限，分为 4 组，每组 3 位，依次为扩展权限、用户、用户组和其他用户，其结构如图 6-5 所示。

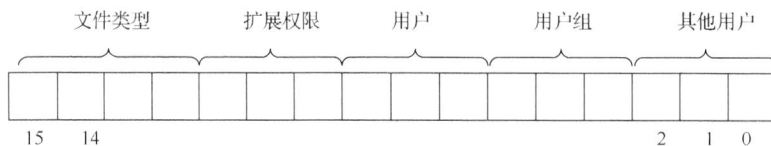

图 6-5　文件的权限分配

除扩展权限外，依次定义为可读、可写和可执行，扩展权限中的三位依次为 SUID、SGID 和 Sticky。

2. 实例分析

运用 stat()函数显示文件各属性的含义，代码如程序 6-6 所示。

程序 6-6　显示文件的属性信息

```
//exam6-6.c
#include <sys/stat.h>
#include <time.h>
#include <stdio.h>
#include <stdlib.h>
#include <err.h>
#include <sys/sysmacros.h>
int main(int argc, char *argv[])
{
```

< 116 >

```
    if (argc != 2) {
        fprintf(stderr, "Usage: %s <pathname>\n", argv[0]);
        exit(1);
    }
    struct stat sb;
    int ret = stat(argv[1], &sb);
    if (ret == -1)
    err(1, "%s", argv[1]);
    printf("File type:  ");
    switch (sb.st_mode & S_IFMT) {
        case S_IFBLK:  printf("block device\n");     break;
        case S_IFCHR:  printf("character device\n"); break;
        case S_IFDIR:  printf("directory\n"); break;
        case S_IFIFO:  printf("FIFO/pipe\n"); break;
        case S_IFLNK:  printf("symlink\n");   break;
        case S_IFREG:  printf("regular file\n");     break;
        case S_IFSOCK: printf("socket\n");    break;
        default:printf("unknown?\n");  break;
    }
    printf("I-node number:    %ld\n", (long) sb.st_ino);
    printf("mode:%o (octal)\n", sb.st_mode);
    printf("link count: %ld\n", (long) sb.st_nlink);
    printf("ownership:  UID = %ld   GID = %ld\n",
    (long) sb.st_uid, (long) sb.st_gid);
    printf("I/O block size: %ld bytes\n",
    (long) sb.st_blksize);
    printf("file size:  %lld bytes\n",
    (long long) sb.st_size);
    printf("blocks allocated: %lld\n",
    (long long) sb.st_blocks);
    printf("last status change:%s", ctime(&sb.st_ctime));
    printf("last file access:  %s", ctime(&sb.st_atime));
    printf("last file modification:  %s", ctime(&sb.st_mtime));
    exit(0);
}
```

程序的运行结果如下所示：

```
$ gcc -Wall exam6-6.c -o exam6-6              // exam6-6.c 经编译与链接生成 exam6-6
$ exam6-6 test                               // 显示 test 文件的属性信息
File type: regular file                      // 文件类型
I-node number: 131300                        // i-node 节点号
mode:100644 (octal)                          // 权限
link count: 1                                // 引用次数
ownership: UID=0 GID=0                        // 所属用户和组
I/O block size: 4096 bytes                    // 逻辑块大小
file size: 568 bytes                         // 文件大小
blocks allocated: 8                          // 占用的逻辑块数
last status change:Fri May 13 08:02:36 2022   // 最后一次修改元数据的时间
last file access: Fri May 13 08:02:43 2022    // 最后一次访问时间
last file modification: Fri May 13 08:02:36 2022 // 最后一次修改时间
```

6.3.2　设置文件的权限

1. chmod()函数

头文件：

< 117 >

```
#include<sys/type.h>
#include<sys/stat.h>
```

函数原型：

```
int chmod(const char *pathname, mode_t mode);
int fchmod(int fd, mode_t mode);
```

功能：

设置文件的权限。

参数：

mode 指定新权限。

返回值：

成功则返回 0，失败返回-1。

chmod()函数用于将文件 pathname 的权限设置为 mode。mode 表示文件的权限分配，其定义可参见 open()函数。

2. 实例分析

编写一个程序，用于修改文件的存取权限，代码如程序 6-7 所示。

程序 6-7　修改文件的存取权限

```
// exam6-7.c
#include <stdio.h>
#include <sys/stat.h>
#include <stdlib.h>
int main(int argc, char *argv[])
{
    if (argc != 3){
        fprintf(stderr, "Usage: %s filebane mode(octal)\n", argv[0]);
        exit(1);
    }
    mode_t mode = strtol(argv[2], NULL, 8);
    chmod(argv[1], mode);
    exit(0);
}
```

程序的运行结果如下所示：

```
$ gcc -Wall exam6-7.c -o exam6-7          // exam6-7.c 经编译与链接生成 exam6-7
$ exam6-7 test 06644                       // 将文件 test 的权限修改为 06644
$ ls -l test                               // 观察文件 test 的权限
-rwSr-Sr-- 1 root root 170 Jan31 22:47 test
```

6.3.3　设置文件的归属

新建文件通常归属于创建者，但有时也需移交文件的归属权。为了修改文件的归属，内核提供了 chown()接口函数。

头文件：

```
#include <unistd.h>
```

函数原型：

```
int chown(const char *pathname, uid_t owner, gid_t group);
int fchown(int fd, uid_t owner, gid_t group);
int lchown(const char *pathname, uid_t owner, gid_t group);
```

< 118 >

功能：

设置文件的归属。

参数：

owner 指定新用户 UID；group 指定新用户组 GID。

返回值：

成功则返回 0，失败返回-1。

chown()函数将 pathname 的用户和用户组分别修改为 owner 和 group。若 owner 或 group 的值为-1，则对应的归属不变。

6.3.4　设置文件的行为属性

1. fcntl 函数

头文件：

```
#include <unistd.h>
#include <fcntl.h>
```

函数原型：

```
int fcntl(int fd, int cmd, long arg)
```

功能：

设置文件的行为属性。

参数：

cmd 指定操作命令；arg 指向传递的参数。

返回值：

成功则返回值依赖于具体的操作，失败返回-1。

2. 参数 cmd 的含义

fcntl()函数通过命令 cmd 设置文件 fd 的行为属性，arg 依赖于具体的命令。cmd 涉及的内容较多，下面仅介绍其中部分内容，如表 6-6 所示。

表 6-6　fcntl()函数中参数 cmd 的含义

参数 cmd	含义
F_GETFL/F_SETFL	获取/设置文件状态
F_GETLK/F_SETLK/F_SETLKW	获取/释放/检测记录锁
F_DUPFD	复制尚未使用的最小文件描述符
F_GETOWN_EX/F_SETOWN_EX	获取/设置 I/O 信号接收的目标
F_GETSIG/F_SETSIG	获取/设置异步 I/O 信号

（1）记录锁

当 cmd 的值为 F_GETLK、F_SETLK 和 F_SETLKW 时，用于获取、释放和检测记录锁。arg 为 flock 类型的指针，flock 结构类型的定义如下：

```
struct flock {
short l_type;          // 记录锁类型 F_RDLCK/F_WRLCK/F_UNLCK
short l_whence;        // 参考坐标 SEEK_SET/SEEK_CUR/SEEK_END
off_t l_start;         // 偏移量
```

< 119 >

GNU/Linux 编程 (第2版)(微课版)

```
off_t l_len;                    // 锁定的字节数
pid_t l_pid;                    // 等待锁的进程 ID
};
```

在使用 F_SETLK 命令时，若共享锁/互斥锁已被设置，则 fcntl() 函数立刻返回。与 F_SETLK 命令不同的是，F_SETLKW 命令在无法设置锁的情况下，会一直等待，直到锁被释放。

（2）异步信号

f_getown_ex 和 f_setown_ex 是内核 2.6.32 引入的扩展特性，用于设置信号的接收目标，目标可为进程、进程组或线程。arg 为 owner_ex 类型的指针，结构类型 owner_ex 的定义如下：

```
struct f_owner_ex {
    int type;                   // 目标类型
    pid_t pid;                  // 目标 ID
};
```

f_owner_ex 结构中的成员变量 type 用于描述接收信号的目标类型，其含义如表 6-7 所示。

表 6-7 f_owner_ex 结构中成员变量 type 的含义

成员变量 type	含义
F_OWNER_PID	目标为进程，成员 pid 为进程 ID
F_OWNER_PGRP	目标为进程组，成员 pid 为进程组 ID
F_OWNER_TID	目标为线程，成员 pid 为线程 ID

F_GETSIG 和 F_SETSIG 用于获取和设置 I/O 就绪事件发生时产生的信号。当使用 F_SETSIG 设置某个文件时，若文件上有就绪的 I/O 事件发生，内核会向目标发送设置的信号，结合 sigaction() 函数的 SA_SIGINFO 标识，可携带更多与信号有关的信息。具体可参见 sigaction() 函数。

3．实例分析

利用 fcntl() 函数设置标准输出为非阻塞模式，代码如程序 6-8 所示。

程序 6-8 设置标准输出为非阻塞模式

```
//exam6-8.c
#include <stdio.h>
#include <stdlib.h>
#include <unistd.h>
#include <fcntl.h>
#include <err.h>
char buffer[BUFSIZ];
int main(int argc, char *argv[])
{
    ssize_t len = read(0, buffer, BUFSIZ);
    if (len <= 0)
        err(1, "read\n");
    printf("read %zd bytes\n", len);
    int flags = fcntl(1, F_GETFL, 0);
    flags |= O_NONBLOCK;
    fcntl(1, F_SETFL, flags);
    char * ptr = buffer;
    while (len > 0)
    {
        int tmp = write(1, ptr, len);
        if (tmp > 0) {
            ptr += tmp;
            len -= tmp;
        }
    }
```


< 120 >

```
        flags &= ~O_NONBLOCK;
        fcntl(1, F_SETFL, flags);
        return 0;
}
```

程序的运行结果如下所示：

```
$ gcc -Wall exam6-8.c -o exam6-8        // exam6-8.c 经编译与链接生成 exam6-8
$ exam6-8                               // 设置标准输出为非阻塞模式
hello Linux                             // 输入 helloLinux
read 12 bytes
hello Linux
```

6.4　目录操作

目录属于一种特殊的文件，目的是有效组织和管理文件，将文件系统构建成一棵基于层次关系的目录树。目录包含其所管理的文件，这些文件也可为子目录。以 Ext 2 文件系统为例，从内核的角度来看，其目录结构如图 6-6 所示。

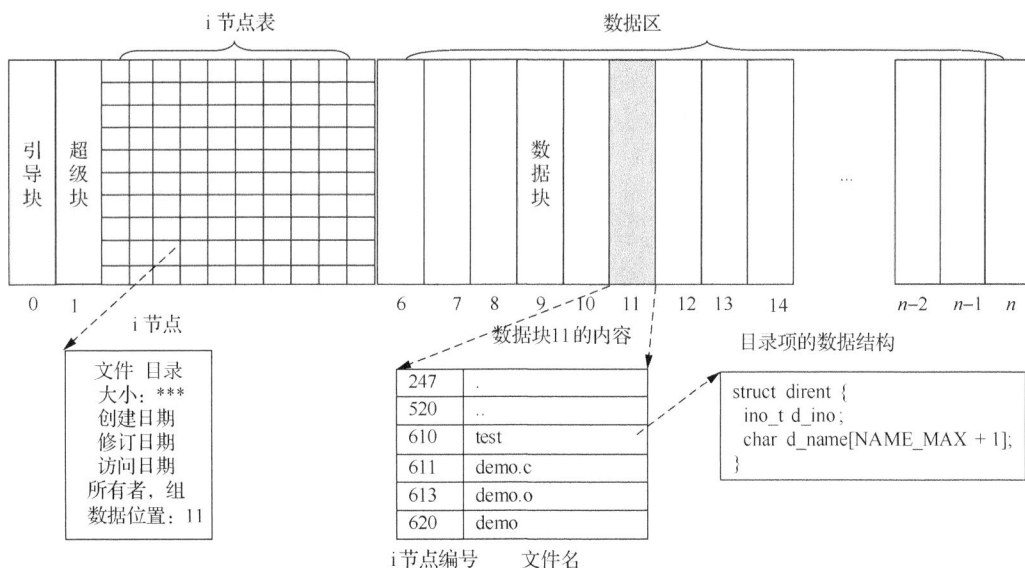

图 6-6　Ext2 文件系统的目录结构

目录由若干目录项组成，一个目录项包含文件名和 i 节点编号。目录用于存放文件名及其对应 i 节点的地址。为了便于管理，每个目录均包含当前目录和父目录。当前目录记录当前目录的 i 节点编号，父目录记录父目录的 i 节点编号，它们是构建目录树的基础。

6.4.1　创建/删除目录

1．mkdir()/rmdir() 函数

头文件：

```
#include <sys/types.h>
#include <stat.h>
```

< 121 >

函数原型：

```
int mkdir(const char *pathname, mode_t mode);
int rmdir(const char * pathname) ;
```

功能：

创建/删除目录。

参数：

pathname 指向目录的路径；mode 指定新建目录权限。

返回值：

成功则返回 0，失败返回-1。

mkdir()函数用于创建 pathname 指向的目录；rmdir()函数则用于删除 pathname 指向的空目录；空目录是指仅包含当前目录和父目录的目录；mode 用于指定新建目录的权限，其含义可参见 open 函数。

2．实例分析

利用 mkdir()函数创建一个指定权限的新目录，代码如程序 6-9 所示。

程序 6-9　创建目录

```
// exam6-9.c
#include <stdio.h>
#include <sys/stat.h>
#include <stdlib.h>
int main(int argc, char *argv[])
{
    if (argc != 3){
        fprintf(stderr, "Usage:%s dirname mode(octal)\n", argv[0]);
        exit(1);
    }
    mode_t mode = strtol(argv[2], NULL, 8);
    mkdir(argv[1], mode);
    exit(0);
}
```

程序的运行结果如下所示：

```
$ gcc -Wall exam6-9.c -o exam6-9              // exam6-9.c 经编译与链接生成exam6-9
$ umask 023                                   // 修改当前 Shell 的进程掩码
$ exam6-9 mydir 0777                          // 创建目录mydir，设置权限为 0777
$ ls -l | grep mydir                          // 观察新建目录mydir 的详细信息
drwxr-xr-- 2 root root 4096 Feb 1 01:10 mydir // 验证目录mydir 分配的权限
```

与创建普通文件一样，新建目录的权限取决于 mkdir()函数的参数 mode 和创建者的权限掩码。

6.4.2　改变进程的根目录和工作目录

每个进程都有根目录和工作目录，它们通常继承自 Shell 进程，分别作为解释绝对路径和相对路径的参考坐标，它们的值可分别通过 chroot 函数和 chdir 函数进行修改。

1．chroot()函数

头文件：

```
#include <unistd.h>
```

< 122 >

函数原型：

```
int chroot(const char *path);
```

功能：

改变进程的根目录。

参数：

略。

返回值：

成功则返回 0，失败返回-1。

chroot()函数用于将调用进程的根目录设置为 path，仅拥有 CAP_SYS_CHROOT 能力的进程才能执行该函数。chroot()函数可用作安全控制。例如，ftp 为匿名用户设置特定目录作为根目录，使匿名用户在有限的空间内活动，从而提高了安全性。

2．chdir()函数

头文件：

```
#include <unistd.h>
```

函数原型：

```
int chdir(const char *path);
int fchdir(int fd);
```

功能：

改变进程的工作目录。

参数：

略。

返回值：

成功则返回 0，失败返回-1。

chdir()函数用于将 path 设置为调用者进程的工作目录。

6.4.3　浏览目录

与普通文件不同，目录文件呈现一定的结构，且与文件系统类型相关，不能直接使用 read()函数获取目录的内容。为此，Linux 内核提供了 getdents()接口函数。此外，GLIBC 还提供了操作更简便的编程接口，其中包含 opendir()、readdir()和 closedir()三个库函数。

1．opendir()函数

头文件：

```
#include <sys/types.h>
#include <dirent.h>
```

函数原型：

```
DIR *opendir(const char *pathname);
DIR *fdopendir(int fd);
```

功能：

打开目录。

参数：

略。

< 123 >

返回值：

成功返回目录流，失败返回 NULL。

opendir()函数用于打开 pathname 指向的目录。若成功打开，则返回目录流，从目录流中可读取目录项中的文件名。

2. readdir()函数

头文件：

```
#include <sys/types.h>
#include <dirent.h>
```

函数原型：

```
struct dirent *readdir(DIR *dirp);
```

功能：

读取目录项。

参数：

dirp 指向打开的目录流。

返回值：

成功则返回下一个目录项，失败返回 NULL。

readdir()函数用于从打开的目录流 dirp 中依次读取目录项。目录项为结构类型 dirent，其定义如下所示：

```
struct dirent {
    long d_ino;                    // i 节点编号
    char d_name[256];              // 文件名
    off_t d_off;                   // 在目录流中的偏移量
    unsigned short d_reclen;       // 文件名长度
}
```

3. closedir()函数

头文件：

```
#include <sys/types.h>
#include <dirent.h>
```

函数原型：

```
int closedir(DIR *dirp);
```

功能：

关闭打开的目录。

参数：

略。

返回值：

成功则返回 0，失败返回-1。

closedir()函数用于关闭 dirp 指向的目录流，相应的文件描述符也同时被关闭。

4. 实例分析

编写一个程序，显示当前工作目录，代码如程序 6-10 所示。

< 124 >

程序 6-10　显示当前工作目录

```c
//exam6-10.c
#include  <string.h>
#include  <unistd.h>
#include  <stdio.h>
#include  <sys/stat.h>
#include  <dirent.h>
ino_t getinode(char *fname)
{
    struct stat info;
    stat(fname, &info);
    return info.st_ino;
}
void inotoname(ino_t ino, char *buff, int buflen)
{
    DIR *pdir = opendir(".");
    struct dirent   *pdirent;
    while ((pdirent = readdir(pdir)) != NULL)
        if (pdirent->d_ino == ino){
            strncpy(buff, pdirent->d_name, buflen);
            buff[buflen-1] = '\0';
            closedir(pdir);
            return;
        }
}
void printpath(ino_t ino)
{
    if (getinode("..") != ino){
        chdir("..");
        char name[BUFSIZ];
        inotoname(ino, name, BUFSIZ);
        ino_t ino = getinode(".");
        printpath(ino);
        printf("%s/", name);
    }
    else
        printf("/");
}
int main()
{
    ino_t ino = getinode(".");
    printpath(ino);
    putchar('\n');
    return 0;
}
```

程序的运行结果如下所示：

```
$ gcc -Wall exam6-10.c -o exam6-10      // exam6-10.c 经编译与链接生成 exam6-10
$ cd /home/zhangs                        // 改变当前工作目录
$ exam6-10                               // 显示当前工作目录
/home/zhangs
```

6.4.4　遍历目录树

　　若要遍历一个目录，可组合使用上述库函数和 stat() 函数：首先打开目录，逐一读取并显示文件名；若为子目录，递归以上过程。为了简化这一过程，GLIBC 提供了 nftw() 库函数，用户可选择以某种方式遍历目录。

< 125 >

1．nftw()函数

头文件：

```
#include <ftw.h>
```

函数原型：

```
int nftw(const char *dirpath,int (*fn) (const char *fpath, const struct stat *sb,int
typeflag, struct FTW *ftwbuf),int nopenfd, int flags);
```

功能：

遍历目录树。

参数：

dirpath 指向目录的路径；fn 指向回调函数；nopenfd 指定同时打开的最大目录数；flags 指定遍历方式。

返回值：

成功则返回 0，失败返回-1。

nftw()函数用于以 flags 指定的方式遍历目录 dirpath；nopenfd 用于指定可同时打开的目录数量；每遍历一个目录项，回调函数 fn()被调用一次，默认采用前序遍历；flags 属于位掩码，用于设置遍历的方式，其含义如表 6-8 所示。

表 6-8　nftw()函数中参数 flags 的含义

参数 flags	含义
FTW_CHDIR	在扫描每个目录时先进入目录
FTW_DEPTH	后序遍历目录树
FTW_MOUNT	仅限于同一文件系统
FTW_PHYS	对符号链接不做解释

回调函数 fn()的定义如下：

```
int (*fn) (const char *fpath, const struct stat *sb,int typeflag, struct FTW *ftwbuf)
```

其中：fpath 为文件的路径名，路径名可表示为相对路径或绝对路径；sb 为 stat 结构的类型指针，指向使用 stat()函数获取的文件属性；typeflag 表示文件的类型，其含义如表 6-9 所示。

表 6-9　nftw()函数中参数 typeflag 的含义

参数 typeflag	含义
FTW_F	普通文件
FTW_D	目录
FTW_DNR	无法读取目录
FTW_DP	目录，其包含的内容已遍历
FTW_NS	调用 stat()函数失败
FTW_SL	符号链接
FTW_SLN	符号链接指向的文件不存在

ftwbuf 为 FTW 类型的指针，其定义如下：

```
struct FTW {
    int base;      // 文件名在路径中的偏移量
    int level;     // 相对于根目录树的深度
};
```

< 126 >

在某些情况下，为了停止遍历，nftw()函数会通过设置回调函数的返回值进行控制。当返回值为 0 时，遍历继续进行；若返回值为非 0，则立刻停止遍历。

2．实例分析

利用 nftw()函数遍历指定目录，代码如程序 6-11 所示。

程序 6-11   遍历目录

```c
//exam6-11.c
#define _XOPEN_SOURCE 500
#include <ftw.h>
#include <stdio.h>
#include <stdlib.h>
#include <string.h>
#include <stdint.h>
int display_info(const char *fpath, const struct stat *sb, int tflag, struct FTW
*ftwbuf)
{
    printf("%-3s %2d ",
    (tflag == FTW_D) ?   "d"   : (tflag == FTW_DNR) ? "dnr" :
    (tflag == FTW_DP) ? "dp"  : (tflag == FTW_F) ?   "f" :
    (tflag == FTW_NS) ? "ns"  : (tflag == FTW_SL) ? "sl" :
    (tflag == FTW_SLN) ? "sln" : "???",
    ftwbuf->level);
    if (tflag == FTW_NS)
        printf("-------");
    else
        printf("%-40s %7jd\n", fpath,(intmax_t) sb->st_size);
    return 0;
}
int main(int argc, char *argv[])
{
    int opt, flags = 0;
    while ((opt = getopt(argc, argv, "dp")) != -1) {
        switch (opt) {
            case 'd':
                flags |= FTW_DEPTH;
                break;
            case 'p':
                flags |= FTW_PHYS;
                break;
            default:
                fprintf(stderr, "Usage:%s [-d] [-p[] path\n", argv[0]);
                exit(1);
        }
    }
    if (optind >= argc)
        printf("Usage:%s [-d] [-p[] path\n", argv[0]);
    nftw(argv[optind], display_info, 20, flags);
    exit(0);
}
```

程序的运行结果如下所示：

```
$ gcc -Wall exam6-11.c -o exam6-11          // exam6-11.c 经编译与链接生成 exam6-11
$ exam6-11 -d /home/zhangs                  // 遍历目录/home/zhangs
d 0 /home/zhangs 4096
d 1 /home/zhangs/6 4096
f 2 /home/zhangs/6/exam6-1.c 579
```

< 127 >

```
f 2 /home/zhangs/6/exam6-2.c 956
d 1 /home/zhangs/7 4096
f 2 /home/zhangs/7/exam7-1.c 957
f 2 /home/zhangs/7/exam7-2.c 856
```

6.5 文件系统操作

Linux 系统存在多种类型的文件系统。虚拟文件系统忽略了真实文件系统间的差异，是一种基于内存的文件系统，可看作真实文件系统的实例化。其根目录取决于引导加载程序指定的分区，是整个虚拟文件系统的主干；其他分区上的文件系统可挂载至主干上的某个分支，如/proc 和/boot 目录等。为了便于定制，内核提供了 mount()/umount()接口函数，用于动态挂载/卸载文件系统。

6.5.1 挂载/卸载文件系统

1. mount()/umount()函数

头文件：

```
#include <sys/mount.h>
```

函数原型：

```
int mount(const char *source,const char *target,char *type, unsigned long flags,void
*data);
int umount(const char *target);
```

功能：

挂载/卸载文件系统。

参数：

source 指向源块设备文件；target 指向挂载点目录；type 指定文件系统类型；flags 指定操作方式；data 指向传递的数据。

返回值：

成功则返回 0，失败返回-1。

mount()函数用于将块设备 source 上的文件系统挂载至 target，umount()函数则用于从挂载点 target 上卸载文件系统。type 指向文件系统类型，如 Ext4 和 FAT 等；data 指向传递的参数，其含义取决于文件系统类型，通常是以逗号分割的字符串；flags 为一个位掩码，用于设置文件系统的操作方式，其含义如表 6-10 所示。

表 6-10 mount()/umount()函数中参数 flags 的含义

参数 flags	含义
MS_RDONLY	设置只读方式
MS_NODEV	禁止访问文件系统上的设备文件
MS_NOATIME	禁止更新最后访问时间
MS_NOSUID	禁用 Set-User-ID 和 Set-Group-ID 程序
MS_NOEXEC	禁止执行程序
MS_SYNCHRONOUS	写同步

< 128 >

2. 实例分析

利用 mount() 函数挂载块设备至指定目录，代码如程序 6-12 所示。

程序 6-12　挂载块设备

```c
//exam6-12.c
#include <sys/mount.h>
#include <stdio.h>
#include <stdlib.h>
#include <unistd.h>
#include <string.h>
 void Usage(const char *prgname)
{
    fprintf(stderr, "Usage: %s [options] source target\n", prgname);
    fprintf(stderr, "-t fstype   \n");
    fprintf(stderr, "-o data     \n");
    fprintf(stderr, "-f mountflags can include any of:\n");
    fprintf(stderr, "a - MS_NOATIME       \n");
    fprintf(stderr, "v - MS_NODEV         \n");
    fprintf(stderr, "e - MS_NOEXEC        \n");
    fprintf(stderr, "s - MS_NOSUID        \n");
    fprintf(stderr, "r - MS_RDONLY        \n");
    fprintf(stderr, "s - MS_SYNCHRONOUS    \n");
    exit(1);
}
int main(int argc, char *argv[])
{
   unsigned long flags = 9;
   char *data = NULL, *fstype = NULL;
   int opt;
   while ((opt = getopt(argc, argv, "o:t:f:")) != -1) {
       switch (opt) {
           case 'o':
               data = optarg;
               break;
           case 't':
               fstype = optarg;
               break;
           case 'f':
               for (int j = 0; j < strlen(optarg); j++) {
                   switch (optarg[j]) {
                       case 'a': flags |= MS_NOATIME;       break;
                       case 'v': flags |= MS_NODEV;         break;
                       case 'e': flags |= MS_NOEXEC;        break;
                       case 's': flags |= MS_NOSUID;        break;
                       case 'r': flags |= MS_RDONLY;        break;
                       case 's': flags |= MS_SYNCHRONOUS;    break;
                       default: Usage(argv[0]);
                   }
           break;
           default:
               Usage(argv[0]);
           }
       }
   }
   if (argc != optind + 2)
       Usage(argv[0]);
   mount(argv[optind], argv[optind + 1], fstype, flags, data);
   exit(0);
}
```

< 129 >

函数的运行结果如下所示：

```
$ gcc -Wall exam6-12.c -o exam6-12              // exam6-12.c经编译与链接生成exam6-12
$ exam6-12 -t iso9660 -f r /dev/cdrom/mnt/cdrom // 挂载光盘
```

6.5.2 获取文件系统的统计信息

与 stat()函数类似，Linux 内核引入了 statvfs()接口函数，可获取文件系统的统计信息。

头文件：

```
#include <sys/statvfs.h>
```

函数原型：

```
int statvfs(const char *path, struct statvfs *buf);
int fstatvfs(int fd, struct statvfs *buf);
```

功能：

获取文件系统的统计信息。

参数：

path 指向文件路径；buf 指向存放文件系统统计信息。

返回值：

成功则返回 0，失败返回-1。

statvfs()函数用于将文件 path/ fd 所在文件系统的统计信息置于 buf 指向的地址。buf 为 statvfs 类型的指针，其定义如下：

```
struct statvfs {
    unsigned long  f_bsize;        // 逻辑块大小
    unsigned long  f_frsize;       // 碎片大小
    fsblkcnt_t     f_blocks;       // 碎片占用的逻辑块数
    fsblkcnt_t     f_bfree;        // 空闲块数量
    fsblkcnt_t     f_bavail;       // 用户可用的逻辑块数
    fsfilcnt_t     f_files;        // 总i节点数量
    fsfilcnt_t     f_ffree;        // 空闲i节点数
    fsfilcnt_t     f_favail;       // 用户可用的i节点数
    unsigned long  f_fsid;         // 文件系统ID
    unsigned long  f_flag;         // mount 标识
    unsigned long  f_namemax;      // 最大文件名长度
};
```

6.5.3 同步文件/文件系统

使用文件系统时，对文件系统的修改，包括元数据在内，会暂存于页缓存，页缓存与真实文件系统间的同步会存在一定的延迟。为确保文件系统数据的一致性，必要时应主动触发页缓存的回写操作，为此，Linux 内核引入了 syncfs()/fsync()接口函数。

1. syncfs()/fsync()接口函数

头文件：

```
#include <unistd.h>
```

< 130 >

函数原型：

```
int fsync(int fd);
int syncfs(int fd);
```

功能：

同步文件/文件系统。

参数：

略。

返回值：

成功则返回 0，失败返回-1。

fsync()接口函数用于同步 fd 指向的文件，syncfs()接口函数用于同步文件 fd 所属的文件系统。

2．实例分析

利用 statvfs()函数获取文件系统的统计信息，代码如程序 6-13 所示。

程序 6-13　获取文件系统的统计信息

```c
//exam6-13.c
#include <sys/statfs.h>
#include <stdio.h>
#include <stdlib.h>
int main(int argc, char *argv[])
{
    struct statfs sfs;
    if (argc != 2){
        fprintf(stderr, "%s pathname\n", argv[0]);
        exit(1);
    }
    statfs(argv[1], &sfs);
    printf("File system type:%#lx\n",(unsigned long)sfs.f_type);
    printf("Optimal I/O block size:%lu\n",(unsigned long)sfs.f_bsize);
    printf("Total data blocks:%lu\n",(unsigned long)sfs.f_blocks);
    printf("Free data blocks:%lu\n",(unsigned long)sfs.f_bfree);
    printf("Free blocks for nonsuperuser:%lu\n",(unsigned long)sfs.f_bavail);
    printf("Total i-nodes:%lu\n",(unsigned long)sfs.f_files);
    printf("File system ID:%#x, %#x\n",(unsigned) sfs.f_fsid.__val[0],
    (unsigned)sfs.f_fsid.__val[1]);
    printf("Free i-nodes:%lu\n",(unsigned long)sfs.f_ffree);
    printf("Maximum file name length:%lu\n",(unsigned long)sfs.f_namelen);
    exit(0);
}
```

程序的运行结果如下所示：

```
$ gcc -Wall exam6-13.c -o exam6-13      // exam6-13.c 经编译与链接生成 exam6-13
$ exam6-13 exam6-13.c                   // 显示文件 exam6-13.c 所在文件系统的信息
File system type:0xef53
Optimal I/O block size:4096
Total data blocks:4998556
Free data blocks:4665185
Free blocks for nonsuperuser:4405512
Total i-nodes:1277952
File system ID:0x13c790c, 0x1ab692e0
Free i-nodes:1236303
Maximum file name length:255
```

< 131 >

6.6 标准 I/O 函数库

6.6.1 标准 I/O 函数库概述

当使用基本 I/O 函数 read()/write()读/写文件时，每次均会发生用户空间与内核空间的状态切换，这会带来一定的系统开销。若读/写操作过于频繁，累计消耗不可忽略。此外，终端作为一种字符设备文件，仅能处理简单的字符。若要处理其他类型的数据（如正整数和浮点数等）时，需进行数据类型的转换。出于性能和便捷性的考虑，Linux 在 GLIBC 中引入了标准 I/O 函数库 stdio。

stdio 是标准 ANSI C 规范的一部分，函数原型位于头文件 stdio.h，它是对基本 I/O 函数的扩展。stdio 在进程的用户空间构建了一套缓存机制，其结构如图 6-7 所示。

stdio 将文件看作字节流，在用户空间为每个文件流构建缓冲区。当读文件时，先查找用户缓冲区，若数据已存在，则立刻返回；否则，执行 read 系统调用切换至内核空间，在内核缓存中进一步查找。当写文件时，数据缓存至用户缓冲区，必要时执行 write 系统调用，将数据写入文件。这样可减少 I/O 系统的调用次数，提高系统的 I/O 性能。

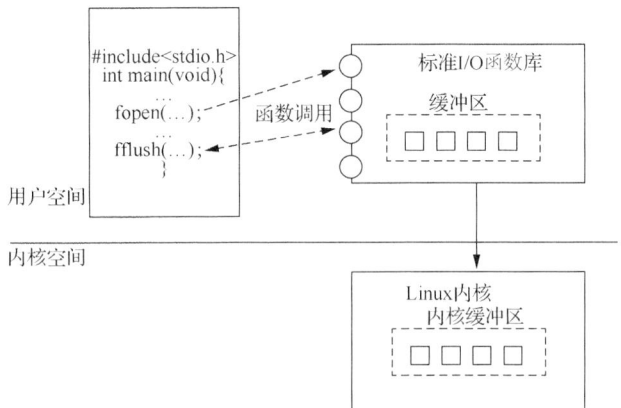

图 6-7 标准 I/O 函数库的体系结构

stdio 为文件流提供了三种缓存方式，它们分别为全缓存、行缓存和无缓存。

（1）全缓存

写操作时，当位于用户层的缓存写满时，write 系统调用才被执行。

（2）行缓存

写操作时，当位于用户层的缓存遇到换行符时，write 系统调用才被执行。

（3）无缓存

不在用户层建立缓存，当读/写操作发生时，read/write 系统调用立即执行。

通常，字节流文件基于全缓存模式，面向终端的文件流采用行缓存模式，标准错误输出则采用无缓存模式。必要时，用户可调用 setvbuf()函数修改文件流的缓存方式。

stdio 除提供用户态缓存管理外，支持多种数据格式，使数据类型转换更为便捷。标准 I/O 函数库提供了大量的库函数，其中包括 fopen()、fclose()、fread()、fwrite()、fflush()、fseek()、fgetc()、getc()、getchar()、fputc()、putc()、putchar()、fgets()、gets()、printf()、fprintf()和 sprintf()等。本节仅介绍其中的部分函数，更多函数的定义可参见联机帮助文档 stdio(7)。

6.6.2 文件流接口函数

1．fopen()/fclose()接口函数

头文件：

```
#include <stdio.h>
```

函数原型：

< 132 >

```
FILE * fopen(const char * path,const char * mode);
int fclose(FILE *fp);
```

功能：

打开/关闭文件。

参数：

mode 指定打开方式；fp 指向打开的文件流。

返回值：

fopen()函数成功，返回打开的文件流，错误返回 NULL；fclose()函数成功，返回 0，失败返回-1。

fopen()函数以 mode 方式打开文件 path；fclose()函数用于关闭打开的文件流 fp，并将未同步的缓冲区数据写入文件；参数 mode 指定文件的打开方式，其含义如表 6-11 所示。

表 6-11　fopen()函数中参数 mode 的含义

参数 mode	含义
r	只读，打开已有文件
w	只写，创建或打开文件，覆盖已有文件
a	追加，创建或打开文件，在已有文件末尾追加
r+	读/写，打开已有文件
w+	读/写，创建或打开文件，覆盖已有文件
a+	读/写，创建或打开文件，在已有文件末尾追加
t	按文本方式打开（默认）
b	按二进制方式打开

使用 fopen()函数打开或创建一个文件时，系统将文件视作由若干字节构成的字节流，用 FILE 数据结构表示，其中包括文件描述符、缓冲区、缓冲区大小和已存入数据等。FILE 的定义如下。

```
typedef struct {
    char  fd;                    // 文件描述符
    short  bsize;                // 缓冲区大小
    unsigned char *buffer;       // 数据缓冲区
    unsigned char *curp;         // 当前位置指针
        …
} FILE;
```

stdio 提供了两种类型的流：文本流和二进制流。文本流是以行为单位的字符流，每一行以回车换行符结尾；二进制流则将文件视作由若干字节构成的字节序列。

stdio 存在 stdin、stdout 和 stderr 三个文件流，分别表示标准输入流、标准输出流和标准错误输出流，代表终端的输入和输出。

2. fread()/fwrite()函数

头文件：

```
#include <stdio.h>
```

函数原型：

```
size_t fread(void *ptr, size_t size, size_t nmemb, FILE *stream);
size_t fwrite(const void *ptr, size_t size, size_t nmemb,FILE *stream);
```

功能：

读/写文件流。

参数：

< 133 >

ptr 指向缓存区；size 指定每个数据项的长度；nmemb 指定数据项的数量；stream 指向打开的文件流。

返回值：

成功则返回实际读/写的数量，失败返回值小于 nmemb。

fread()函数用于从文件 stream 中读取 nmemb 份长度为 size 的数据，存入 ptr 指向的地址；fwrite() 函数用于将 nmemb 份长度为 size 的数据从缓冲区 ptr 写入文件 stream 中。fread()/fwrite()函数不能区分文件结尾和错误的发生，需使用 read()/ferror()函数确定发生的具体情况。

3．fflush()函数

头文件：

```
#include <stdio.h>
```

函数原型：

```
int fflush(FILE * stream);
```

功能：

刷新文件流。

参数：

略。

返回值：

成功则返回 0，错误返回 EOF。

fflush()函数用于刷新文件 stream，将位于用户空间的缓存数据同步至文件。需注意的是，调用 fclose() 函数时隐含执行了一次 fflush()操作，因此不必在执行 fclose()函数之前调用 fflush()函数。

4．fscanf()/fprintf()函数

格式化输入/输出是指在输入/输出过程中伴随数据类型的转换。下面仅介绍 stdio 中支持格式转换的 fscanf()/fprintf()函数。

头文件：

```
#include <stdio.h>
```

函数原型：

```
int fscanf(FILE *stream, const char *format, ...);
int fprintf(FILE *stream, const char *format, ...);
```

功能：

格式化输入/输出文件。

参数：

format 指向控制字符串。

返回值：

成功则返回操作的字节数，失败返回-1。

fscanf()函数用于从文件 stream 中按控制字符串 format 的要求读取数据；fprintf()函数则用于按控制字符串 format 的要求将数据输出至文件 stream 中。参数 format 控制字符的含义如表 6-12 所示。

表 6-12　fscanf()/fprintf()函数中参数 format 控制字符的含义

参数 format	含义
%i,%d	以十进制格式输出
%c	输出字符

< 134 >

续表

参数 format	含义
%s	输出字符串
%f	浮点数格式
%e	科学记数法
%g	自动选择浮点数格式和科学记数法
%o	以八进制格式输出
%x	以十六进制格式输出
%p	以十六进制格式输出指针

format 中除负责格式转换的控制字符外，还支持转义符，以增强对格式的控制。参数 format 支持的转义符及其含义如表 6-13 所示。

表 6-13　fscanf()/fprintf()函数中参数 format 支持的转义符及其含义

字符	十六进制值	含义
\a	\x07	发出一声哔的声音（beep）
\b	\x08	回退（backspace）
\f	\x0c	跳页（form-feed）
\n	\x0a	换行（new-line）
\r	\x0d	无换行的回车（return）
\t	\x09	Tab 定位（水平）
\v	\x0b	Tab 定位（垂直）
\\	\x5c	打印反斜线 \ 字符
\'	\x27	打印单引号 ' 字符
\"	\x22	打印双引号 " 字符

5．setvbuf()函数

为了满足不同应用的需要，stdio 定义了多种设置缓存方式的接口函数，如 setbuf()/ setvbuf()等。下面仅以 setvbuf()函数为例，介绍流缓存的操作方法。

头文件：

```
#include <stdio.h>
```

函数原型：

```
int setvbuf(FILE *stream, char *buf, int mode, size_t size);
```

功能：
设置文件流的缓存模式。
参数：
略。
返回值：
成功则返回 0，失败返回非 0。

setvbuf()函数用于设置文件 stream 的缓存地址、大小和缓存模式，其中 buf 指向缓存开始地址；size 为缓存大小；参数 mode 指定缓存模式。缓存模式的含义如表 6-14 所示。

表 6-14　setvbuf()函数中参数 mode 的含义

参数 mode	含义
_IOFBF	全缓存模式
_IOLBF	行缓存模式
_IONBF	无缓存模式

< 135 >

参数 buf 指向大小至少为 size 的缓存区，buf 缓存可取代目前正在使用的缓存。

6．实例分析

利用 setvbuf()函数设置标准输出的缓存模式，观察不同缓存模式下的输出，代码如程序 6-14 所示。

程序 6-14　演示不同缓存模式下的输出

```
//exam6-14.c
#include <stdio.h>
#include <stdlib.h>
#include <unistd.h>
char buff[200];
int  main(int  argc, char  *argv[])
{
    setvbuf(stdout, buff, _IONBF, 100);
    printf("h");
    sleep(2);
    printf("e");
    sleep(2);
    printf("l");
    printf("l");
    setvbuf(stdout, buff, _IOLBF, 100);
    printf("o");
    printf("\n");
    printf("bye");
    sleep(4);
    exit (0);
}
```

程序的运行结果如下所示：

```
$ gcc -Wall exam6-14.c -o exam6-14        // exam6-14.c 经编译与链接生成 exam6-14
$ strace exam6-14                          // 观察不同缓存模式下的输出行为
write(1, "h", 1)
write(1, "e", 1)
write(1, "l", 1)
write(1, "l", 1)
write(1, "o\n", 2)
write(1, "bye", 3)
```

< 136 >

第7章 Linux 信号

7.1 信号概述

7.1.1 信号的概念

从进程的角度来看，Linux 系统可视作由进程构成的集合。进程运行期间可能受到各种内部和外部事件的影响，如数据溢出、定时器到期、运行暂停和恢复等。信号源自 UNIX 系统，Linux 继承了该特性。信号是操作系统对发生于进程事件的抽象。内核对每种可能发生的信号进行了定义，并预先设置了它们的处理方式。为了提高信号处理的灵活性，内核为用户定义了相应的 API，用户在必要时可对信号的处理进行重新定义。

7.1.2 信号相关的接口函数

本章将详细论述信号的概念和工作原理，介绍接口函数的语法和功能，并通过实例演示信号编程的一般方法。表 7-1 列出了本章与信号相关的接口函数。

表 7-1　与信号相关的接口函数

分类	接口函数	功能描述
信号处理	sigprocmask()	获取/设置调用者进程的信号掩码
	sigaction()	定义信号的处理方式
	sigpending()	检测到达的阻塞信号
	sigwaitinfo()	等待阻塞信号的到达
发送信号	kill()	向进程发送标准信号
	sigqueue()	向进程发送实时信号
信号文件	signalfd()	创建信号文件

7.2 Linux 系统中的信号

7.2.1 信号的分类

信号是一种面向进程的事件响应机制。Linux 内核为进程定义了多种信号，根据信号类型的不同，可将信号划分为标准信号和实时信号。相对于实时信号，标准信号出现的时间较早，Linux 自内核 2.2 起支持实时信号。

1．标准信号

标准信号源自 UNIX，信号编号以正整数表示，范围为 1~31。因出现的年代较早，标准信号存在某些不足，内核仅用一位表示标准信号。当值为 0 时，表示该位对应的信号未发生；若值为 1，表示该位对应的信号已发生。当同一标准信号连续到达进程时，信号处理程序仅执行 1 次。标准信号不支持排队，也无法传递参数，因此也称为不可靠信号。Linux 为每个进程定义了 31 种标准信号，并为每种信号定义了默认的处理动作，如表 7-2 所示。

表 7-2　Linux 支持的标准信号

信号名	信号编号	动作	含义	标准
SIGHUP	1	Term	与终端的连接断开	POSIX.1—1990
SIGINT	2	Term	终止进程（快捷键 Ctrl+C 引发）	POSIX.1—1990
SIGQUIT	3	Core	终止进程（快捷键 Ctrl+\引发）	POSIX.1—1990
SIGILL	4	Core	非法指令	POSIX.1—1990
SIGABRT	6	Core	终止进程（调用 abort ()函数引发）	POSIX.1—1990
SIGFPE	8	Core	浮点异常	POSIX.1—1990
SIGKILL	9	Term	杀死进程（不可屏蔽）	POSIX.1—1990
SIGSEGV	11	Core	段非法错误	POSIX.1—1990
SIGPIPE	13	Term	管道读/写错误	POSIX.1—1990
SIGALRM	14	Term	实时定时器到期	POSIX.1—1990
SIGTERM	15	Term	终止进程	POSIX.1—1990
SIGUSR1	30,10,16	Term	用户自定义信号	POSIX.1—1990
SIGUSR2	31,12,17	Term	用户自定义信号	POSIX.1—1990
SIGCHLD	20,17,18	Ign	告知父进程，子进程终止	POSIX.1—1990
SIGCONT	19,18,25	Cont	若停止则继续	POSIX.1—1990
SIGSTOP	17,19,23	Stop	停止进程（不可屏蔽）	POSIX.1—1990
SIGTSTP	18,20,24	Stop	终端停止	POSIX.1—1990
SIGTTIN	21,21,26	Stop	后台进程从终端读取	POSIX.1—1990
SIGTTOU	22,22,27	Stop	后台进程向终端写入	POSIX.1—1990
SIGBUS	10,7,10	Core	总线错误	POSIX.1—2001
SIGPROF	27,27,29	Term	实用定时器到期	POSIX.1—2001
SIGSYS	12,31,12	Core	无效的系统调用	POSIX.1—2001
SIGTRAP	5	Core	跟踪/断点陷阱	POSIX.1—2001
SIGURG	16,23,21	Ign	套接字上的紧急数据	POSIX.1—2001
SIGVTALRM	26,26,28	Term	虚拟定时器到期	POSIX.1—2001
SIGXCPU	24,24,30	Core	CPU 时间限制超时	POSIX.1—2001
SIGXFSZ	25,25,31	Core	超过文件最大长度限制	POSIX.1—2001
SIGIOT	6	Core	与 SIGABRT 信号同义	—
SIGEMT	7,-,7	Term	模拟陷入	—
SIGSTKFLT	-,16,-	Term	协处理器错误	—
SIGIO	23,29,22	Term	I/O 可能产生	—
SIGCLD	-,-,18	Ign	与 SIGCHLD 信号同义	—
SIGPWR	29,30,19	Term	电量即将耗尽	—
SIGINFO	29,-,-	—	与 SIGPWR 信号同义	—
SIGLOST	-,-,-	Term	文件锁丢失（未使用）	—
SIGWINCH	28,28,20	Ign	终端窗口尺寸发生变化	—
SIGUNUSED	-,31,-	Core	与 SIGSYS 信号同义	—

在上述信号中，有些信号与硬件环境有关。在"信号值"一列中，有的信号会出现 3 个信号值，第 1 个值通常对应 Alpha 和 SPARC（Scalable Processor Architecture，可扩充处理器结构）硬件环境，

< 138 >

第 2 个值对应包括 x86 和 ARM 在内的大多数硬件环境，第 3 个值对应 MIPS（Microprocessor Without Interlocked Pipelined Stages，无内部互锁流水级的微处理器）硬件环境。表 7-2 中的"动作"列表示信号在默认情况下的处理行为，其含义如表 7-3 所示。

表 7-3 信号的默认处理方式

动作类型	含义
Term	结束进程
Ign	忽略信号
Core	结束进程并产生核心转储文件
Stop	暂停进程运行
Cont	恢复暂停进程的运行

内核根据信号类型的不同进行相应的处理，默认情况下，处理方式包括忽略信号、结束进程、产生核心文件、暂停进程运行和恢复暂停进程的运行。信号的处理也可能是其中动作的组合，除信号 SIGKILL 和 SIGSTOP 外，用户可对信号的处理进行重新定义。

2. 实时信号

为弥补标准信号的某些不足，Linux 系统引入了实时信号，信号编号为 32~64。每个实时信号在内核中用队列表示，支持排队和参数传递。当 n 个相同的实时信号同时到达进程时，相应的信号处理程序将被执行 n 次。因此，实时信号也被称为可靠信号。GLIBC POSIX 线程库 NPTL（Native POSIX Threads Library，本地 POSIX 线程库）在实现时使用了 32 和 33 两个实时信号。因此，用户在使用实时信号时，只能从 34~64 中选择。POSIX 仅规范了实时信号的功能和接口，对实现未做具体规定。

7.2.2 Linux 信号的产生

信号可能发生于进程运行轨迹的任意时刻。根据信号发生时机的不同，可将信号的产生方式分为同步和异步两种。若信号发生的位置可确定，则称信号以同步方式产生。例如，信号发生于异常指令或 raise() 函数的执行时。一般情况下，信号以异步方式产生。信号的产生具有随机性，通常由外部事件引发，最终内核以信号形式通知目标进程。根据事件源的不同，可将事件源分为以下 3 类。

（1）用户
用户事件源是指信号在用户与系统交互过程中产生的信号。例如，当用户在键盘上输入 Ctrl+C 或 Ctrl+\时，终端驱动程序通知内核将向目标进程发送信号。

（2）内核
内核事件源是指内核在执行过程中产生的信号。例如，在异步 I/O 模式下，当 I/O 状态就绪时，内核向目标进程发送相应的信号。

（3）进程
进程事件源是指一个进程向另一个进程发送信号。例如，进程通过调用 kill() 函数向其他进程发送信号。

7.2.3 信号的处理方式

1. 异步处理模式

默认情况下，信号采用异步处理模式。信号可能发生在进程运行的任意时刻。当信号发生时，进程暂停运行，保存现场，转而执行信号处理程序；待信号处理程序执行完毕，恢复现场，从中断点继

< 139 >

续运行。通常，需事先为信号定义处理函数，否则系统采用默认的处理方式。

当有多个等待处理的信号时，Linux 内核按信号编号升序的方式进行处理，编号越小，优先级越高。信号处理过程中有时会产生新的信号，若该信号未被阻塞，信号处理会产生嵌套。嵌套的信号处理会增加资源竞争的风险，因此应采取适当措施，避免嵌套现象的发生。

2．同步处理模式

当信号被阻塞时，到达的信号不会马上处理，而是处于等待状态。进程可自主选择时机进行处理，如运用 sigwaitinfo() 函数，这种方式称为同步处理方式。该方式会对信号处理造成一定的延迟，但可避免因资源竞争带来的风险。

7.2.4　信号的接收对象

在多线程环境下，线程共享进程的信号处理方式。但信号掩码各自独立，线程可屏蔽各自不感兴趣的信号。信号的发送目标可为进程或线程。当目标为进程时，进程中的线程均有机会处理到达的信号，机会取决于进程调度；当目标为线程时，由接收信号的线程处理。

进程的信号掩码和信号的处理方式继承自父进程。当进程调用 execve(2) 加载可执行程序时，进程的信号处理方式将恢复至默认值，信号掩码保持不变。

7.2.5　信号的延迟

信号除因阻塞而被延迟处理外，在未阻塞的情况下，从信号的产生到处理也会存在一定的延迟，信号处理取决于下一个调度时机。例如，时间片耗尽后重新被选中、系统调用结束和中断返回。

7.3 信号处理

进程对到达信号所做的反应除取决于信号的处理方式外，还与进程的信号掩码有关。信号掩码可用于屏蔽不感兴趣的信号，使它们在屏蔽期间得不到及时处理。

7.3.1　信号掩码

信号掩码是由一组信号构成的集合。当属于该集合的信号到达进程时，进程对信号不做任何处理，直至信号阻塞被解除，期间一直处于等待状态。

在 Linux 系统中，集合是信号处理所采用的基本数据类型，信号掩码采用集合进行描述。为了便于操作，GLIBC 定义了一系列与信号集合有关的函数。信号集采用 sigset_t 数据类型表示，下面给出其中部分函数的使用方法。

1．信号集的操作

```
#include <signal.h>                              // 函数原型所在的头文件
int sigemptyset(sigset_t *set);                  // 初始化一个空集，其中不包含任何信号
int sigfillset(sigset_t *set);                   // 初始化一个全集，其中包含所有信号
int sigaddset(sigset_t *set, int signum);        // 向指定信号集中添加一个信号
int sigdelset(sigset_t *set, int signum);        // 从指定信号集中删除一个信号
int sigismember(const sigset_t *set, int signum); // 判断指定信号是否在给定的信号集中
```

< 140 >

2．sigprocmask()函数

进程的信号掩码继承自父进程，有时需调整进程的信号掩码。为此，Linux 内核引入了 sigprocmask()
函数，借助上述信号集的辅助函数，可满足信号掩码的个性化需求。

头文件：

```
#include <signal.h>
```

函数原型：

```
int sigprocmask(int how, const sigset_t *set, sigset_t *oldset);
```

功能：

获取/设置调用者进程的信号掩码。

参数：

how 指定操作方式；set 指向新信号集；oldset 指向原的信号掩码。

返回值：

成功则返回 0，失败返回-1。

sigprocmask()函数按 how 指定的方式设置调用者进程的信号掩码；set 指向待处理的掩码信号；若
oldset 非空，则记录调用者进程原信号掩码地址。信号掩码的计算方式取决于参数 how 的取值，其计
算方式如表 7-4 所示。

表 7-4　sigprocmask()函数中参数 how 的含义

参数 how	含义
SIG_BLOCK	向调用者进程的信号掩码中添加 set 包含的信号
SIG_UNBLOCK	从调用者进程的信号掩码中删除 set 包含的信号
SIG_SETMASK	将 set 包含的信号赋值给调用者进程的信号掩码

7.3.2　信号处理的定义

内核为每个信号定义了默认处理方式，但在实际应用中，有时需重置某些信号的处理方式。为此，
内核引入了 sigaction()接口函数。

1．sigaction()接口函数

头文件：

```
#include <signal.h>
```

函数原型：

```
int sigaction(int signum, const struct sigaction *act,struct sigaction *oldact);
```

功能：

定义信号的处理方式。

参数：

signum 指向信号编号；act 指定信号的处理方式；oldact 指向原信号的处理方式。

返回值：

成功则返回 0，失败返回-1。

sigaction()函数用于将编号为 signum 的信号设置为 act 指定的处理方式，并将之前的处理方式保存
至 oldact。signum 为除 SIGKILL 和 SIGSTOP 外的任意信号，act 和 oldact 为 sigaction 类型的指针。
sigaction 类型用于描述信号处理方法，其类型定义如下所示：

< 141 >

```
struct sigaction {
    void  (*sa_handler)(int);                        // 信号处理函数
    void  (*sa_sigaction)(int, siginfo_t *, void *); // 携带更多参数的信号处理函数
    sigset_t  sa_mask;                               // 信号处理期间的信号掩码
    int   sa_flags;                                  // 信号处理的更多特性
    void  (*sa_restorer)(void);                      // GLIBC 内部使用
};
```

说明如下：

① 成员变量 sa_handler 的值为 SIG_DEL、SIG_IGNN 或自定义函数，SIG_DEL 表示默认处理方式，SIG_IGNN 表示忽略信号。当 sa_handler 指向自定义函数时，sa_mask 和 sa_flags 才起作用。成员变量 sa_restorer 仅供 GLIBC 内部使用。

② 成员变量 sa_sigaction 指向可携带更多参数的信号处理函数。值得注意的是，仅在成员变量 sa_flags 指定 SA_SIGINFO 选项时，该成员变量才发挥作用。

③ 成员变量 sa_mask 为一个信号集，signum 信号会自动添加至 sa_mask。信号处理函数执行期间，属于 sa_mask 的信号被阻塞，尽可能避免嵌套的发生；信号处理结束后恢复原有设置，期间阻塞的信号随后得到处理。

④ 成员变量 sa_flags 是一个位掩码，用于控制信号的处理过程，其含义如表 7-5 所示。

表 7-5 sigaction()结构中成员变量 sa_flags 的含义

成员变量 sa_flags	含义
SA_RESTART	自动重启被信号中断的系统调用
SA_NOCLDSTOP	若信号为 SIGCHLD，当子进程因停止或恢复运行时，不产生此信号
SA_NOCLDWAIT	若信号为 SIGCHLD，结束的子进程不进入僵尸状态
SA_NODEFER	执行信号处理函数期间不屏蔽该信号
SA_RESETHAND	信号处理完成后设置为默认处理方式
SA_SIGINFO	中断处理使用 sa_sigaction 指向的函数

（1）SA_SIGINFO 选项

若设置了 SA_SIGINFO 选项，当信号发生时，内核会调用 sa_sigaction 所指向的信号处理函数，通过 siginfo_t 类型携带更多关于信号的信息，其定义如下：

```
siginfo_t {
    int      si_signo;      // 信号编号
    int      si_errno;      // 错误值
    int      si_code;       // 信号来源的详细信息
    pid_t    si_pid;        // 进程 ID
    uid_t    si_uid;        // 进程所属实际用户 ID
    int      si_status;     // 进程的结束状态
    clock_t  si_utime;      // 进程消耗的用户时间
    clock_t  si_stime;      // 进程消耗的系统时间
    sigval_t si_value;      // 信号传递的参数
    int      si_overrun;    // 定时器溢出次数
    int      si_timerid;    // POSIX.1b 定时器的 ID
    void     *si_addr;      // 产生异常的地址
    long     si_band;       // I/O 事件关联的事件值
    int      si_fd;         // 与 I/O 事件相关的文件描述符
...
}
```

< 142 >

其中部分成员变量与产生的信号有关。例如，对于 SIGCHLD 信号，成员变量 si_pid、si_uid、si_status、si_utime 和 si_stime 记录与子进程相关的信息。

（2）SA_RESTART 选项

进程时常因 I/O 操作进入阻塞状态。根据等待资源的不同，阻塞状态分为不可中断状态和可中断状态。通常，不可中断状态适用于等待时间存在上限的场合，而可中断状态的等待时间不存在上限。

对不同状态下产生的信号，Linux 内核采取不同的处理方式。对不可中断状态下产生的信号，信号处理延迟至状态结束；对可中断状态下产生的信号，无论资源是否就绪，阻塞操作立即返回。例如，对于磁盘 I/O 操作，由于磁盘 I/O 操作会很快结束，因此进程处于不可中断状态，期间产生的信号会延迟至状态结束后处理；对于套接字 I/O 操作等，因为无法预知何时就绪，所以处于可中断状态，期间产生的信号将中断 I/O 操作，因此需重新启动 I/O 操作。下面给出示例程序：

```
while ((cnt = read(fd, buf, BUF_SIZE)) == -1 && errno == EINTR)
    continue;                   // 重新调用 read() 函数
if (cnt == -1) {                // 其他原因
    perror("read");
    exit(1);
    }
```

为简化处理，sigaction()函数引入了 SA_RESTART 选项。当信号设置了 SA_RESTART 选项时，被该信号中断的 I/O 系统将调用自动重启，但并非所有系统调用都支持这一功能。

2. 实例分析

利用 sigaction()函数定义 SIGSEGV 信号，当有非法内存访问时产生该信号，代码如程序 7-1 所示。

程序 7-1　使用 sigaction 函数定义 SIGSEGV 信号

```
// exam7-1.c
#include <unistd.h>
#include <signal.h>
#include <stdio.h>
#include <malloc.h>
#include <stdlib.h>
#include <sys/mman.h>
void siginfohandler(int sig, siginfo_t *si, void *ucontext)
{
    printf("Got SIGSEGV at address: %10p\n", si->si_addr);
    exit(1);
}
int main(int argc, char *argv[])
{
    struct sigaction sa;
    sa.sa_flags = SA_SIGINFO;
    sigemptyset(&sa.sa_mask);
    sa.sa_sigaction = siginfohandler;
    sigaction(SIGSEGV, &sa, NULL);
    int pagesize = sysconf(_SC_PAGE_SIZE);
    printf("pagesize: %d\n", pagesize);
    char *buffer = memalign(pagesize, 4 * pagesize);
    printf("Start of region: %10p\n", buffer);
    mprotect(buffer + pagesize * 2, pagesize, PROT_READ);
    for (char *p = buffer; ; )
        *(p ++) = 'a';
    printf("Loop completed\n");
    exit(0);
}
```

< 143 >

程序的运行结果如下所示：

```
$ gcc -Wall exam7-1.c -o exam7-1          // exam7-1.c 经编译与链接生成 exam7-1
$ exam7-1                                  // 定义 SIGSEGV 信号
pagesize: 4096
Start of region: 0x11ac000
Got SIGSEGV at address: 0x11ae000
```

7.3.3　到达的阻塞信号

当位于信号掩码中的信号到达进程时，信号会被阻塞，直至阻塞解除。期间信号处于阻塞状态，可分别通过 sigpending()和 sigwaitinfo()函数检测到达的阻塞信号和等待阻塞信号的到达。

1．sigpending()函数

（1）概述

头文件：

```
#include <signal.h>
```

函数原型：

```
int sigpending(sigset_t *set);
```

功能：

检测到达的阻塞信号。

参数：

set 指向到达的阻塞信号。

返回值：

成功则返回 0，失败返回-1。

sigpending()函数用于检查调用者进程，将已到达的阻塞信号置于 set 指向的地址。

（2）实例分析

利用 sigpending()函数检测到达的阻塞信号，代码如程序 7-2 所示。

程序 7-2　演示检测到达的阻塞信号

```
// exam7-2.c
#include <signal.h>
#include <stdio.h>
#include <stdlib.h>
#include <unistd.h>
#include <string.h>
void printSigset(sigset_t *sigset)
{
    int cnt = 0;
    for (int sig = 1; sig < NSIG; sig++) {
        if (sigismember(sigset, sig)) {
            cnt++;
            printf("pending signal:\t%d\t%s\n", sig, strsignal(sig));
        }
    }
    if (cnt == 0)
        printf("empty signal set\n");
}
int main(int argc, char *argv[])
{
```

< 144 >

```
    printf("blcok signals\n");
    sigset_t blocked;
    sigemptyset(&blocked);
    sigaddset(&blocked, SIGINT);
    sigaddset(&blocked, SIGQUIT);
    sigaddset(&blocked, SIGUSR1);
    sigprocmask(SIG_SETMASK, &blocked, NULL);
    sleep(100);
    sigset_t pending;
    sigpending(&pending);
    printSigset(&pending);
    printf("unblcok signals\n");
    sigemptyset(&blocked);
    sigprocmask(SIG_SETMASK, &blocked, NULL);
    pause();
  exit(0);
}
```

程序的运行结果如下所示：

```
$ gcc -Wall exam7-2.c -o exam7-2       // exam7-2.c 经编译与链接生成 exam7-2
$ exam7-2 &                            // 将进程置于后台运行
[1] 671
block signals
$ kill -INT 671                        // 向进程发送 SIGINT 信号
$ kill -USR1 671                       // 向进程发送 SIGUSR1 信号
$ kill -QUIT 671                       // 向进程发送 SIGQUIT 信号
pending signal: 2 interrupt
pending signal: 3 quit
pending signal: 10 user defined signal 1
unblock signals
[1] interrupt exam7-2                  // 处理 SIGINT 信号，终止进程
```

2．sigwaitinfo() 函数

（1）概述

通常，信号的处理采用异步方式。信号掩码的引入为信号的同步处理提供了支持，用户可将所有需同步处理的信号归入信号掩码，利用 sigwaitinfo() 函数等待阻塞信号的到达并逐一处理。

头文件：

```
#include <signal.h>
```

函数原型：

```
int sigwaitinfo(const sigset_t *set, siginfo_t *info);
```

功能：

等待阻塞信号的到达。

参数：

set 指向阻塞的信号；info 指向到达的阻塞信号。

返回值：

成功则返回 0，失败返回 -1。

sigwaitinfo() 函数使调用者进程一直等待，直至有属于 set 的信号到达，然后将获取的信号保存至 info，并从等待队列中删除。

通常，在调用 sigwaitinfo() 函数前，首先应调用 sigprocmask() 函数设置信号掩码 set，否则，调用

< 145 >

sigwaitinfo()函数之前到达的信号将被处理。

（2）实例分析

利用 sigwaitinfo()函数以同步方式处理到达的阻塞信号，代码如程序 7-3 所示。

程序 7-3　以同步方式处理到达的阻塞信号

```
// exam7-3.c
#include <signal.h>
#include <stdio.h>
#include <unistd.h>
#include <string.h>
#include <stdlib.h>
int main(int argc, char *argv[])
{
    if (argc != 2) {
        fprintf(stderr, "%s delay-secs]\n", argv[0]);
        exit(1);
    }
    printf("pid %ld\n",(long)getpid());
    sigset_t set;
    sigfillset(&set);
    sigprocmask(SIG_SETMASK, &set, NULL);
    sleep(atol(argv[1]));
    for (;;) {
        siginfo_t si;
        int sig = sigwaitinfo(&set, &si);
        if ((sig == -1) || (sig == SIGINT || sig == SIGTERM)){
            printf("sigwaitinfo failed | SIGINT | SIGTERM\n");
            exit(0);
        }
        printf("get signal: %d\t%s\n", sig, strsignal(sig));
        printf("si_signo = %d, si_code = %d(%s), si_value = %d\n",
            si.si_signo, si.si_code,
            (si.si_code == SI_USER) ? "SI_USER":
            (si.si_code == SI_QUEUE) ? "SI_QUEUE":"other",
            si.si_value.sival_int);
        printf("si_pid = %ld\tsi_uid = %ld\n",(long) si.si_pid, (long) si.si_uid);
    }
}
```

程序的运行结果如下所示：

```
$ gcc -Wall exam7-3.c -o exam7-3          // exam7-3.c 经编译与链接生成 exam7-3
$ exam7-3 100 &                           // 将进程置于后台运行
[1] 693
pid 693
$ kill -QUIT 693                          // 向进程发送 SIGQUIT 信号
$ kill -USR1 693                          // 向进程发送 SIGUSR1 信号
get signal: 3 Quit
si_signo=3, si_code=0(SI_USER), si_value=-1075964018
si_pid=687 si_uid=0
get signal: 10 User defined signal 1
si_signo=10, si_code=0(SI_USER), si_value=-1075964018
si_pid=687 si_uid=0
$ kill -INT 693                           // 向进程发送 SIGINT 信号，结束进程
sigwaitinfo failed| SIGINT| SIGTERM
[1] Done   exam7-3 100
```

< 146 >

7.4 发送信号

除了从用户和内核，进程还可从其他进程接收信号，用户可通过 kill()、raise()和 sigqueue()等函数向其他进程发送信号。

7.4.1 发送标准信号

向进程发送标准信号一般使用 kill()函数。

1. kill()函数

头文件：

```
#include <sys/types.h
#include <signal.h>
```

函数原型：

```
int kill(pid_t pid, int sig);
```

功能：

向进程发送标准信号。

参数：

pid 指向进程 ID；sig 指向发送的信号。

返回值：

调用成功则返回 0，否则返回-1。

kill()函数用于向进程 pid 发送信号 sig，目标进程取决于参数 pid 的值。参数 pid 的含义如表 7-6 所示。

表 7-6　kill()函数中参数 pid 的含义

参数 pid	含义
pid>0	目标进程的 ID 为 pid
pid=0	调用者进程所属用户组中的所有进程
pid=-1	除初始化进程 init 外，kill()函数有权发送的所有进程
pid<-1	进程组 ID 为-pid 的所有进程

进程是否具备发送信号的能力，取决于进程的用户身份。只有用户拥有目标进程所在用户命名空间的 CAP_KILL 能力，或它们属于同一用户，进程才能向目标发送信号。

2. 实例分析

利用 kill()函数向自身发送信号，代码如程序 7-4 所示。

程序 7-4　使用 kill()函数发送信号

```
// exam7-4.c
#include <unistd.h>
#include <signal.h>
#include <stdio.h>
#include <stdlib.h>
int main(void)
{
    sigset_t set;
    sigemptyset(&set);
```

< 147 >

```
        sigaddset(&set, SIGTERM);
        sigprocmask(SIG_BLOCK, &set, NULL);
        kill(getpid(), SIGTERM);
        sigset_t pendset;
        sigpending(&pendset);
        if (sigismember(&pendset, SIGTERM))
            printf("SIGTERM had been blocked\n");
        sigprocmask(SIG_UNBLOCK, &set, NULL);
        printf("SIGTERM had been unblocked\n");
        pause();
}
```

程序的运行结果如下所示:

```
$ gcc -Wall exam7-4.c -o exam7-4          // exam7-4.c 经编译与链接生成 exam7-4
$ exam7-4                                 // 向自身发送信号
SIGTERM had been blocked
Terminated                                // 处理解除阻塞的 SIGTERM 信号, 结束进程
```

7.4.2 发送实时信号

1. sigqueue()函数

头文件:

```
#include <sys/types.h>
#include <signal.h>
```

函数原型:

```
int sigqueue(pid_t pid, int sig, const union sigval val);
```

功能:

向进程发送实时信号。

参数:

sig 指向发送的信号; val 指向传递的参数。

返回值:

成功则返回 0, 失败返回-1。

sigqueue()函数用于向进程 pid 发送实时信号 sig, 并携带参数 val。val 为 sigval 类型的指针, sigval 类型的定义如下:

```
typedef union sigval {
    int  sival_int;       // 用于传送一个整型数
    void *sival_ptr;      // 指向参数地址
}sigval_t;
```

sigqueue()函数基于 rt_sigqueueinfo 系统调用实现, 接收实时信号的进程需通过 sigaction()函数的 SA_SIGINFO 选项定义信号处理函数, 以便接收信号和携带的数据。

2. 实例分析

利用 sigqueue()函数向进程发送实时信号, 代码如程序 7-5 所示。

程序 7-5　演示向进程发送实时信号

```
// exam7-5.c
#define _POSIX_C_SOURCE 199309
#include <signal.h>
```

< 148 >

```c
#include <stdio.h>
#include <unistd.h>
#include <time.h>
#include <stdlib.h>
void siginfohandler(int sig, siginfo_t *si, void *ucontext)
{
    printf("get signal %d\n", sig);
    printf("sival_int = %d\n", si->si_value.sival_int);
}
int main(int argc, char *argv[])
{
    if (argc != 3) {
        fprintf(stderr, "Usage: %s data num-sigs\n", argv[0]);
        exit(1);
    }
    struct sigaction sa;
    sa.sa_sigaction = siginfohandler;
    sigemptyset(&sa.sa_mask);
    sa.sa_flags = SA_SIGINFO;
    sigaction(SIGRTMIN, &sa, NULL);
    int sigData = atol(argv[1]);
    int numSigs = atol(argv[2]) ;
    for (int i = 0; i < numSigs; i++) {
        union sigval sv;
        sv.sival_int = sigData + i;
        sigqueue(getpid(), SIGRTMIN, sv);
    }
    sleep(10);
    exit(0);
}
```

程序的运行结果如下所示：

```
$ gcc -Wall exam7-5.c -o exam7-5        // exam7-5.c 经编译与链接生成 exam7-5
$ exam7-5 123456 3                      // 传递的实时信号的参数为 123456，发送实时信号 3 次
get signal 34
sival_int=123456
get signal 34
sival_int=123457
get signal 34
sival_int=123458
```

7.5　信号文件

　　Linux 内核自 2.6.22 引入了一种非标准的系统调用接口 eventfd()、signalfd() 和 timerfd()，它们将事件、信号和到期时间抽象为字节流，为用户提供基于文件的 I/O 访问接口。signalfd() 函数将信号视作字节流，创建一个基于内存的信号文件，管理到达进程的信号。用户可利用 read()/select()/poll() 函数以不同方式读取到达的信号。

1. signalfd() 函数

头文件：

```c
#include <sys/signalfd.h>
```

< 149 >

函数原型：

```
int signalfd(int fd, const sigset_t *mask, int flags);
```

功能：

创建信号文件。

参数：

fd 指向文件描述符；mask 指向监听的信号集；flags 指定打开方式。

返回值：

成功则返回文件描述符，失败返回-1。

signalfd()函数用于创建一个文件描述符，以文件的方式监听到达调用者进程的信号。mask 指向待监听的信号集。fd 为-1 表示创建一个新文件，否则试图打开已创建的文件。flags 为文件的打开方式，其定义如表 7-7 所示。

表 7-7　signalfd()函数中参数 flags 的含义

参数 flags	含义
SFD_NONBLOCK	以非阻塞方式读/写文件
SFD_CLOEXEC	设置 close-on-exec 标志

到达进程的信号以 signalfd_siginfo 类型保存至信号文件中。signalfd_siginfo 类型描述到达信号的详细信息，其定义如下：

```
struct signalfd_siginfo {
    uint32_t ssi_signo;              // 信号编号
    int32_t  ssi_errno;             // 错误码（未使用）
    int32_t  ssi_code;              // 信号码
    uint32_t ssi_pid;               // 发送进程 ID
    uint32_t ssi_uid;               // 发送用户实际 ID
    int32_t  ssi_fd;                // 文件描述符（SIGIO）
    uint32_t ssi_tid;               // 内核定时器 ID
    uint32_t ssi_band;              // I/O 事件（SIGIO）*/
        ...
    uint8_t  pad[X];                //扩充成员变量
};
```

signalfd_siginfo 结构与 siginfo_t 类型有很多相似之处，其中的成员变量并非适用于所有信号，而是取决于具体的信号。

2. 实例分析

使用信号文件，处理进程上收到的 SIGUSR1 和 SIGQUIT 信号，代码如程序 7-6 所示。

程序 7-6　处理调用者进程上产生的 SIGUSRI 和 SIGQUIT 信号

```
// exam7-6.c
#include <sys/signalfd.h>
#include <signal.h>
#include <unistd.h>
#include <stdlib.h>
#include <stdio.h>
int main(int argc, char *argv[])
{
    sigset_t mask;
    sigemptyset(&mask);
```

< 150 >

```
sigaddset(&mask, SIGQUIT);
sigaddset(&mask, SIGUSR1);
sigprocmask(SIG_BLOCK, &mask, NULL);
int sfd = signalfd(-1, &mask, 0);
for (;;) {
    struct signalfd_siginfo fdsi;
    ssize_t s = read(sfd, &fdsi, sizeof(struct signalfd_siginfo));
    if (s != sizeof(struct signalfd_siginfo))
        exit(1);
    switch (fdsi.ssi_signo){
        case SIGUSR1:
            printf("get SIGUSR1\n");
            break;
        case SIGQUIT:
            printf("get SIGQUIT\n");
            break;
    }
}
}
```

程序的运行结果如下所示：

```
$ gcc -Wall exam7-6.c -o exam7-6          // exam7-6.c 经编译与链接生成 exam7-6
$ exam7-6 &                                // 将进程置于后台运行
[1] 674
$ kill -USR1 674                           // 向进程发送 SIGUSR1 信号
get SIGUSR1
$ kill -QUIT 674                           // 向进程发送 SIGQUIT 信号
get SIGQUIT
$ kill -INT 674                            // 向进程发送 SIGINT 信号
[1] interrupt exam7-6
```

7.6　信号处理的设计原则

7.6.1　信号安全函数

信号的发生通常具有随机性，主程序和信号处理程序有可能同时进入某个函数。若函数及其子函数使用了全局或静态变量（包括参数和返回值），则可能因并发而产生资源竞争，继而导致错误的发生。这样的函数称为非信号安全的。反之，若函数及其子程序未使用全局或静态变量，这样的函数在并发环境不产生竞争条件，因此称它们为信号安全函数。

并非所有 GLIBC 函数都是信号安全的，stdio 库函数因使用全局用户缓存而成为非信号安全函数。例如，若使用 printf() 函数输出部分数据时转入了信号处理程序，在信号处理中又调用了 printf() 函数，则会导致输出数据发生混乱。

7.6.2　信号处理的设计原则

1. 设计原则

由于信号产生的随机性及信号处理的高优先级，为提高程序代码的可读性，确保程序运行的安全性，在编写信号处理程序时，应遵循下列设计原则。

< 151 >

① 信号处理函数应尽可能短。短小的信号处理函数能得到快速处理，降低信号嵌套的概率，从而降低资源竞争的风险。

② 使用信号安全函数。信号安全函数可避免潜在隐患带来的错误风险。

③ 保护现场环境。由于 errno 变量的全局特性，为避免因修改 errno 对环境产生影响，因此在信号处理前应保存 errno，待信号处理结束时恢复。

④ 屏蔽不必要的信号。在信号处理过程中应屏蔽不必要的信号，这样可降低信号嵌套的概率，从而降低信号处理的复杂性。

⑤ 尽量避免信号与线程的混合使用。在多线程环境下，为了降低信号处理的复杂性，应阻塞所有信号，仅指定某个线程以同步方式处理到达的信号。

此外，主程序可采取一定的措施，避免与信号处理程序间产生资源竞争。例如，主程序在进入临界区前可阻塞信号，待离开临界区时解除，延迟对某些信号的响应，从而避免产生竞争条件。但该方法会带来一定的开销，增加代码处理的复杂性。

2. 实例分析

运用信号处理的设计原则，演示编写 SIGCHLD 信号处理函数，代码如程序 7-7 所示。

程序 7-7　演示 SIGCHLD 信号处理函数的设计

```c
// exam7-7.c
#include <unistd.h>
#include <stdio.h>
#include <stdlib.h>
#include <errno.h>
#include <signal.h>
#include <sys/wait.h>
void siginfohandler(int sig, siginfo_t *si, void *ucontext)
{
    int savedErrno = errno;
    printf("get signal %d\n", sig);
    printf("si_pid = %d\n", si->si_pid);
    while (wait(NULL) > 0)
        continue;
    errno = savedErrno;
}
int main(int argc, char *argv[])
{
    struct sigaction sa;
    sigemptyset(&sa.sa_mask);
    sa.sa_flags = SA_SIGINFO;
    sa.sa_sigaction = siginfohandler;
    sigaction(SIGCHLD, &sa, NULL);
    for (int i = 0; i < 5; i++) {
        switch (fork()) {
            case 0:
                printf("child pid = %d \n", getpid());
                sleep(i);
                exit(0);
            default:
                break;
        }
    }
    printf("parent pid = %d \n", getpid());
    sleep(100);
}
```

< 152 >

程序的运行结果如下所示：

```
$ gcc -Wall exam7-7.c -o exam7-7          // exam7-7.c 经编译与链接生成 exam7-7
$ exam7-7                                  // 执行 exam7-7
parent pid= 747
child pid= 752
child pid= 751
child pid= 749
child pid= 750
child pid= 748
get signal 17
si_pid= 748
```

上述实例在 handler() 函数中使用了信号不安全函数 printf()，但不会对程序产生影响。

< 153 >

第*8*章　Linux 进程

8.1　Linux 进程概述

8.1.1　Linux 进程

进程是程序的一次运行，是运行中的程序。进程源自加载的可执行文件，也可来自父进程，它是处理器调度的基本单位。Linux 内核支持多种进程调度策略，可创建多种类型的进程，如实时进程和普通进程。相较于普通进程，实时进程具有更高的优先级。

通常，进程用于执行用户提交的任务。执行期间，进程会消耗一定数量的系统资源，其状态也时刻发生改变。为了记录进程状态，内核为每个进程定义了称为进程控制块的数据结构，其结构如图 8-1 所示。

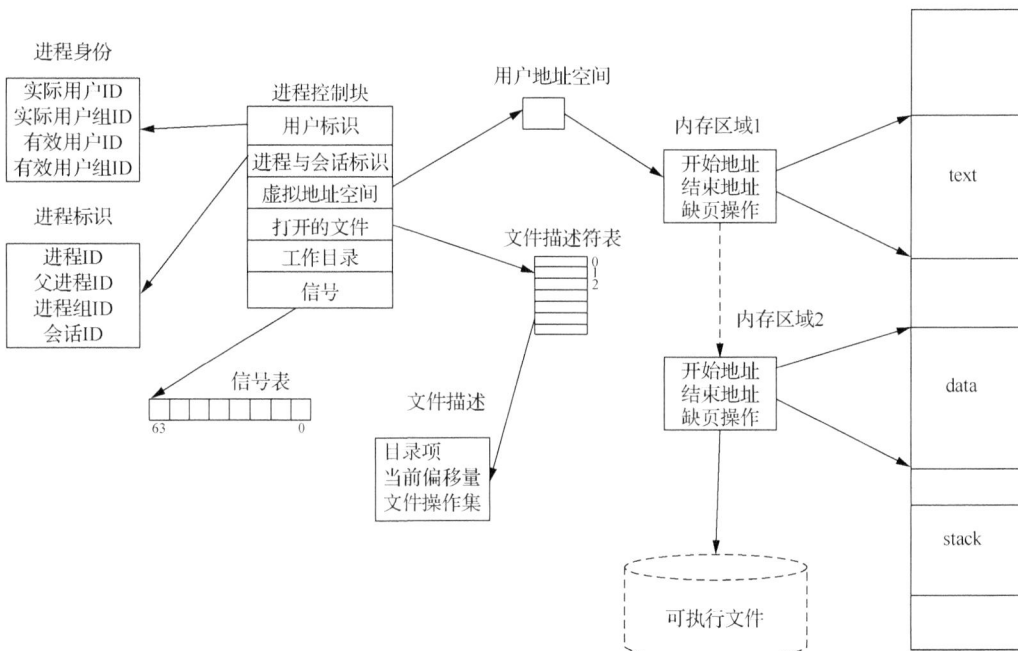

图 8-1　Linux 内核中进程控制块的结构

进程控制块用于管理进程在运行期间所拥有的资源，它包含的内容众多，涉及内核的各个子系统，如进程的身份和标识、打开的文件描述符、信号和用户地址空间等。

进程身份代表进程的使用者，内容包括实际用户、实际用户组、有效用户和有效用户组，用于实现对资源的访问控制；进程标识包括进程 ID、父进程 ID、进程组 ID 和会话 ID，用于描述进程所处的环境；文件描述符表记录打开的文件；信号表记录到达的信号、信号掩码和信号的处理方式。

用户地址空间的内容最初源自加载的可执行文件，它由代码区、数据区、堆和栈组成。代码区存放程序的机器指令，数据区存放程序的全局数据，代码区和数据区来自可执行文件的内存映射。堆和栈在程序加载时由内核创建，用于管理进程运行期间产生的动态数据。

8.1.2 进程相关的接口函数

本章在介绍进程编程相关概念、原理和方法的基础上，对涉及的核心函数进行详细描述，并通过典型实例演示在特定应用场景中的运用。表 8-1 给出了本章涉及的主要接口函数。

表 8-1 与进程相关的接口函数

分类	接口函数	功能描述
用户地址空间	malloc()/free()	申请/释放动态内存
	brk()	设置堆区域的大小
进程控制	fork()/_exit()/exit()	创建子进程/终止进程
	atexit()	注册终止处理程序
	execve()	加载可执行程序
	system()	执行 Shell 命令
	wait()/waitpid()	等待子进程状态发生改变
进程优先级与调度策略	sched_getscheduler()/sched_setscheduler()	获取/设置进程的调度策略
	sched_getparam()/sched_setparam()	获取/设置进程的调度参数
	getpriority()/setpriority()	获取/设置进程的优先级
	sched_get_priority_min()	获取实时进程优先级的最小值
	sched_get_priority_max()	获取实时进程优先级的最大值
	sched_yield()	释放 CPU 的控制权
	sched_getaffinity()/sched_setaffinity()	获取/设置进程与 CPU 的绑定关系
系统日志	openlog()/closelog()	打开/关闭与日志系统的链接
	syslog()	记录日志至日志系统

8.2 进程地址空间

8.2.1 进程地址空间的划分

通常 Linux 内存管理采用内存管理单元，进程地址空间的大小取决于地址总线的宽度。对于 32 位地址总线，地址空间大小为 4GB。内核将进程的地址空间划分为两个部分：用户空间和内核空间。通常，地址 0GB～3GB 为用户空间，地址 3GB～4GB 为内核空间。用户空间用于执行用户代码，内核空间用于执行内核代码。进程共享内核空间，用户空间彼此独立。用户空间采用动态映射物理页的方式，需要时将申请的物理页映射至用户空间。当物理内存不足时，选择最近最少使用的物理页换出至交换区。

进程的用户空间用于构建代码的执行环境，内容最初来自加载的可执行程序。对于不同的存储对象，内存被划分成不同的区域，包括代码区、数据区、堆、内存映射区和栈。各区的起始地址与加载文件的类型、硬件体系结构和内核配置有关。下面以 IA-32 为例，给出进程用户地址空间布局的一般形式，如图 8-2 所示。

对于使用静态函数库链接生成的 32 位可执行程序，代码区通常从 0x08048000 开始，该地址可通过运行 ld -- verbose 命令查看默认的链接命令文件获得。为了在程序中获得各区的边界地址，链接命令文件中定义了外部变量 etext、edata 和 end，变量 etext 记录代码区的结束地址，变量 edata 记录初始化数据区的结束地址，变量 end 记录未初始化数据区的结束地址。

< 155 >

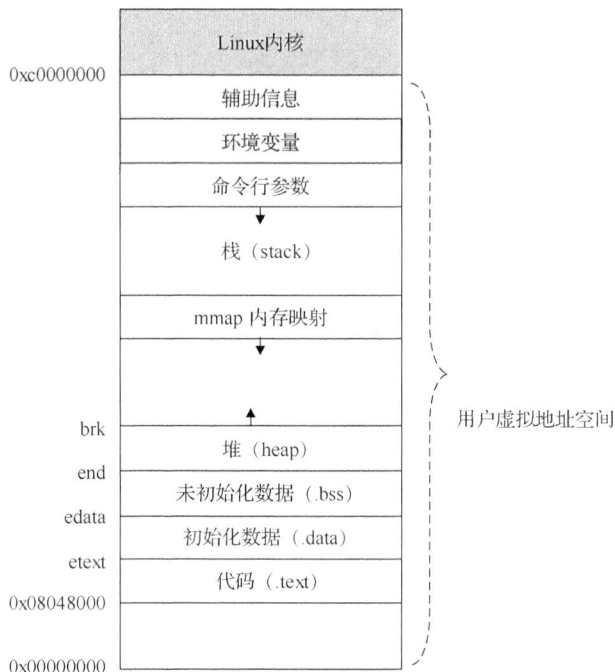

图 8-2　进程用户地址空间的结构

8.2.2　代码区

代码区是可执行文件或共享函数库的代码段在内存中的映射区域，它由机器指令和只读数据组成，其内容在进程运行期间保持不变。

由于代码区的只读属性，因此对于一个程序的多个运行实例，程序的代码段仅需在内存中保留一个副本。

当进程数量剧增导致可用内存不足时，由于代码段有文件作为其后备存储且内容只读，因此内核在回收最近最少使用的页面时，会优先选择代码区中的物理页，以较低的成本释放足够的内存空间。

8.2.3　数据区

数据区是可执行文件或共享函数库的数据段在内存中的映射区域，它由全局变量和静态变量组成。从初始化的角度，数据可分为初始化数据和未初始化数据，初始化数据是指数据在加载前已被赋初始值，未初始化数据则在加载前未被赋初始值。

与初始化数据不同，未初始化数据在可执行文件或共享函数库中不占用实际空间，仅记录加载时所占的内存空间大小。某些编译器允许将未初始化数据和初始化数据合并成一个数据段。

与代码区不同，进程数据区的内容彼此独立，一个程序的多个运行实例，程序的数据段会在内存中生成多个副本。

8.2.4　堆

堆位于数据区与栈之间，用于进程的动态内存管理，如 C/C++中的 malloc()/new()和 free()/delete()函数。

< 156 >

1．动态内存的申请与释放

malloc()/free()函数用于动态内存的申请与释放。

头文件：

```
#include <stdlib.h>
```

函数原型：

```
void *malloc(size_t size) ;
void free(void *ptr) ;
```

功能：

申请/释放动态内存。

参数：

size 指定内存块大小（字节）；ptr 指向内存块地址。

返回值：

若 malloc()函数成功，则返回内存块的地址，失败则返回 NULL。free()函数无返回。

malloc()函数用于申请分配大小为 size 字节的内存块；free()函数用于释放 ptr 指向的内存块。

2．动态内存的使用原则

内核并未实现用户空间中堆的动态内存管理，而是以 GLIBC 库函数的方式来实现，采用的算法取决于具体实现。但无论使用何种算法，使用动态内存时，应遵守一定的规则。下面给出需遵循的基本原则。

① 不能更改所获取内存块以外的任何区域，甚至附近相邻的一个字节，否则可能破坏其他有用的信息，从而导致意料不到的结果。

② 不能两次释放同一块内存，因为第一次释放后的内存可能被使用。当第二次释放时，将造成内存管理混乱，从而导致错误的发生。

③ 在可能的情况下一次性申请所需的内存，尽量避免运行过程中反复申请和释放不同大小的内存块。随着时间的推移，可能会产生大量的内存碎片，直至内存全部耗尽。

④ 不能使用 free()函数释放非 malloc()函数申请的内存块。

3．调整堆的大小

堆位于未初始化数据段的尾端。malloc()函数在分配内存时，会利用内核提供的 brk()/sbrk()接口函数调节堆的大小。当分配的内存较大时，则使用 mmap()函数为内存块单独申请内存区。

（1）brk/sbrk()函数

头文件：

```
#include <unistd.h>
```

函数原型：

```
int brk(void *addr);
void *sbrk(intptr_t increment);
```

功能：

调整进程数据区的大小。

参数：

addr 指向数据区结束地址；increment 指定地址增量。

返回值：

brk()函数成功则返回 0，失败则返回-1；sbrk()函数成功则返回原 brk，失败则返回-1。

< 157 >

brk()函数用于将用户空间中数据区的结束位置调整至 addr。sbrk()函数将数据区的结束位置修改为 increment 的增量；若 increment 为 0，则返回当前数据区的结束地址。

（2）实例分析

显示进程用户空间中各区及其变量的地址分布，代码如程序 8-1 所示。

程序 8-1　显示进程用户空间中各区及其变量的地址分布

```c
// exam8-1.c
#include <stdio.h>
#include <stdlib.h>
#include <unistd.h>
#include <sys/mman.h>
extern char etext, edata, end;
extern char **environ;
int glob1;
int glob2 = 8;
int  func() {
    int flocal;
    printf("flocal at          %10p\n", &flocal);
    return 1;
}
int main(int argc, char *argv[]){
    char  *bv;
    int local,*pint;
    printf("environ[0] at       %10p\n", &environ[0]);
    printf("argv[1] at          %10p\n", &argv[1]);
    printf("argv[0] at          %10p\n", &argv[0]);
    printf("argc at             %10p\n", &argc);
    printf("local at            %10p\n", &local);
    local = func();
    void *map_addr1, *map_addr2;
    map_addr1 = mmap(NULL, 4096, PROT_READ | PROT_WRITE,
        MAP_SHARED | MAP_ANONYMOUS, -1, 0);
    printf("map_addr1 at        %10p\n", map_addr1);
    map_addr2 = mmap(NULL, 4096, PROT_READ | PROT_WRITE,
        MAP_SHARED | MAP_ANONYMOUS, -1, 0);
    printf("map_addr2 at        %10p\n", map_addr2);
    munmap(map_addr1, 4096 );
    munmap(map_addr2, 4096 );
    bv = sbrk(0);
    printf("Current brk         %10p\n", bv);
    brk(bv+512);
    bv = sbrk(0);
    printf("Current brk:        %10p\n", bv);
    pint = malloc(sizeof(int));
    printf("pin at              %10p\n", pint);
    printf("end at              %10p\n", &end);
    printf("glob1 at            %10p\n", &glob1);
    printf("edata at            %10p\n", &edata);
    printf("glob2 at            %10p\n",&glob2);
    printf("etext at            %10p\n", &etext);
    printf("func at             %10p\n", func);
    return 0;
}
```

进程在构建堆、栈和内存映射时，为了防范可能出现的恶意攻击，通常不选用固定地址，而是从区域起始位置开始，保留一个随机大小的小区间。为了便于观察，在执行 exam8-1 程序前，先将产生随机地址的功能关闭。

程序的运行结果如下所示：

< 158 >

```
$ sysctl -w kernel.randomize_va_space=0        // 禁用随机地址功能
$ gcc -static exam8-1.c -o exam8-1             // 采用静态链接生成可执行程序
$ exam8-1 hello Linux                          // 执行 exam8-1
environ[0] at 0xbffffda4                       // 环境变量地址数组中第 0 个元素地址
argv[1] at 0xbffffd98                          // 命令行参数数组第 1 个元素所在地址
argv[0] at 0xbffffd94                          // 命令行参数数组第 0 个元素所在地址
argc at 0xbffffce0                             // 命令行参数数量的存放地址
local at 0xbffffc9c                            // 函数局部变量地址
flocal at 0xbffffc7c                           // 函数局部变量地址
map_addr1 at 0xb7ffb000                        // 位于内存映射区
map_addr2 at 0xb7ffa000                        // 位于内存映射区
Current brk 0x810f000                          // 当前堆顶地址
Current brk: 0x810f200                         // 调整后的/堆顶地址
pin at 0x80ef0e0                               // 动态内存块的分配地址
end at 0x80ecda4                               // 未初始化数据区的结束地址
glob1 at 0x80ec9e0                             // 未定义全局变量 glob1 的地址
edata at 0x80ebf80                             // 初始化数据区的结束地址
glob2 at 0x80eb068                             // 初始化全局变量 glob2 的地址
etext at 0x80bc5d4                             // 代码区的结束地址
func at 0x80489cc                              // 函数 func() 的地址
```

8.2.5　栈

栈位于用户空间的底部，它是一种先进后出的数据结构，用于存放函数内的局部变量、函数参数和返回地址。此外，在构建用户地址空间时，内核还可通过用户栈向进程传递信息，如命令行参数、环境变量和辅助信息，其中，辅助信息以向量表形式存储，例如，ELF 装载器利用辅助向量表向用户空间传递可执行文件的路径等。

1. 环境变量

环境变量是当初程序加载时传入的字符串数组，也可继承自父进程。通常，字符串以 name=value 变量赋值的形式出现，其中，name 为环境变量名，value 为环境变量的值。环境变量位于栈的底部，用于存放环境变量的开始地址和结束地址，可通过 prctl 系统调用设置。外部变量 environ 指向环境变量的起始地址，可通过 getenv() 和 putenv() 函数对环境变量进行存取。环境变量数组的结构如图 8-3 所示。

引用环境变量有两种方法，第一种是引用外部变量 environ；第二种为非标准化方法，向入口函数 main() 传递环境变量。

（1）引用外部变量 environ

进程的环境变量属于一维字符串数组，environ 指向字符串数组的首地址，引用方式如下所示：

```
extern char **environ;
```

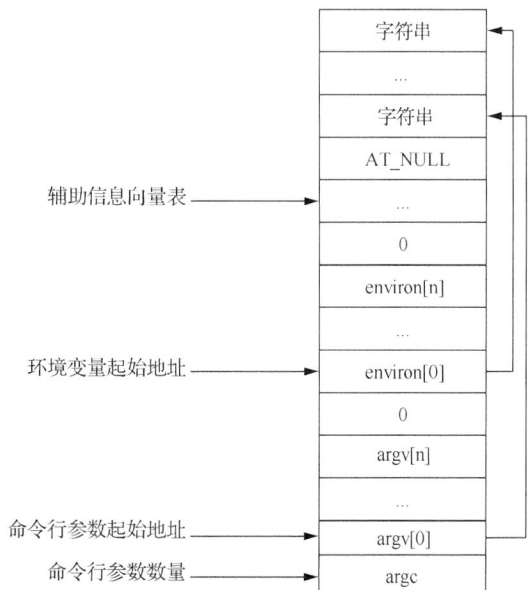

图 8-3　环境变量数组的结构

< 159 >

（2）非标准化方法

该方式通过向 main() 函数传递环境变量地址来引用环境变量。函数原型声明如下所示：

```
int main(int argc, char *argv[ ], char *envp[ ])
```

传递至 main() 函数的参数正好与程序进入 main() 函数前的栈帧结构一致，由于通常程序直接访问环境变量的机会较少，因此该方法在编程时很少使用。

2．命令行参数

通常用户通过命令行参数向进程传递信息，它由若干字符串组成，argc 参数存放字符串的数量；argv 参数为字符串数组指针，指向命令行中的每一个字符串。

3．实例分析

显示进程的环境变量和命令行参数，代码如程序 8-2 所示。

程序 8-2　显示进程的环境变量和命令行参数

```
// exam8-2.c
#include <stdio.h>
#include <stdlib.h>
extern char **environ;
int main(int argc, char *argv[])
{
    for (int j = 0; j < argc; j++)
        printf("argv[%d]: %s \n", j, argv[j]);
    for (int j = 0; environ[j]; j++)
        printf("environ[%d]:%s\n", j, environ[j]);
    exit(0);
}
```

8.2.6　内存映射区

内存映射区位于堆和栈之间，用于和文件之间建立映射，将文件的某个区间映射至该区域，从而将对文件的操作简化为对内存的读写。例如，使用共享函数库链接生成的可执行文件在加载时，内核将引用的共享函数库映射至该区域，内核为用户提供了 mmap() 接口函数，用户可利用 mmap() 函数将文件关联至内存映射区，通过读写内存实现对文件的 I/O 操作。

在文件与内存之间建立映射，并不意味着将文件内容复制到物理内存，内容的复制会延迟至对映射区的访问。内核通过缺页异常，将读写内容以物理页为单位复制到物理页，通过设置页表，真正实现虚拟地址与物理地址的转换。该方法可充分发挥程序局部性原理的优势，尽可能减少对物理内存的消耗。

8.3　进程控制

通常，init 进程是内核初始化完成后执行的第一个用户进程，其他用户进程均为其子孙进程，其中，交互进程 Shell 扮演着重要角色，它接收并执行用户提交的各种命令，成为新进程创建的重要手段。

用户进程拥有多种标识，用于表达与其他进程的关系，如父进程 ID、进程组 ID 和会话 ID 等，它们与进程的行为有密切的联系，例如，当某会话结束时，属于该会话的所有进程均会收到相应的信号。

正在运行的 Linux 系统中往往存在大量的用户进程，它们彼此独立又互相协作，每一个进程在其生命周期内均由内核统一管理。

< 160 >

为了便于用户参与对进程的管理，内核为上层应用提供了各种编程接口，下面仅介绍其中的 fork()、_exit()/exit()和 atexit()等接口函数，分别用于创建子进程、结束进程和加载可执行文件。

8.3.1 子进程的创建与终止

微课视频

1. fork()函数

（1）写时复制算法

子进程被创建时，内核将调用者进程拥有的资源复制给子进程，资源包括进程的用户空间和打开的文件等。为了使它们有各自的执行逻辑，内核在父进程的栈中压入子进程 ID，在子进程的栈中压入0。当它们再次运行时，按各自轨迹执行。进程执行期间，可能只有少数数据被修改。为了节省资源，Linux 内核采用了写时复制算法（Copy On Write，COW），如图 8-4 所示。

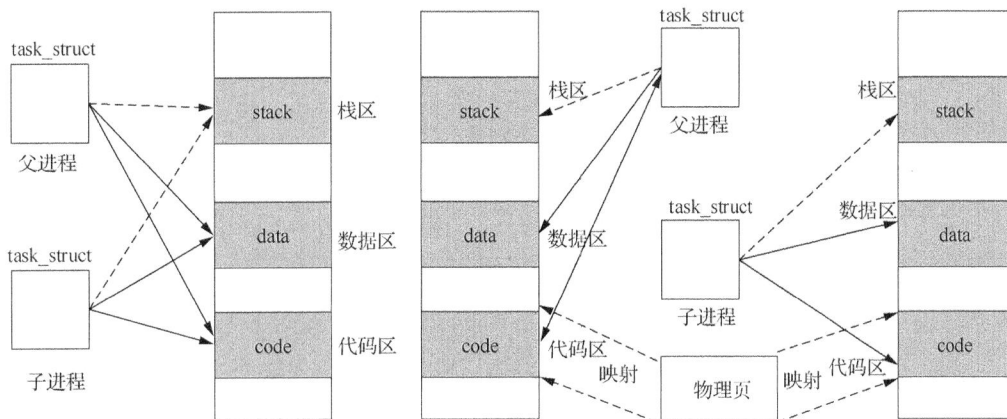

图 8-4 基于写时复制算法的子进程创建

子进程刚创建时共享父进程的用户空间，包括代码区、数据区、堆和栈。当其中一方执行写操作时，内核将修改前的数据复制给子进程，使双方各自拥有一份副本。对于读操作，父子进程则共享数据。

（2）fork()函数概述

头文件：

```
#include <unistd.h>
```

函数原型：

```
pid_t fork();
```

功能：

创建子进程。

参数：

无。

返回值：

父进程成功则返回新建子进程 ID，子进程成功则返回 0，失败则返回-1。

fork()函数用于为调用者进程创建一个子进程。

（3）实例分析

使用 fork()函数创建子进程，观察写数据对父子进程的影响，代码如程序 8-3 所示。

< 161 >

程序 8-3　观察写操作对父子进程的影响

```c
// exam8-3.c
#include <stdio.h>
#include <stdlib.h>
#include <unistd.h>
int glob = 10;
int main(int argc, char *argv[])
{
    int  local;
    local = 8;
    pid_t pid;
    if ((pid = fork()) == 0) {
        sleep(2);
    } else {
        glob ++;
        local --;
        sleep(10);
    }
    printf("pid = %d, glob = %d, localar = %d\n", getpid(), glob, local);
    exit (0);
}
```

程序的运行结果如下所示：

```
$ gcc -Wall exam8-3.c -o exam8-3          // exam8-3.c 经编译与链接生成 exam8-3
$ exam8-3                                  // 执行 exam8-3
pid= 752, glob= 10, localar = 8
pid= 751, glob= 11, localar = 7
```

子进程创建后，父子进程由进程调度器统一调度，它们执行的次序取决于调度器和当时进程的状态，但不会影响进程的执行结果。

2．_exit()/exit()函数

当进程终止时，内核会释放进程用户地址空间占用的内存页，关闭打开的文件，当进程为领头进程且为会话的创建者时，释放控制终端，向所有属于该会话的进程发送挂断信号 SIGHUP，若存在子进程，则将子进程交由 init 进程托管，init 成为它们的父进程，最后进程向父进程发送 SIGCHLD 信号，并进入僵尸状态，仅保留状态信息，向父进程报告其状态改变的原因。处于僵尸状态的进程不能被调度，待父进程通过 wait()/waitpid()函数获取其状态后，子进程残留资源才最终被释放，父进程根据子进程的结束状态，判断结束的原因并进行相应的处理。

用户可使用_exit()/exit()函数结束调用者进程，_exit()函数属于系统调用，而 exit()属于库函数。exit()函数基于_exit()系统调用实现。

（1）_exit()函数

头文件：

```
#include <unistd.h>
```

函数原型：

```
void _exit(int status);
```

功能：

结束进程。

参数：

status 指向表示结束状态。

< 162 >

返回值：

不返回。

_exit()函数用于终止调用者进程、关闭进程打开的文件描述符，调用者进程的子进程被初始化进程 init 收养；同时向父进程发送 SIGCHLD 信号，告知进程结束的状态 status。

（2）exit()函数

头文件：

```
#include<stdlib.h>
```

函数原型：

```
void exit(int status);
```

功能：

终止进程。

参数：

status 指向结束状态。

返回值：

无。

exit()函数同样用于结束调用者进程，在最终调用_exit()函数结束进程前，按相反次序依次执行 atexit()函数注册的终止处理函数；关闭 stdio 上打开的文件流，将位于用户缓冲区中的数据更新至文件；删除由 tmpfile()函数创建的临时文件。

3．atexit()函数

为使进程在结束前能自动处理善后工作，Linux 系统引入了终止处理函数，它会在进程正常结束时自动执行。按 POSIX 规范的要求，一个进程可注册多达 32 个终止处理函数。

（1）atexit()函数概述

头文件：

```
#include <stdlib.h>
```

函数原型：

```
int atexit(void (*function)(void));
```

功能：

注册终止处理程序。

参数：

function 指向终止处理函数。

返回值：

成功则返回 0，失败返回非 0。

atexit()函数用于在调用者进程中注册 function 指向的终止处理函数。当进程从主程序返回或调用 exit()函数结束进程时，注册的终止处理函数按相反的次序自动执行。子进程创建前注册的终止处理函数会被继承，但对加载程序后重构的新进程无效。

（2）实例分析

运用 atexit()函数演示终止处理函数的使用方法，代码如程序 8-4 所示。

程序 8-4　演示终止处理函数的使用方法

```
//exam8-4.c
#include <stdlib.h>
```

< 163 >

```
#include <stdio.h>
void my_exit1(void)
{
    printf("first exit handler\n");
}
void my_exit2(void)
{
    printf("second exit handler\n");
}
int main(int argc, char *argv[])
{
    if (atexit(my_exit1) != 0)
        printf("can't register my_exit1");
    if (atexit(my_exit2) != 0)
        printf("can't register my_exit2");
    printf("main is done\n");
    return 0;
}
```

程序的运行结果如下所示：

```
$ gcc -Wall exam8-4.c -o exam8-4          // exam8-4.c 经编译与链接生成 exam8-4
$ exam8-4                                 // 执行 exam8-4
main is done
second exit handler
first exit handler
```

8.3.2 加载可执行程序

进程用户空间中的代码和数据最初来自可执行程序。可执行程序由源代码经编译后链接而成，其格式依赖于操作系统。ELF（Excutable and Linkable Format，可执行和可链接格式）为 Linux 系统中可执行程序采用的格式。

1. ELF 格式

ELF 源自 System V 系统。与 Flat 和 COFF（Common Object File Format，通用对象文件格式）等格式相比，ELF 虽然在性能上有一定的开销，但具有较强的灵活性。无论何种格式，目标都是为进程地址空间构建可执行映像。ELF 有下列 4 种格式。

（1）可执行文件

该格式的文件可直接加载执行，它由源代码经编译后链接而成。

（2）可重定位文件（.o 文件)

该格式的文件由源代码经编译后生成，是一种包含重定位信息的中间代码，供链接器使用，可与其他可重定位文件链接，生成静态函数库或可执行文件。

（3）共享库（.so 文件）

该格式的文件由源代码经编译后生成，包含地址无关代码，供动态链接器在程序加载或运行时使用。

（4）核心转储文件

该格式的文件由进程因某些信号而生成，是信号发生时进程地址空间映像的副本，用于程序调试。

ELF 文件通常包含段头和节头两种类型的头部结构，可从可执行和可链接两个角度描述 ELF 文件的内容。ELF 文件格式的结构如图 8-5 所示。

< 164 >

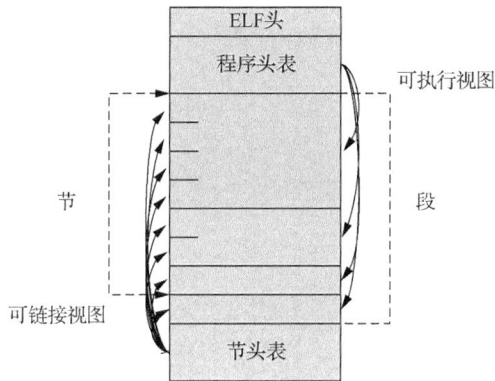

图 8-5　ELF 文件的格式

段头描述了文件所包含段（Segment）的信息，用于可执行程序。从可执行的角度来看，可将 ELF 文件看作由若干段构成的集合。节头描述了文件包含节（Section）的相关信息。节由源代码经编译后生成，供链接器使用。从可链接的角度来看，可将 ELF 文件看作由若干节构成的集合。通常一个段由若干个节组成，一个 ELF 文件通常仅包含代码段和数据段。

2．execve()函数

借助 execve()系统调用，进程可通过加载可执行程序重构用户空间，将可执行程序中的代码段和数据段复制至用户空间的适当位置，形成新的代码段和数据段，并重建堆和栈，向栈底压入新的环境变量和命令行参数，原区域内容被丢弃，如图 8-6 所示。

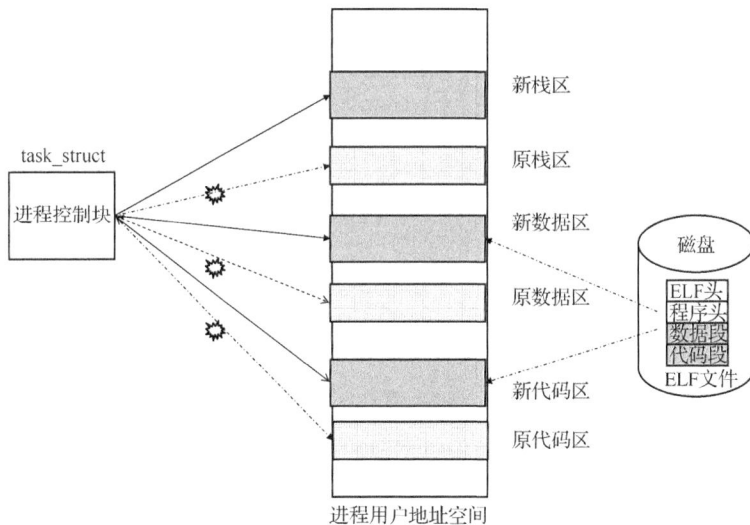

图 8-6　执行 execve()系统调用后进程的地址空间

重构用户空间后的进程会保留原有的部分属性，如进程身份、工作目录、根目录、权限掩码和打开的文件等。若加载的可执行程序设置了 SUID/SGID 标志，进程的有效用户 ID/有效用户组 ID 会发生改变。

execve()函数是 Linux 内核用于加载可执行程序的系统调用接口，用于重构调用者进程的用户空间。

（1）概述

头文件：

```
#include <unistd.h>
```

函数原型：

< 165 >

```
int execve(const char *filename, char *const argv[],char *const envp[]);
```

功能：

加载可执行程序。

参数：

filename 指向可执行文件的路径；argv 指向命令行参数；envp 指向环境变量。

返回值：

成功则不返回，失败返回-1。

execve()函数将可执行程序 filename 加载至调用者进程的用户空间，用于重构调用者进程的用户空间，原空间内容被丢弃；argv 和 envp 为重建用户栈提供参数，argv 指向新命令行参数，envp 指向新环境变量。

通常，execve()函数在创建的子进程中调用。由于原进程的用户空间被重构，因此原进程定义的信号处理、内存映射、共享内存和信号量等都会失去作用。除 execve()系统调用外，GLIBC 还提供了一系列库函数，例如 execl()和 execlp()等。

（2）实例分析

利用 execve()函数加载可执行程序，观察程序的运行结果，代码如程序 8-5 所示。

程序 8-5　加载可执行程序

```
//exam8-5.c
#include <stdio.h>
#include <stdlib.h>
#include <unistd.h>
int main(int argc, char *argv[])
{
    char *newargv[] = { NULL, "hello", "world", NULL };
    char *newenviron[] = {"var1=123","var2 = hello","hello Unix", NULL };
    if (argc != 2) {
        fprintf(stderr, "Usage: %s <file-to-exec>\n", argv[0]);
        exit(1);
    }
    newargv[0] = argv[1];
    execve(argv[1], newargv, newenviron);
    perror("execve");
    exit(0);
}
```

程序的运行结果如下所示：

```
$ gcc exam8-5.c -o exam8-5          // exam8-5.c 经编译与链接生成可执行程序 exam8-5
$ exam8-5 exam8-2                    // 通过执行 exam8-5 加载 exam8-2
argv[0]: exam8-2
argv[1]: hello
argv[2]: world
environ[0]:var1=123
environ[1]:var2 = hello
environ[2]:hello UNIX
```

内核加载可执行文件时，根据其链接类型采用不同的处理方式。对于使用共享函数库链接生成的可执行文件，程序运行前，需完成所引用共享函数库的动态链接，实现引用符号的重定位，该工作由预先设定的动态链接器完成，内核仅需通过加载动态链接器，实现对可执行文件的间接加载。但对于使用静态函数库链接生成的可执行文件，由于符号重定位在链接阶段已全部完成，因此内核仅需将文件中的代码段和数据段映射至进程的虚拟地址空间，并构建运行所需的栈环境，向栈中压入环境变量和命令行参数，最终将控制权转交至入口地址即可。下面演示其实现过程，代码如程序 8-6 所示。

< 166 >

程序 8-6　演示加载使用静态函数库链接生成的可执行文件

```c
//exam8-6.c
#include <stdint.h>
#include <stdio.h>
#include <string.h>
#include <stdlib.h>
#include <unistd.h>
#include <elf.h>
#include <err.h>
#include <fcntl.h>
#include <sys/mman.h>
#ifdef __x86_64__
typedef Elf64_Ehdr    Elf_Ehdr_t;
typedef Elf64_Phdr    Elf_Phdr_t;
typedef Elf64_auxv_t  Elf_auxv_t;
#elif __i386__
typedef Elf32_Ehdr    Elf_Ehdr_t ;
typedef Elf32_Phdr    Elf_Phdr_t;
typedef Elf32_auxv_t  Elf_auxv_t;
#endif
#define ROUND(x, align)   (void *)(((uintptr_t)x) & ~(align - 1))
#define MOD(x, align)     (((uintptr_t)x) & (align - 1))
#define PUSH(sp, T, ...) ( { *((T*)sp) = (T)__VA_ARGS__; sp = (void *)((uintptr_t)(sp)
+ sizeof(T)); })
#define STKSIZE          (1 << 20)
int main(int argc, char *argv[], char *envp[])
{
    if (argc < 2) {
            fprintf(stderr, "Usage: %s filename\n", argv[0]);
            exit(1);
    }
    int fd = open(argv[1], O_RDONLY);
    if (fd == -1)
        err(1, "%s", argv[1]);
    Elf_Ehdr_t *ehdr = mmap(NULL, 4096, PROT_READ, MAP_PRIVATE, fd, 0);
    if (ehdr->e_type != ET_EXEC)
        err(1,"%s is mot exec\n",argv[1]);
    Elf_Phdr_t *phtbl = (Elf_Phdr_t *)((char *)ehdr + ehdr->e_phoff);
    for (int i = 0; i < ehdr->e_phnum; i++) {
    Elf_Phdr_t *phdr = &phtbl[i];
    if (phdr->p_type == PT_LOAD) {
            int prot = 0;
            if (phdr->p_flags & PF_R) prot |= PROT_READ;
            if (phdr->p_flags & PF_W) prot |= PROT_WRITE;
            if (phdr->p_flags & PF_X) prot |= PROT_EXEC;
            void *ret = mmap(
            ROUND(phdr->p_vaddr, phdr->p_align),
            phdr->p_memsz + MOD(phdr->p_vaddr, phdr->p_align),
            prot,
            MAP_PRIVATE | MAP_FIXED,
            fd,
            (uintptr_t)ROUND(phdr->p_offset, phdr->p_align));
            if (ret == (void *)-1)
            err(1,"mmap\n");
                memset((void *)(phdr->p_vaddr + phdr->p_filesz), 0, phdr->p_memsz -
                phdr->p_filesz);
        }
    }
    close(fd);
     static char stack[STKSIZE], rnd[16];
```

< 167 >

```
        void *sp = ROUND( &stack[STKSIZE] - 4096, 16);
        void *bp = sp;
        PUSH(sp, intptr_t, argc-1);
        for (int i = 1; i <= argc; i++)
                PUSH(sp, intptr_t, argv[i]);
        while (*envp)
                PUSH(sp, intptr_t, *envp++);
        PUSH(sp, intptr_t, 0);
        PUSH(sp, Elf_auxv_t, { .a_type = AT_RANDOM, .a_un.a_val = (uintptr_t)rnd } );
        PUSH(sp, Elf_auxv_t, { .a_type = AT_NULL } );
        asm volatile(
#ifdef __x86_64__
        "mov $0, %%rdx;"
        "mov %0, %%rsp;"
#elif __i386__
        "mov $0, %%edx;"
        "mov %0, %%esp;"
#endif
        "jmp *%1" :: "a"(bp), "b"(ehdr->e_entry)
    );
}
```

8.3.3　程序的启动与结束

从程序员的角度来看，C 程序从 main()函数开始运行，但事实上程序自 start-up 模块开始启动。start-up 模块在链接生成可执行程序时加入，目的是完成一系列初始化操作，待 start-up 模块执行完成后转入 main()函数，最后通过 exit()函数结束进程，其流程如图 8-7 所示。

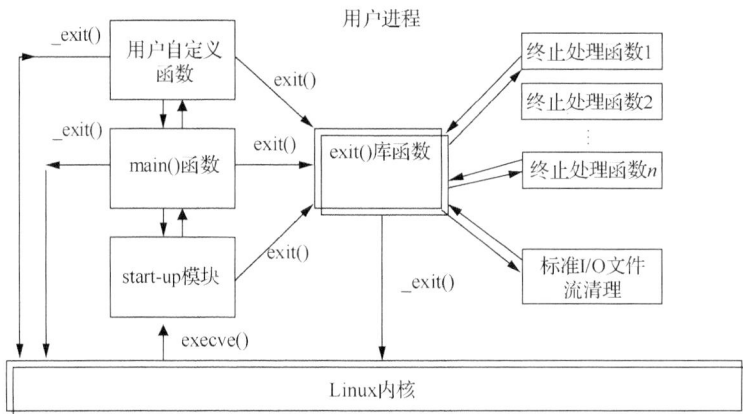

图 8-7　C 程序的启动与结束过程

当进程从主函数 main()返回时，start-up 模块会调用 exit()库函数结束进程。exit()函数在结束进程前进行一系列善后处理，例如执行 atexit()注册的终止处理函数和关闭打开的文件流等。

8.3.4　执行 Shell 命令

有时需在进程中执行可执行程序，并根据返回状态决定下一步操作。这可通过在子进程中加载可执行程序实现，但需经一系列较为烦琐的操作。为此，GLIBC 提供了 system()库函数接口。

1．system()库函数

头文件：

```
#include <stdlib.h>
```

< 168 >

函数原型：

```
int system(const char *command);
```

功能：

执行 Shell 命令。

参数：

command 指向 Shell 命令的路径。

返回值：

成功则返回子进程的退出状态，失败返回-1。

system()函数在创建的子进程中执行 command 指向的 Shell 命令，它封装了 fork()、execve()、waitpid() 和信号处理等实现细节，提供了一种在进程中执行 Shell 命令的简单方法。该函数的主要开销为创建子进程和执行 command 命令。

2．实例分析

运用 system()函数实现简单的 Shell 程序，循环执行从键盘上接收的命令，代码如程序 8-7 所示。

程序 8-7　使用 system()函数构建简单的 Shell 程序

```
//exam8-7.c
#include <stdio.h>
#include <stdlib.h>
#include <unistd.h>
#include <sys/wait.h>
#define MAX_CMD_LEN 200
int main(int argc, char *argv[])
{
    int ret;
    do {
        printf("command:");
        fflush(stdout);
        char str[MAX_CMD_LEN];
        if (fgets(str, MAX_CMD_LEN, stdin) == NULL)
            break;
        ret = system(str);
    }while (!WIFSIGNALED(ret) && !(WTERMSIG(ret) == SIGINT || WTERMSIG(ret) == SIGQUIT));
    printf("see you later\n:");
    exit(0);
}
```

程序的运行结果如下所示：

```
$ gcc -Wall exam8-7.c -o exam8-7        // exam8-7.c 经编译与链接生成 exam8-7
$exam8-7                                // 执行 exam8-7
command: whoami                         // 输入命令 whoami
root
command:sleep 10                        // 输入命令 sleep10
ctrl+c
see you later
```

8.3.5　监控进程状态的改变

进程运行期间，状态可能会发生变化。例如，收到 SIGSTOP/ SIGCONT 信号使进程暂停/恢复运行，因调用 exit()函数、从 main()函数返回或收到 SIGTERM 信号导致进程终止。为了监控进程状态的改变，Linux 内核提供了同步和异步两种方式。若采用同步方式，进程可通过调用 wait()/waitpid()接口

< 169 >

函数，以阻塞方式等待，直至目标进程状态发生改变；若采用异步方式，当目标进程状态改变时，进程会收到来自目标进程的异步信号。

1．基于 wait()/waitpid()接口函数的同步方式

为了以同步方式监控进程状态的改变，Linux 内核提供了 wait()/waitpid()接口函数。

（1）wait()/ waitpid()接口函数概述

头文件：

```
#include<sys/types.h>
#include<sys/wait.h>
```

函数原型：

```
pid_t wait(int *wstatus);
pid_t waitpid(pid_t pid, int *wstatus, int options);
```

功能：

等待子进程状态发生改变。

参数：

pid 指定监控的子进程；wstatus 指向返回状态；options 指定操作方式。

返回值：

wait()/waitpid()成功则返回状态改变的进程 ID，失败返回-1。

waitpid()函数使调用者进程进入阻塞状态，直至 pid 指定的某个子进程状态发生改变。wait()函数为 waitpid()函数的特例，其功能与下列语句等价：

```
waitpid(-1, &wstatus, 0);
```

pid 指向监控的子进程，其含义如表 8-2 所示。

表 8-2　waitpid()函数中参数 pid 的含义

参数 pid	含义
<-1	任意进程组为-pid 的子进程
-1	任意子进程
0	任意与调用者同组的子进程
>0	进程 ID 为 pid 的任意子进程

若 wstatus 非空，则用于存放子进程的返回状态。wstatus 指向的整数具有某种组织结构。为便于操作，Linux 系统提供了一系列宏定义，用于判定子进程状态改变的原因，具体定义可参见头文件 <sys/wait.h>。表 8-3 列出了它们的具体含义。

表 8-3　wait()/waitpid()函数中 wstatus 的含义

参数 wstatus 的宏	含义
WIFEXITED(wstatus)	若为真，子进程正常结束，调用_exit()/exit()函数或从 main()函数返回
WIFSIGNALED(wstatus)	若为真，子进程因信号而终止
WIFSTOPPED(wstatus)	若为真，子进程因信号而暂停
WIFCONTINUED(wstatus)	若为真，子进程因 SIGCONT 信号继续运行，自内核 2.6.10 版本起生效

options 是一个位掩码，其值为若干标志的组合，用于监控更多子进程的状态变化。参数 options 的含义如表 8-4 所示。

表 8-4　waitpid()函数中参数 options 的含义

参数 options	含义
WNOHANG	非阻塞模式
WUNTRACED	进程暂停运行
WCONTINUED	进程恢复运行

< 170 >

（2）实例分析

利用 waitpid()函数监听子进程状态的改变，代码如程序 8-8 所示。

程序 8-8　采用 waitpid()函数监听子进程状态的改变

```c
//exam8-8.c
#include <sys/wait.h>
#include <stdlib.h>
#include <unistd.h>
#include <stdio.h>
#include <err.h>
void do_parent(int pid){
    int wstatus;
    do {
        int w = waitpid(pid, &wstatus, WUNTRACED | WCONTINUED);
        if (w == -1)
            err(1, "waitpid\n");
        if (WIFEXITED(wstatus))
            printf("exited, status = %d\n", WEXITSTATUS(wstatus));
        if (WIFSIGNALED(wstatus))
            printf("killed by signal %d\n", WTERMSIG(wstatus));
        if (WIFSTOPPED(wstatus))
            printf("stopped by signal %d\n", WSTOPSIG(wstatus));
        if (WIFCONTINUED(wstatus))
            printf("continued\n");
    } while (!WIFEXITED(wstatus) && !WIFSIGNALED(wstatus));
}
int main(int argc, char *argv[])
{
    if (argc !=1) {
    fprintf(stderr, "Usage: %s \n", argv[0]);
        exit(1);
    }
    pid_t pid = fork();
    switch (pid) {
        case 0:
            printf("child pid = %d\n", getpid());
            pause();
            _exit(0);
        default:
            do_parent(pid);
    }
    exit(0);
}
```

程序的运行结果如下所示：

```
$ gcc -Wall exam8-8.c -o exam8-8          // exam8-8.c 经编译与链接生成
$ exam8-8 &                               // 将进程置于后台运行
 [1] 816
#childpid=817
$ kill -STOP 817                          // 发送 SIGSTOP 信号，暂停进程运行
stopped by signal 19
$ kill -CONT 817                          // 发送 SIGCONT 信号，恢复进程运行
continued
$ kill -TERM 817                              // 发送 SIGTERM 信号，终止进程
killed by signal 15
[1]+ Done exam8-8
```

< 171 >

2．基于 SIGCHLD 信号的异步方式

（1）概述

通常，状态发生改变的子进程会向其父进程发送 SIGCHLD 信号，如因终止、暂停或恢复运行等。利用这一机制，父进程也可监控子进程的运行。

由于 SIGCHLD 为标准信号，在执行 SIGCHLD 信号处理函数时，可能有其他子进程的状态发生改变。因此，在处理 SIGCHLD 信号的过程中，应以非阻塞方式循环执行 waitpid()函数，直至不再有状态改变的子进程。另外，waitpid()系统调用会修改全局变量 errno。为此，在信号处理函数执行前应先保存 errno 的值，待信号处理结束后重新恢复原 errno 的值，以免干扰主程序的正常运行。

（2）实例分析

利用 SIGCHLD 信号监听子进程状态的改变，代码如程序 8-9 所示。

程序 8-9　采用 SIGCHID 信号监听子进程状态的改变

```
//exam8-9.c
#include <signal.h>
#include <stdio.h>
#include <stdlib.h>
#include <unistd.h>
#include <errno.h>
#include <sys/wait.h>
int nchld = 0;
void sighandler(int sig)
{
    int savedErrno = errno;
    pid_t pid;
    int status;
    while ((pid = waitpid(-1, &status, WNOHANG)) > 0) {
        printf("receive SIGCHLD %ld \n", (long) pid);
        nchld --;
    }
    if (pid == -1 && errno != ECHILD)
        printf("waitpid failed\n");
    errno = savedErrno;
}
int main(int argc, char *argv[])
{
    if (argc < 2) {
        fprintf(stderr, "%s child-sleep-time ...\n", argv[0]);
        exit(1);
    }
    int sigCnt = 0;
    nchld = argc - 1;
    struct sigaction sa;
    sigemptyset(&sa.sa_mask);
    sa.sa_flags = 0;
    sa.sa_handler = sighandler;
    if (sigaction(SIGCHLD, &sa, NULL) == -1)
        exit(1);
    for (int j = 1; j < argc ; j++) {
        switch (fork()) {
            case 0:
                sleep(atol(argv[j]));
                _exit(0);
            default:
                break;
        }
    }
```

< 172 >

```
    sigset_t  emptyMask;
    sigemptyset(&emptyMask);
    while (nchld > 0) {
        if (sigsuspend(&emptyMask) == -1 && errno != EINTR)
            exit(1);
        sigCnt ++;
    }
    printf(" All %d children have terminated; SIGCHLD was caught "
        "%d times\n", argc - 1, sigCnt);
    exit(0);
}
```

程序的运行结果如下所示：

```
$ gcc -Wall exam8-9.c -o exam8-9          // exam8-9.c 经编译与链接生成 exam8-9
$ exam8-9 1 2 3 4 5 6                      // 创建 6 个子进程
receive SIGCHLD 721
receive SIGCHLD 722
receive SIGCHLD 723
receive SIGCHLD 724
receive SIGCHLD 725
receive SIGCHLD 726
All 6 children have terminated; SIGCHLD was caught 6 times
```

上述实例创建了 6 个子进程，分别睡眠 1～6s 后终止；父进程依次处理收到的 SIGCHLD 信号，并显示终止子进程的进程号。

8.4　进程优先级和调度策略

8.4.1　调度策略概述

与 UNIX 系统一样，Linux 采用基于时间片的调度策略，每个进程以时间片为单位轮流占用 CPU，共享 CPU 资源。获得 CPU 的进程一直运行，直至时间片耗尽，或因某种原因主动放弃 CPU。随着 Linux 的不断演化，调度策略也不断优化。为了满足实时应用场景的需要，自内核 2.6 版本起，Linux 引入了实时调度策略。从此，内核拥有了多种可供选择的调度策略，用户可为新建的进程定制调度策略，系统可同时容纳属于不同调度类型的进程，内核为各类调度策略定义了不同的优先级。

在多处理器环境下，每个 CPU 拥有独立的就绪队列，队列中可能存在多种进程，如实时进程和普通进程。实时进程具有较高的优先级，仅在无实时进程可调度的情况下，普通进程才有机会运行。出于负载均衡的考虑，内核会将负载较重的 CPU 上的进程迁移至负载较轻的 CPU 上。但有时出于某些原因，也会将某些进程约束在特定 CPU 上。

对相同调度类型的进程，出于进程任务性质和紧迫程度的考虑，可为每个进程定义优先级。优先级的含义取决于具体的调度策略。通常，高优先级进程占有较高的时间权重或具有优先获得 CPU 的权力。

8.4.2　调度策略

Linux 内核自 2.6 版本起支持多种调度策略。为使进程改变所属的调度类型，内核引入了一系列与调度相关的接口函数。其中，sched_getscheduler()/sched_setscheduler() 函数用于获取/设置进程的调度策略，sched_getparam()/sched_setparam() 函数用于获取/设置进程的调度参数。

< 173 >

1．sched_getscheduler()/sched_setscheduler()函数

头文件：

```
#include <sched.h>
```

函数原型：

```
int sched_getscheduler(pid_t pid);
int sched_setscheduler(pid_t pid, int policy,const struct sched_param *param);
```

功能：

获取/设置进程的调度策略。

参数：

pid 指向进程 ID；policy 指定调度策略；param 指向调度参数。

返回值：

sched_getscheduler()函数成功则返回调度策略，失败则返回-1；sched_setscheduler()函数成功则返回 0，失败则返回-1。

sched_getscheduler()函数用于获取进程 pid 使用的调度策略，sched_setscheduler()函数为 pid 进程设置 policy 和 param 指向的调度策略和参数。pid 表示进程 ID；若 pid 为 0，则表示调用者进程。参数 policy 用于指定进程的调度策略，其含义如表 8-5 所示。

表 8-5　sched_setscheduler()函数中参数 policy 的含义

参数 policy	含义
SCHED_OTHER	完全公平调度策略（CFS）
SCHED_BATCH	与 SCHED_OTHER 类似，但用于批量执行
SCHED_IDLE	与 SCHED_OTHER 类似，但优先级最低
SCHED_FIFO	基于先进先出的实时调度算法
SCHED_RR	基于时间片轮询的实时调度算法
SCHED_RESET_ON_FORK	创建的子进程不继承父进程的调度策略

参数 param 属于 sched_param 类型的指针，用于描述调度策略的相关属性，其定义如下所示：

```
struct sched_param {
    int sched_priority;        // 优先级
    ...                        // 待扩展
};
```

其中，成员变量 sched_priority 仅表示实时进程的优先级。对于其他调度策略，该成员变量未定义，其值设置为 0。

2．sched_getparam()/sched_setparam()函数

（1）函数概述

头文件：

```
#include <sched.h>
```

函数原型：

```
int sched_getparam(pid_t pid, struct sched_param *param);
int sched_setparam(pid_t pid, const struct sched_param *param);
```

功能：

获取/设置进程的调度参数。

参数：

< 174 >

略。

返回值：

成功则返回 0，失败返回-1。

sched_getparam()/sched_setparam()函数分别用于获取/设置进程 pid 的调度参数。param 指向调度参数的地址；pid 为进程 ID，若 pid 为 0，则表示调用者进程。

（2）实例分析

设置进程的调度策略和优先级，代码如程序 8-10 所示。

程序 8-10　设置进程的调度策略和优先级

```
//exam8-10.c
#include <sched.h>
#include <stdio.h>
#include <stdlib.h>
#include <unistd.h>
#include <sys/resource.h>
void usage(const char *prgname)
{
    fprintf(stderr, "Usage: %s [-r] [-f] [-o] priority \n", prgname);
    fprintf(stderr, "-r  round-robin policy.\n");
    fprintf(stderr, "-f first-in, first-out policy\n");
    fprintf(stderr, "-o standard round-robin time-sharing policy\n");
    exit(1);
}
void process_info(pid_t pid, int pol, struct sched_param sp)
{
    char *name = "normal";
    int prio = sp.sched_priority;
    switch (pol) {
        case SCHED_OTHER:
            name = "OTHER";
            break;
        case SCHED_FIFO:
            name = "FIFO";
            break;
        case SCHED_RR:
            name = "RR";
            break;
    }
    printf("pid = %d \n", pid);
    printf("policy = %s\n", name);
    printf("priority = %2d\n", prio);
}
int main(int argc, char *argv[])
{
    int opt;
    int policy = SCHED_OTHER;
    while ((opt = getopt(argc, argv, "ofr")) != -1) {
        switch (opt) {
        case 'o':
            policy = SCHED_OTHER;
            break;
        case 'f':
            policy = SCHED_FIFO;
            break;
        case 'r':
            policy = SCHED_RR;
            break;
        default:
```

< 175 >

```
                   usage(argv[0]);
              }
      }
      if (optind >argc -1)
          usage(argv[0]);
      int prio = atol(argv[optind]);
      pid_t pid = getpid();
      int pol = sched_getscheduler(pid);
    struct sched_param sp;
      sched_getparam(pid, &sp);
      process_info(pid, pol, sp);
      sp.sched_priority = prio;
      sched_setscheduler(pid, policy,&sp);
      pol = sched_getscheduler(pid);
      sched_getparam(pid, &sp);
      process_info(pid, pol, sp);
      sleep(2);
      return 0;
}
```

程序的运行结果如下所示：

```
$ gcc -Wall exam8-10.c -o exam8-10      // exam8-10.c 经编译与链接生成 exam8-10
$./exam8-10 -r 2                        // 将进程转变成优先级为 2 的实时进程
pid=764                                 // 进程 ID
policy=OTHER                            // 原调度策略
priority=0                              // 原进程优先级
pid=764                                 // 进程 ID
policy=RR                               // 新调度策略
priority=2                              // 新进程优先级
```

8.4.3 完全公平调度策略

完全公平调度策略（Completely Fair Scheduler，CFS）自 Linux 内核 2.6 版本起引入，通常作为系统的默认调度算法。对于每一次轮询，每个进程均有获得处理器的机会，仅时间片大小不同。时间片的大小取决于进程的优先级。内核为每个 CFS 进程定义了一个 nice 值，其值为-20～19。默认情况下其值为 0。nice 值表示进程获得时间的权重，nice 值越小，每次轮询获得时间的权重越大，时间片占用的时间越长；nice 值越大，获得时间的权重越小，时间片占用的时间越短。通常，CFS 适用于交互式的个人电脑和服务器。

为了设置 CFS 进程的 nice 值，Linux 内核提供了 getpriority()/setpriority()接口函数。

1. getpriority()/setpriority()函数

头文件：

```
#include <sys/resource.h>
```

函数原型：

```
int getpriority(int which, id_t who);
int setpriority(int which, id_t who, int prio);
```

功能：

获取/设置进程的优先级。

参数：

which 指向进程的类型；who 指向进程身份；prio 指定优先级。

返回值：

< 176 >

成功则返回 0，失败返回-1。

getpriority()函数用于从类型为 which 的进程 who 获取优先级，setpriority()函数用于将 which 类型的进程 who 的优先级设置为 prio。which 用于指定进程的目标类型，who 的定义与 which 有关。参数 which 与 who 的含义如表 8-6 所示。

表 8-6　setpriority()函数中参数 which 与 who 的含义

参数 which	含义
PRIO_PROCESS	选择进程 ID 为 who 的进程；若 who 为 0，表示调用者进程
PRIO_PGRP	选择进程组 ID 为 who 的所有进程；若 who 为 0，表示调用者进程组
PRIO_USER	选择真实用户 ID 为 who 的所有进程；若 who 为 0，表示调用者的 UID

2. 实例分析

使用 setpriority()函数设置普通进程的优先级，代码如程序 8-11 所示。

程序 8-11　设置普通进程的优先级

```c
//exam8-11.c
#include <sys/time.h>
#include <sys/resource.h>
#include <stdio.h>
#include <stdlib.h>
#include <unistd.h>
void usage(const char *prgname)
{
    fprintf(stderr, "Usage: %s [-p|g|u priority] [who]\n", prgname);
    fprintf(stderr, "-p a process \n");
    fprintf(stderr, "-g  process group\n");
    fprintf(stderr, "-u processes for user\n");
    exit(1);
}
int main(int argc, char *argv[])
{
    int opt;
    int which, prio;
    which = PRIO_PROCESS;
    while ((opt = getopt(argc, argv, "p:g:u:")) != -1) {
        switch (opt) {
            case 'p':
                which = PRIO_PROCESS;
                prio = atol(optarg);
                break;
            case 'g':
                which = PRIO_PGRP;
                prio = atol(optarg);
                break;
            case 'u':
                which = PRIO_USER;
                prio = atol(optarg);
                break;
            default:
                usage(argv[0]);
        }
    }
    id_t who = (optind < argc) ? atol(argv[optind]):0;
    setpriority(which, who, prio);
    prio = getpriority(which, who);
    printf("Nice value = %d\n", prio);
    return 0;
}
```

< 177 >

程序的运行结果如下所示：

```
$ gcc -Wall exam8-11.c -o exam8-11          // exam8-11.c 经编译与链接生成 exam8-11
$ exam8-11 -p 3                             // 设置进程优先级为 3
Nice value = 3
$ exam8-10 -p -2                            // 设置进程优先级为-2
Nice value = -2
```

进程在默认情况下采用 CFS 算法，优先级范围为-20～19。通常，进程的优先级设置为 0，但可通过调用 setpriority()函数重新设置。

8.4.4 实时调度策略

为满足实时应用场景的需要，Linux 自内核 2.6 版本起引入了实时调度策略。内核提供了两种基于优先级的实时调度算法：基于时间片轮询的实时调度算法和基于先进先出的实时调度算法。内核为每个实时进程赋一个优先级，其值为 1（低）～99（高）。进程按优先级从高到低依次获得 CPU，高优先级进程优先获得 CPU。一旦有更高优先级的进程就绪，运行中的进程将立即被更高优先级的进程抢占。

POSIX.1 规范要求实时调度至少支持 32 个优先级。为提高可移植性，可通过 sched_get_priority_min()/sched_get_priority_max()函数获取实时进程优先级的最小/最大值。

1．sched_get_priority_min()/sched_get_priority_max()函数

头文件：

```
#include <sched.h>
```

函数原型：

```
int sched_get_priority_min(int policy);
int sched_get_priority_max(int policy);
```

功能：

获取实时进程优先级的最小/最大值。

参数：

略。

返回值：

成功则返回优先级，失败返回-1。

上述两个函数用于获取调度策略 policy 的最小/最大值。对于实时调度策略，最小/最大值为 1/99，其余调度策略均为 0。

2．实时调度算法

（1）基于时间片轮询的实时调度算法

该算法是一种以优先级为基础的算法。对于相同优先级的进程，则以时间片为单位按循环方式轮流占用 CPU。

（2）基于先进先出的实时调度算法

该算法也是一种以优先级为基础的算法。对于相同优先级的进程，则按创建时间的先后依次排列，先创建的进程优先获得 CPU。

3．sched_yield()函数

有时出于某些原因，需主动放弃 CPU，以便使其他进程尽快投入运行。为此，内核提供了 sched_yield()函数接口。

< 178 >

头文件：

```
#include <sched.h>
```

函数原型：

```
int sched_yield(void);
```

功能：

放弃 CPU 的控制权。

参数：

无参数。

返回值：

成功则返回 0，失败返回-1。

sched_yield()函数使调用者进程主动放弃 CPU 的控制权，将调用者进程移动至队列末尾，重新调度一个新的进程。若调用者进程是唯一的最高优先级进程，则将重新获得 CPU。

8.4.5　进程的 CPU 亲和力

对于多处理器系统，每台处理器均有各自独立的调度队列。由于不同队列的负载存在差异，为了维持系统负载的均衡，进程可能会在处理器间迁移。有时为了使时间敏感进程尽快得到处理，可将其限制至特定处理器，以提高高速缓存的命中率。对于混合进程类型的多处理器系统，可将实时进程绑定至特定 CPU，以免干扰其他进程的正常运行。

Linux 内核提供了 sched_getaffinity()/sched_setaffinity()接口函数，分别用于获取/设置进程与 CPU 的绑定关系。

1. sched_getaffinity()/sched_setaffinity()函数

头文件：

```
#include <sched.h>
```

函数原型：

```
int sched_getaffinity(pid_t pid, size_t cpusetsize,cpu_set_t *mask)
int sched_setaffinity(pid_t pid, size_t cpusetsize,const cpu_set_t *mask);
```

功能：

获取/设置进程与 CPU 的绑定关系。

参数：

cpusetsize 指定掩码字节数；mask 指向绑定的 CPU 集合。

返回值：

成功则返回 0，失败返回-1。

sched_getaffinity()函数用于将进程 pid 绑定的 CPU 置于 mask 指向的集合，sched_setaffinity()函数用于将进程 pid 限制在 mask 指向的 CPU 集合中。若 pid 为 0，表示调用者进程；mask 是一个位掩码，为 cpu_set_t 类型的指针，指向绑定的 CPU 集合，第 n 位对应第 n 个 CPU；cpusetsize 表示 mask 占用的字节数。为了便于操作，系统为 cpu_set_t 的操作提供了一系列宏定义，如下所示：

```
#include <sched.h>
void CPU_ZERO(cpu_set_t *set);                    // 初始化 set 为空
void CPU_SET(int cpu, cpu_set_t *set);            // 添加 CPU 至 set
```

< 179 >

```
void CPU_CLR(int cpu, cpu_set_t *set);          // 从 set 中删除 CPU
int CPU_ISSET(int cpu, cpu_set_t *set);         // 判断 CPU 是否位于 set 中
```

对于拥有 4 台处理器的系统，下面的代码将进程限制在除第 0 台之外的 3 台处理器上：

```
CPU_ZERO(&set);
CPU_SET(1, &set);
CPU_SET(2, &set);
CPU_SET(3, &set);
```

2. 实例分析

在多处理器环境下将父子进程绑定至不同的处理器，代码如程序 8-12 所示。

程序 8-12　在多处理器环境下将父子进程绑定至不同的处理器

```c
//exam8-12.c
#define _GNU_SOURCE
#include <sched.h>
#include <stdio.h>
#include <stdlib.h>
#include <unistd.h>
#include <sys/wait.h>
int main(int argc, char *argv[])
{
    if (argc != 4) {
        fprintf(stderr, "Usage:%s parent-cpu child-cpu num-loops\n", argv[0]);
        exit(1);
    }
    int parentCPU = atoi(argv[1]);
    int childCPU = atoi(argv[2]);
    int nloops = atoi(argv[3]);
    cpu_set_t set;
    CPU_ZERO(&set);
    switch (fork()) {
        int j;
        case -1:
            exit(1);
        case 0:
            printf("child process start running\n");
            CPU_SET(childCPU, &set);
            sched_setaffinity(getpid(), sizeof(set), &set);
            for (j = 0; j < nloops; j++)
                getppid();
            exit(0);
        default:
            printf("parent process start running\n");
            CPU_SET(parentCPU, &set);
            sched_setaffinity(getpid(), sizeof(set), &set);
            for (j = 0; j < nloops; j++)
                getppid();
            wait(NULL);
            printf("both finished\n");
            exit(0);
    }
}
```

程序的运行结果如下所示：

```
$ gcc -Wall exam8-12.c -o exam8-12          // exam8-12.c 经编译与链接生成 exam8-12
$ exam8-12 0 1 200                          // 使父子进程分别在 cpu0 和 cpu1 上循环执行
```

< 180 >

```
parent process start running
child process start running
both finished
```

8.5 守护进程

8.5.1 守护进程概述

守护进程是一种持续运行于后台的特殊进程。根据进程所处空间的不同，可将其分为内核守护进程和用户守护进程。内核守护进程运行于内核空间，属于内核的一部分，通常称为内核线程。例如，pdflush 内核线程等，pdflush 会定期将页缓存中的脏页写入磁盘。用户守护进程运行于用户空间，通常简称为守护进程，如 syslogd、sshd 和 httpd 等。这里仅讨论用户守护进程。

守护进程的生命周期通常自系统启动开始，至系统关机结束，期间一直处于运行状态。守护进程时常扮演服务者的角色，对稳定性有较高的要求。与普通进程相比，守护进程有一些显著特征，例如，运行期间会产生日志、仅支持一个运行实例、不受控制终端的影响等。因此，守护进程的设计需遵循一定的规则。

守护进程的启动有两种途径：第一种是系统启动时由初始化进程加载，此时登录 Shell 尚未启动，守护进程受到的干扰较少；第二种是从 Shell 终端上启动，此时，守护进程会受 Shell 环境的影响。

登录 Shell 在启动时会建立一套自身的运行环境，例如，创建新的会话，为新建会话关联控制终端，作为标准输入/输出设备，设置根目录、工作目录和权限掩码等，它们会被 Shell 创建的进程继承。因此，对于 Shell 上启动的守护进程需进行一系列初始化操作，为守护进程构建安全的运行环境。

8.5.2 创建守护进程

为使在 Shell 上运行的进程转变为守护进程，守护进程在设计时需遵循一定的规则，进行一系列的初始化操作。

（1）切断与控制终端的联系。创建一个子进程，父进程终止，在子进程中调用 setsid()函数建立一个新的会话。新建会话没有关联的控制终端，此时，子进程成为领头进程，进程 ID 成为会话 ID 和进程组 ID。

（2）关闭所有打开的文件。进程通常会继承 Shell 打开的文件，为了消除对进程造成的影响，应将它们关闭。通常将/dev/null 文件作为标准输入、标准输出和标准错误输出。

（3）设置根目录、工作目录和权限掩码。出于安全考虑，应为守护进程重新设置根目录、工作目录和权限掩码。

8.5.3 完善守护进程

1．守护进程的完善

（1）处理 SIGTERM 信号

在系统关机时，所有守护进程都会收到初始化进程发送的 SIGTERM 信号，通知守护进程在结束前做好善后处理工作；初始化进程稍后会向所有子进程发送 SIGKILL 信号，达到结束整个系统的目的。为此，守护进程需定义 SIGTERM 信号的处理函数，以便在系统结束前快速完成善后工作。

（2）处理 SIGHUP 信号

守护进程应在不重启的前提下，可通过 SIGHUP 信号重新读取配置文件。例如，随着日志信息的

< 181 >

增加，需定期清理日志文件。清理前应重新配置日志文件，使其旋转至新的日志文件；继而向守护进程发送 SIGHUP 信号，守护进程执行对应的信号处理程序，使后续产生的日志转向新的日志文件。期间，不影响对原日志文件的清理。

（3）控制守护进程的运行实例

通常，守护进程仅支持一个运行实例，这可通过文件的互斥锁实现。守护进程会创建一个名为 xxx.pid 的文件，其中 xxx 为守护进程的名称，内容为守护进程的进程 ID。只有获得该文件互斥锁的进程才能运行，从而保证了同一时刻仅存在一个运行实例。

2. 实例分析

运用守护进程的设计框架演示守护进程的构建方法，代码如程序 8-13 所示。

程序 8-13　演示守护进程的构建方法

```c
//exam8-13.c
#include <sys/stat.h>
#include <sys/file.h>
#include <stdio.h>
#include <string.h>
#include <errno.h>
#include <stdlib.h>
#include <unistd.h>
#include <err.h>
#include <signal.h>
#include <time.h>
#define TS_BUF_SIZE sizeof("YYYY-MM-DD HH:MM:SS")
const char *CONFIG = "/test/test.conf";
const char *LOGFILE = "/test/test.log";
const char *MUTEXFIKE = "/test/test.pid";
#define BD_MAX_CLOSE  8192
void writelog(char *msg)
{
    FILE *fp = fopen(LOGFILE, "a");
    if (fp == NULL)
        err(1, "%s", LOGFILE);
    time_t t = time(NULL);
    struct tm *loc = localtime(&t);
    char timestamp[100];
    strftime(timestamp, TS_BUF_SIZE, "%F %X", loc);
    fprintf(fp, "%s: ", timestamp);
    fprintf(fp, "%s: ", msg);
    fprintf(fp, "\n");
    fclose(fp);
}
void bootmutex(const char *fname)
{
    int fd = open(fname, O_RDWR);
    if (flock(fd, LOCK_EX|LOCK_NB) == -1){
        writelog("can not run twice");
        _exit(0);
    }
}
void sighandler(int sig)
{
    int errsave;
    errsave = errno;
    switch (sig){
        FILE *fp;
        case SIGHUP:
```

< 182 >

```
                fp = fopen(CONFIG, "r");
                if (fp == NULL)
                    err(1, "%s", CONFIG);
                fclose(fp);
                writelog("reconfig");
                break;
        case SIGTERM:
                writelog("shutdown");
                break;
    }
    errno = errsave;
}
int becomedaemon()
{
    switch (fork()) {
    case 0:
        break;
    default:
        _exit(0);
    }
    if (setsid() < 0)
        return -1;
    umask(0);
    chdir("/");
    int maxfd = sysconf(_SC_OPEN_MAX);
    if (maxfd == -1)
        maxfd = BD_MAX_CLOSE;
    for (int fd = 0; fd < maxfd; fd++)
        close(fd);
    int fd = open("/dev/null", O_RDWR);
    if (fd != 0)
        return -1;
    if (dup2(0, 1) != 1)
        return -1;
    if (dup2(0, 2) != 2)
        return -1;
    return 0;
}
int main(int argc, char *argv[])
{
    struct sigaction sa;
    sigemptyset(&sa.sa_mask);
    sa.sa_flags = SA_RESTART;
    sa.sa_handler = sighandler;
    sigaction(SIGHUP, &sa, NULL);
    sa.sa_handler = sighandler;
    sigaction(SIGTERM, &sa, NULL);
    if (becomedaemon() == -1)
        _exit(1);
    bootmutex(MUTEXFIKE);
    for (;;) {
        sleep(5);
    }
    _exit(0);
}
```

程序的运行结果如下所示:

```
$ gcc -Wall exam8-13.c -o exam8-13      // exam8-13.c 经编译与链接生成 exam8-13
$ exam8-13                              // 第一次启动
$ exam8-13                              // 第二次启动
```

< 183 >

```
$ ps -efj | grep exam8-13
root 762 1 762 762 0 04:52? 00:00:00 exam8-13
$ kill -s SIGHUP 762                          // 向exam8-13 发送 SIGHUP 信号, 告知配置文件已修改
$ kill -s SIGTERM 762                         // 向exam8-13 发送 SIGTERM 信号, 结束进程
$ cat /test/test.log                          // 查看自启动以来的日志
2023-08-14 04:52:17: cannot run twice:
2023-08-14 04:55:59: reconfig:
2023-08-14 04:56:13: shutdown:
```

上述实例首先将进程转变为守护进程；子进程继承父进程定义的 SIGHUP 和 SIGTERM 信号，分别用于重置配置信息和退出前的善后处理。父进程在创建子进程后立即退出；子进程经过一系列设置成为守护进程，并利用文件锁确保实例的唯一性。

8.5.4　日志守护进程

守护进程运行期间会不间断地产生日志信息，虽可存放至自身创建的日志文件中，但随着守护进程数量的增加及日志文件格式的不统一，无疑给维护人员带来了很大的困扰。为此，Linux 系统引入了 syslogd 日志守护进程，专门对守护进程产生的日志进行统一管理。

syslogd 支持两种形式的接口，第一种是通过本地套接字/dev/log 接收来自本地的日志信息，第二种是通过 UDP 的 514 端口接收来自远程主机的日志消息。下面给出 syslogd 提供的接口函数。

1．openlog()/closelog()函数

头文件：

```
#include <syslog.h>
```

函数原型：

```
void openlog(const char *ident, int options, int facility);
void closelog(void);
```

功能：
打开/关闭与日志系统的连接。
参数：
ident 指向字符串；options 指定日志的处理方式；facility 指向消息的来源。
返回值：
无返回。

openlog()为可选函数，为后续 syslog()函数建立默认设置；ident 为字符串，通常指向程序名；options 是一个位掩码，用于设置日志信息的处理方式，其含义如表 8-7 所示。

表 8-7　openlog()函数中参数 options 的含义

参数 options	含义
LOG_CONS	当写日志发生错误时, 向终端报告错误
LOG_NDELAY	立刻连接至日志系统
LOG_NOWAIT	在 Linux 系统中不起作用
LOG_PERROR	将日志写入日志系统和终端
LOG_PID	在每条消息后加上调用者进程的 ID

facility 指定了后续 syslog()函数中 facility 的默认值，表示消息的来源，其含义如表 8-8 所示。

< 184 >

表 8-8　openlog()函数中 facility 的含义

参数 facility	含义
LOG_AUTH	安全验证信息
LOG_AUTHPRIV	私有安全验证信息
LOG_CRON	来自 clon 和 at 守护进程的信息
LOG_DAEMON	来自其他守护进程的信息
LOG_FTP	来自 FTP 服务器的信息
LOG_KERN	内核消息
LOG_LOCAL0	留作本地之用
LOG_LPR	来自打印机系统的消息
LOG_MAIL	来自邮件系统的消息
LOG_NEWS	与网络新闻有关的消息
LOG_USER	产生用户层信息（默认）
LOG_SYSLOG	来自 syslogd 的消息
LOG_UUCP	来自 UUCP 的消息

2．syslog()函数

头文件：

```
#include <syslog.h>
```

函数原型：

```
void syslog(int priority, const char *message, ... );
```

功能：

记录日志至日志系统。

参数：

priority 指定日志的优先级；message 指向格式化字符串。

返回值：

无返回。

syslog()函数按 priority 指定的要求，将字符串 message 写入日志系统；priority 为 facility 和 level 的与，level 表示信息的重要程度，其含义如表 8-9 所示。

表 8-9　syslog()函数中 level 的含义

参数 level	含义
LOG_EMERG	紧急情况
LOG_ALERT	需立刻处理
LOG_CRIT	关键情况
LOG_ERR	常规错误
LOG_WARNING	警告
LOG_NOTICE	可能需特殊处理的普通情况
LOG_INFO	情报
LOG_DEBUG	调试信息

3．实例分析

演示日志系统的使用方法，代码如程序 8-14 所示。

程序 8-14　演示日志系统的使用

```
//exam8-14.c
#include <syslog.h>
#include <stdio.h>
#include <stdlib.h>
```

< 185 >

```
#include <unistd.h>
 void usage(const char *prgname)
{
    fprintf(stderr, "Usage: %s [-p] [-e] [-l level] \"message\"\n", prgname);
    fprintf(stderr, " -p  log PID\n");
    fprintf(stderr, "-e   log to stderr also\n");
    fprintf(stderr, "-l   level (g = EMERG; a= aLERT; c = cRIT; e = ERR\n");
    fprintf(stderr, "w = WARNING; n = NOTICE; i = INFO; d = DEBUG)\n");
    exit(1);
}
int main(int argc, char *argv[])
{
int level, options, opt;
    options = 0;
    level = LOG_INFO;
    while ((opt = getopt(argc, argv, "l:pe")) != -1) {
        switch (opt) {
            case 'l':
                switch (optarg[0]) {
                    case 'a': level = LOG_ALERT;      break;
                    case 'c': level = LOG_CRIT;
                        break;
                    case 'e': level = LOG_ERR;        break;
                    case 'w': level = LOG_WARNING;    break;
                    case 'n': level = LOG_NOTICE;     break;
                    case 'i': level = LOG_INFO;       break;
                    case 'd': level = LOG_DEBUG;      break;
                    default:  break;
                }
                break;
            case 'p':
                options |= LOG_PID;
                break;
            case 'e':
                options |= LOG_PERROR;
                break;
            default:
                usage(argv[0]);
        }
    }
    if (argc != optind + 1)
        usage(argv[0]);
    openlog(argv[0], options, LOG_USER);
    syslog(LOG_USER | level, "%s", argv[optind]);
    closelog();
    exit(0);
}
```

程序的运行结果如下所示：

```
$ gcc -Wall exam8-14.c -o exam8-14              // exam8-14.c 经编译与链接生成 exam8-14
$ exam8-14 -p hello
$ exam8-14 -e Linux
exam8-14: Linux
$ journalctl | grep exam8-14
Dec 27 21:01:11 zhengqy exam8-14[712]: hello
Dec 27 21:01:31 zhengqy exam8-14: Linux
```

上述实例演示了不同的 options 参数对守护进程 syslogd 产生的影响。

< 186 >

第9章 Linux 进程通信

9.1 进程通信概述

在实际应用中，有时，进程需彼此协同、交换和共享数据。进程的用户空间各自独立，无法直接沟通，但它们共享内核空间和文件系统，可借助内核和文件来实现进程间的通信。

1. Linux 支持的通信方式

随着 Linux 的不断演化和发展，其支持的进程通信方法也日趋丰富和完善，目前，支持信号、管道、内存映射、IPC（Inter-Process Communication，进程间通信）、文件锁和网络套接字。信号是一种事件通知机制，虽然可用于向进程发送信号，但其通信能力较弱；网络套接字主要用于不同计算机间的数据传输，但也支持同一计算机上进程间的通信，该内容将在第 12 章的 UNIX 域中讨论；本章主要介绍管道、内存映射、IPC 和文件锁。

2. 进程通信相关的接口函数

本章详细讨论了各种进程通信方式的工作原理，对相关接口函数的语法与功能进行了详细介绍，并通过实例演示了各类接口函数的编程方法，其中涉及的主要接口函数如表 9-1 所示。

表 9-1　与进程通信相关的接口函数

分类		接口函数	功能描述
管道		pipe()	创建无名管道
		popen()/pclose()	建立/关闭 shell 命令与管道间的通信
		mkfifo()	创建命名管道
内存映像		mmap()/munmap()	建立/解除内存映射
System V IPC	信号量	semget()	创建/打开 System V 信号量集
		semop()	申请/释放 System V 信号量
		semctl()	操作 System V 信号量
	消息队列	msgget()	创建/打开 System V 消息队列
		msgrcv()	从 System V 消息队列接收消息
		msgsnd()	向 System V 消息队列发送消息
		msgctl()	操作 System V 消息队列
	共享内存	shmget()	创建/打开 System V 共享内存
		shmat()/shmdt()	建立/解除 System V 共享内存与进程间的内存映射
		shmctl()	操作 System V 共享内存

续表

分类		接口函数	功能描述
POSIX IPC	信号量	sem_open()/sem_close()/sem_unlink()	创建/打开/关闭/删除 POSIX 命名信号量
		sem_wait()/sem_post()	申请/释放 POSIX 信号量
		sem_init()/sem_destroy()	初始化/注销 POSIX 无名信号量
	消息队列	mq_open()/mq_close()/mq_unlink()	创建/打开/关闭/删除 POSIX 消息队列
		mq_getattr()/mq_setattr()	获取/设置 POSIX 消息队列的属性
		mq_receive()/mq_send()	接收/发送 POSIX 消息
	共享内存	shm_open()/shm_unlink()	创建/打开/删除 POSIX 共享内存
文件锁		flock()	设置文件锁

9.2 管道

管道是一种进程间的单向数据传输机制，采用先进先出的字节流方式。管道有两个端点：一端用于写入数据；另一端用于从管道中读取数据，读取的数据会从管道中移走。根据接口形式的不同，管道可分为无名管道和命名管道。

9.2.1 无名管道

1．pipe()函数

无名管道因无对应的管道文件而得名。它无须借助外部文件，通常为关联的进程间建立通道。用户可通过 pipe()函数创建无名管道。

（1）pipe()函数概述

头文件：

```
#include <unistd.h>
```

函数原型：

```
int pipe(int fd[2]);
```

功能：

创建无名管道。

参数：

fd 指向文件描述符。

返回值：

成功则返回 0，否则返回-1。

pipe()函数用于创建一个无名管道。pipefd[2]用于存放两个端点对应的文件描述符，pipefd[0]为读端，pipefd[1]为写端。

Linux 系统将管道视作文件，当打开管道时，先在内存建立两个 i 节点，代表管道的两个端点，分别定义读操作和写操作。它们共享内存页，以先进先出方式操作数据。当从写端输入数据时，数据保存至内存页；当从读端读取数据时，从内存页取出数据，如图 9-1 所示。

当试图读取空管道或向已满管道写入数据时，进程通常被挂起，直至其他进程向管道写入或读出数据。若指向写端的文件描述符全部被关闭，对管道的读操作返回 0，表示文件已关闭。若指向读端的文件描述符全部被关闭，试图写入管道的操作会产生 SIGPIPE 信号；若调用者进程忽略该信号，write 操作将返回 EPIPE 错误码。

< 188 >

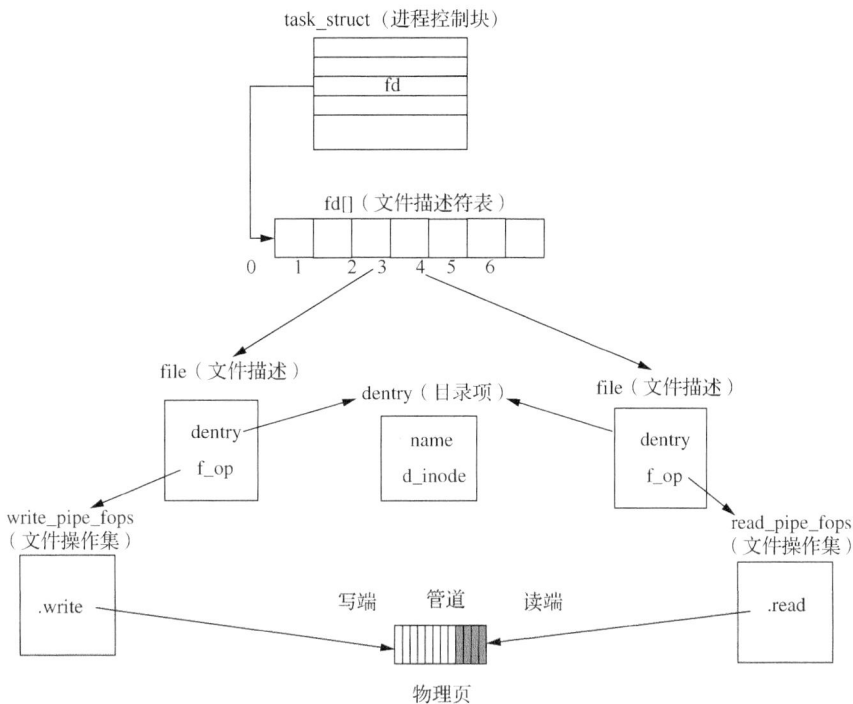

图 9-1　Linux 系统中管道的实现机制

（2）pipe()函数的应用

子进程通过继承父进程创建管道两端的文件描述符，实现父子间或兄弟间的管道通信。在 Shell 命令中，通常使用无名管道在两个命令间建立通道，将一个命令的输出作为另一个命令的输入，如 cat file | grep "pipe" | more，实现过程如图 9-2 所示。

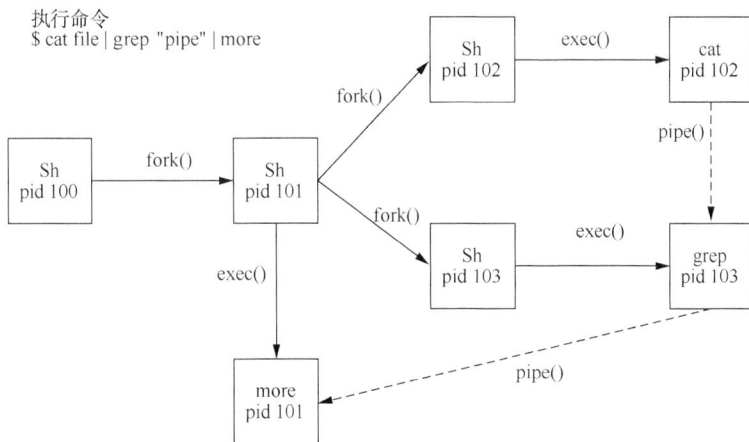

图 9-2　Shell 管道命令的实现过程

假设当前 Shell 的进程 pid 为 100，首先，100 号进程创建 pid 为 101 的子 Shell 进程；接着，101 号进程创建两个子进程，进程 pid 分别为 102 和 103；在 101、102 和 103 号进程中分别加载 more、cat 和 grep 命令，且在进程 102 与 103 及 103 与 101 之间建立无名管道，通过管道实现信息的输入和输出。

（3）实例分析

使用无名管道实现父子进程间的单向数据传输，代码如程序 9-1 所示。

< 189 >

程序 9-1　基于无名管道的父子进程间单向数据传输

```
//exam9-1.c
#include <sys/wait.h>
#include <stdio.h>
#include <stdlib.h>
#include <unistd.h>
#include <string.h>
char buffer[BUFSIZ];
int main(int argc, char *argv[])
{
    if (argc != 2) {
        fprintf(stderr, "Usage: %s <string>\n", argv[0]);
        exit(1);
    }
    int pipefd[2];
    pipe(pipefd);
    pid_t pid = fork();
    if (pid == 0) {
        close(pipefd[1]);
        while (read(pipefd[0], &buffer, 1) > 0)
            write(1, &buffer, 1);
        write(1, "\n", 1);
        close(pipefd[0]);
        _exit(0);
    } else {
        close(pipefd[0]);
        write(pipefd[1], argv[1], strlen(argv[1]));
        close(pipefd[1]);
        wait(NULL);
        exit(0);
    }
}
```

程序的运行结果如下所示：

```
$ gcc -Wall exam9-1.c -o exam9-1        // exam9-1.c 经编译与链接生成 exam9-1
$ exam9-1 "hello Linux"                 // 执行 exam9-1
Hello Linux
```

2. 管道与 Shell 命令通信

popen()库函数可为执行的 Shell 命令建立一条通信管道，从管道中获取命令的标准输入，也可将命令的标准输出写入管道中。

（1）popen()/pclose()函数

头文件：

```
#include <stdio.h>
```

函数原型：

```
FILE *popen(const char *command, const char *type);
int pclose(FILE *stream);
```

功能：

建立/关闭 shell 命令与管道间的通信。

参数：

command 指向 Shell 命令；type 指定操作类型；stream 指向打开的管道文件。

返回值：

< 190 >

popen()函数成功，返回管道的一端，失败返回 NULL；pclose()函数成功，返回 Shell 命令的返回状态，失败返回-1。

popen()函数用于创建一个管道，然后在创建的子进程中执行/bin/sh 命令；而后/bin/sh 又创建子进程，用于执行 command 指定的 Shell 命令。命令执行时，可从管道获得标准输入，也可将命令的标准输出写入管道中，每次仅支持一个方向，方向取决于 type。参数 type 的含义如表 9-2 所示。

表 9-2   popen()函数中参数 type 的含义

参数 type	含义
r	从管道读取命令的输出
w	向管道写入作为命令的输入

pclose()函数用于关闭管道关联的标准 I/O 流，使位于缓存中的数据及时抵达命令，等待命令执行完毕，获得返回状态。

（2）实例分析

利用 popen()函数通过管道读取命令的执行结果，代码如程序 9-2 所示。

程序 9-2   利用 popen()函数从管道中读取命令的执行结果

```
// exam9-2.c
#include <stdio.h>
#include <stdlib.h>
char buffer[BUFSIZ];
int main(int argc, char *argv[])
{
    if (argc != 2) {
        fprintf(stderr, "Usage: %s cmdline\n", argv[0]);
        exit(1);
    }
    FILE *fp = popen(argv[1],"r");
    int line = 1;
    while (fgets(buffer, BUFSIZ, fp) != NULL){
        printf("%d: %s", line ++, buffer);
    }
    pclose(fp);
    return 0;
}
```

程序的运行结果如下所示：

```
$ gcc -Wall exam9-2.c -o exam9-2        // exam9-2.c 经编译与链接生成 exam9-2
$ exam9-2 "/bin/ls -l"                  // 显示命令的执行结果
```

9.2.2 命名管道

命名管道是建立在文件系统中的特殊文件，与无名管道一样具有先进先出的特点。当多个进程通过命名管道进行数据交换时，数据存储在内存而不是文件系统中。命名管道仅利用了文件系统的 I/O 接口。

mkfifo()函数可用于创建命名管道。

头文件：

```
#include <sys/types.h>
#include <sys/stat.h>
```

< 191 >

函数原型:

```
int mkfifo(const char *pathname, mode_t mode);
```

功能:

创建命名管道。

参数:

pathname 指向文件路径; mode 指定存取权限。

返回值:

成功返回 0, 失败返回-1。

mkfifo()函数用于在文件系统中创建命名管道文件 pathname; mode 用于指定管道文件的存取权限, 其含义可参见 open()函数。

9.3 内存映射

9.3.1 内存映射概述

进程的用户空间彼此独立, 映射至用户空间的页面通常来自不同的物理页, 但可通过某种方法将同一物理页同时映射至不同进程的用户空间, 使它们拥有共享的物理内存, 从而实现进程间的数据共享和交换。这可通过文件映射和匿名映射来实现。

文件映射是指将文件的某个区域映射至进程用户空间的某个区间。若将同一文件的某区域同时映射至不同进程的用户空间, 进程间可共享文件的数据。当文件属于内存文件系统时, 使用文件映射可实现进程间的共享内存, System V 和 POSIX 共享内存正是基于该原理构建的。此外, 对于帧缓冲设备（framebuffer）等设备文件, 使用该方法可将文件的 I/O 操作转换为内存的读/写操作, 简化了操作流程。

匿名映射是指将空闲的匿名物理页映射至进程的用户空间。若进程将映射区设置为匿名共享模式, 映射区域可被子进程继承成为共享内存。

为了使用内存映射, Linux 内核提供了 mmap()/munmap()接口函数, 可为文件建立/解除内存映射。

9.3.2 内存映射的接口函数

1. mmap()/munmap()函数

头文件:

```
#include <sys/mman.h>
```

函数原型:

```
void *mmap(void *addr,size_t length,int prot,int flags,int fd,off_t offset);
int munmap(void *addr, size_t length);
```

功能:

建立/解除内存映射。

参数:

addr 指向映射区起始地址; length 指定映射区大小; prot 指定存取权限; flags 指定映射方式; offset 表示文件偏移量。

返回值:

< 192 >

mmap()函数成功返回映射区起始地址，失败返回 MAP_FAILED；munmap()函数成功返回 0，失败返回-1。

mmap()函数用于在调用者进程的用户空间中创建一个映射区；addr 指向映射区的起始地址；length 指定映射区的大小。若 addr 为空，内核会在调用者进程的用户空间中寻找一块合适的区域。通常将 addr 设置为空，以避免地址冲突。fd 指向文件描述符；offset 指向文件映射的偏移量。prot 是一个位掩码，用于控制映射区的访问权限，不能与映射文件的权限冲突，其含义如表 9-3 所示。

表 9-3　mmap()函数中参数 prot 的含义

参数 prot	含义
PROT_NONE	无权限
PROT_READ	可读
PROT_WRITE	可写
PROT_EXEC	可执行

flags 也是一个位掩码，定义映射的具体细节，例如，映射区的更新是否对其他进程可见等，其含义如表 9-4 所示。

表 9-4　mmap()函数中参数 flags 的含义

参数 flags	含义
MAP_ANONYMOUS	匿名映射，fd 取值-1，offset 取值 0
MAP_PRIVATE	创建写时复制的映射区，映射区的更新对其他进程不可见
MAP_SHARED	映射区的更新对其他进程可见，同时反映到底层文件
MAP_FIXED	强制映射到指定内存的开始位置

munmap()函数用于解除位于调用者进程用户空间中的映射，其中 addr 指向映射区的起始地址，length 指定映射区的大小。

2．实例分析

使用匿名映射实现父子进程间的通信，代码如程序 9-3 所示。

程序 9-3　基于匿名映射的父子进程通信

```
//exam9-3.c
#include <sys/mman.h>
#include <err.h>
#include <fcntl.h>
#include <stdio.h>
#include <stdlib.h>
#include <string.h>
#include <unistd.h>
int main(int argc, char *argv[])
{
    if (argc != 3) {
        fprintf(stderr, "Usage: %s strung1 string2\n", argv[0]);
        exit(1);
    }
    int fd = open("/dev/zero", O_RDWR, 0);
    char *anon, *zero;
anon = (char*)mmap(NULL, 4096, PROT_READ|PROT_WRITE, MAP_ANON|MAP_SHARED,-1, 0);
zero = (char*)mmap(NULL, 4096, PROT_READ|PROT_WRITE, MAP_FILE|MAP_SHARED, fd, 0);
    strcpy(anon, argv[1]);
```

< 193 >

```
        strcpy(zero, argv[1]);
        printf("anonymous:%s \t zero-backed:%s\n", anon, zero);
        switch ((fork())) {
            case 0:
                strcpy(anon, argv[2]);
                strcpy(zero, argv[2]);
                munmap(anon, 4096);
                munmap(zero, 4096);
                close(fd);
                return 0;
        }
        sleep(3);
        printf("anonymous:%s \t zero-backed:%s\n", anon, zero);
        munmap(anon, 4096);
        munmap(zero, 4096);
        close(fd);
        return 0;
}
```

程序运行结果如下所示：

```
$ gcc -Wall exam9-3.c -o exam9-3          // exam9-3.c 经编译与链接生成 exam9-3
$ exam9-3 hello Linux                     // 执行 exam9-3
anonymous:hello zero-backed:hello
anonymous:Linux zero-backed:Linux
```

上述实例介绍了两种共享内存的实现方法：第一种通过在用户空间建立共享的匿名区域，该区域通过继承对子进程可见；第二种通过文件的内存映射，/dev/zero 是一种特殊的内存文件，以共享方式将它映射至用户空间，该方法可用于任意两个进程间的内存共享，不限于父子进程之间。

9.4 System V IPC

9.4.1 System V IPC 概述

System V IPC 源自 System V 系统，是一种传统的进程通信接口规范，在各类传统 UNIX 系统中得到了广泛使用。它由信号量、消息队列和共享内存 3 部分构成，可满足不同的应用场景，实现进程间的同步、数据传输和数据共享。自 Linux 诞生之初，Linux 内核就提供了对 System V IPC 的支持。

Linux 进程的用户空间彼此相互独立，一个进程不能直接访问另一个进程的用户空间。但 Linux 用户进程共享内核地址空间，不同的进程可通过内核空间进行数据交换。System V IPC 便是通过在内核中建立 IPC 对象实现进程间的同步通信。

1. IPC 对象标识

为了区分 IPC 对象，每个 IPC 对象对应一个标识，同一类型的 IPC 对象标识具有唯一性。IPC 对象标识定义为 key_t 类型的整数。为了便于维护，生成 IPC 对象标识时应该遵循一定的规则。通常，采用下列三种方法生成 IPC 对象标识。

① 创建 IPC 对象时，key 取值为常量 IPC_PRIVATE，对象标识由内核统一管理。

② 可用 ftok() 函数，将生成的对象标识关联至指定的文件。

③ 也可采取用户自定义方式生成，通常将标识定义在头文件中。使用标识的程序需包含相应的头文件，标识的唯一性由用户维护。

< 194 >

2．操作 IPC 对象

操作 IPC 对象的命令如下：

```
$ ipcs                    # 列出目前系统中存在的各种 IPC 对象
$ ipcrm [-s|-q|-m] id     # 删除指定的 IPC 对象
```

9.4.2 System V 信号量

信号量用一个整数表示。将它与某种资源关联后可反映资源的数量，将资源的生产与消耗转换为对信号量的加减操作。当信号量大于 0 时，表示有资源可供使用；当信号量等于 0 时，表示已无资源可用，申请者需等待，以协调资源的使用。

一个信号量集可包含多个信号量，System V 信号量通过创建信号量集，一次性完成对若干信号量的原子操作。相较于其他信号量，System V 信号量表现出了一定的复杂性，它提供了 semget()、semctl() 和 semop() 共计 3 个接口函数，分别用于创建、控制和操作信号量。

1．System V 信号量的操作步骤

System V 信号量的操作步骤如下。

① 使用 semget() 函数创建或打开一个信号量集。

② 使用 semctl() 函数对信号量进行初始化。

③ 使用 semop() 函数申请或释放信号量，实现对资源的同步控制。

④ 当所有进程不再使用信号量时，使用 semctl() 函数将其删除。

2．System V 信号量的接口函数

（1）semget() 函数

头文件：

```
#include <sys/types.h>
#include <sys/ipc.h>
#include <sys/sem.h>
```

函数原型：

```
int semget(key_t key, int nsems, int semflg);
```

功能：

创建/打开 System V 信号量集。

参数：

key 指向键值；nsems 指定信号量的数量；semflg 指定存取权限和操作方式。

返回值：

成功则返回信号量集的标识，失败返回-1。

semget() 函数用于创建或打开一个 System V 信号量集；key 用于指定 IPC 对象标识，若 key 的值为 IPC_PRIVATE 或指定的标识不存在，则创建一个 System V 信号量集。在 Linux 系统中，新建信号量集中的每个信号量被初始化为 0。nsems 表示指定集合中包含信号量的数量。semflg 是一个位掩码，用于指定信号量的访问权限和操作方式，访问权限可参见 open() 函数；操作方式若指定为 IPC_CREAT，表示新建一个 IPC 对象。

（2）semop() 函数

semget() 函数创建的信号量集中的每一个信号量都有各自独立的数据结构，用于记录其状态，其中主要包括以下成员变量，它们构成信号量操作的基础：

< 195 >

```
unsigned short  semval;       // 信号量的当前值
unsigned short  semzcnt;      // 等待信号量变为 0 的进程/线程的数量
unsigned short  semncnt;      // 等待释放信号量的进程/线程的数量
pid_t  sempid                 // 最近一次修改信号量的进程的 ID
```

信号量的申请与释放会修改 semval。当无信号量可用时，调用者进程便会进入 semncnt 和 semzcnt 关联的等待队列。

头文件：

```
#include <sys/types.h>
#include <sys/ipc.h>
#include <sys/sem.h>
```

函数原型：

```
int semop(int semid, struct sembuf *sops, unsigned nsops);
```

功能：

申请/释放 System V 信号量。

参数：

semid 指向信号量集标识；sops 指向操作缓存；nsops 指向数组大小。

返回值：

成功则返回 0，失败返回-1。

semop()函数按 sops 所指元素的次序，以原子方式操作 semid 指向的信号量，sops 为指向数组的指针，数组至少包含一个元素，内容为所需执行的操作，数组的类型为 sembuf，sembuf 类型记录操作的具体细节，其定义如下：

```
struct sembuf {
ushort sem_num;        // 在信号量集中的索引
short sem_op;          // 操作的数值
short sem_flg;         // 操作标志
};
```

在 sembuf 结构中，成员变量 sem_op 用于描述信号量的操作类型，其含义如表 9-5 所示。

表 9-5 sembuf 结构中成员变量 sem_op 的含义

成员变量sem_op	含义
sem_op > 0	指定信号量与 sem_op 相加，释放更多的信号量，唤醒正在等待该信号量的进程/线程
sem_op = 0	等待指定信号量变为 0
sem_op < 0	指定信号量与 sem_op 相加。若值大于或等于 0，表示获得信号量，否则等待

（3）semctl()函数

头文件：

```
#include <sys/types.h>
#include <sys/ipc.h>
#include <sys/sem.h>
```

函数原型：

```
int semctl(int semid, int semnum, int cmd, ...);
```

功能：

操作 System V 信号量。

< 196 >

参数：

semnum 指向在信号量集中的索引；cmd 指定操作类型。

返回值：

成功时的返回值由具体操作决定，失败返回-1。

semctl()函数用于对 semid 所指信号量集中索引为 semnum 的信号按 cmd 指定的方式进行控制操作。semnum 为信号集索引，指向其中的某个信号；cmd 指定具体的操作，其含义如表 9-6 所示。

表 9-6　semctl()函数中参数 cmd 的含义

参数 cmd	含义
GETVAL	获得信号量的值
SETVAL	设置信号量的值
GETPID	获得最后一次操作信号量的进程
GETNCNT	获得正在等待信号量的进程数
GETZCNT	获得等待信号量值变为 0 的进程数
IPC_RMID	删除信号量集，唤醒所有等待的进程/线程

semctl()函数有 3 个或 4 个参数。第 4 个参数取决于 cmd 的类型，属于联合类型，其定义如下：

```
union semun {
    int val;                    // 用于设置信号量的值
    struct semid_ds *buf;       // 缓存地址，用于 IPC_STAT 和 IPC_SET
    unsigned short *array;      // 数组地址，用于 GETALL 和 SETALL
    struct seminfo *__buf;      // 缓存地址，用于 IPC_INFO
};
```

3．实例分析

编写程序，演示 System V 信号量的使用方法，代码如程序 9-4 所示。

程序 9-4　演示 System V 信号量的使用方法

```
//exam9-4.c
#include <stdio.h>
#include <sys/sem.h>
#include <stdlib.h>
#include <unistd.h>
#include <err.h>
void usage(char *prgname)
{
    fprintf(stderr, "Usage:%s   -<c|s|r|l|d> semid index\n", prgname);
    fprintf(stderr, "-c: create semaphore\n");
    fprintf(stderr, "-s: send semaphore\n");
    fprintf(stderr, "-r: receive semaphore\n");
    fprintf(stderr, "-l: list semaphore\n");
    fprintf(stderr, "-d: delete semaphore\n");
    exit(1);
}
void sysv_sem(char cmd, key_t id,int index, int semflg)
{
    int cnt;
    struct sembuf sb;
    int semid = semget(id, index, semflg);
    if (semid == -1)
        err(1,"semget\n");
    switch (cmd) {
        case 'c':
            break;
```

< 197 >

```
        case 's':
            sb.sem_num = index;
            sb.sem_flg = 0;
            sb.sem_op = 1;
            semop(semid, &sb, 1);
            break;
        case 'r':
            sb.sem_num = index;
            sb.sem_flg = 0;
            sb.sem_op = -1;
            semop(semid, &sb, 1);
            break;
        case 'l':
            cnt = semctl(semid, index, GETVAL);
            printf("current semaphore  %d.\n", cnt);
            break;
        case 'd':
            semctl(semid, 0, IPC_RMID);
            break;
    }
}
int main(int argc, char *argv[])
{
    int opt, semflg = 0;
    char flag = 'c';
    while ((opt = getopt(argc, argv,"csrld")) != -1) {
        switch (opt) {
            case 'c':
                flag = 'c';
                semflg = IPC_CREAT | 0666;
                break;
            case 's':
                flag = 's';
                break;
            case 'r':
                flag = 'r';
                break;
            case 'l':
                flag = 'l';
                break;
            case 'd':
                flag = 'd';
                break;
            default:
                usage(argv[0]);
        }
    }
    if (optind + 2 != argc)
        usage(argv[0]);
    key_t id = atol(argv[optind]);
    int index = atol(argv[optind + 1]);
    sysv_sem(flag, id,index, semflg);
    return 0;
}
```

程序的运行结果如下所示：

```
$ gcc -Wall exam9-4.c -o exam9-4          // exam9-4.c 经编译与链接生成 exam9-4
$ exam9-4 -c 120 3                         // 创建包含 3 个信号量的信号量集，键值为 120
$ exam9-4 -s 120 2                         // 释放索引为 2 的信号量
$ exam9-4 -s 120 2                         // 再次释放索引为 2 的信号量
```

< 198 >

```
$ exam9-4 -s 120 1                              //释放索引为 1 的信号量
$ exam9-4 -l 120 2                              //查询索引为 2 的信号量
current semaphore 2.
$exam9-4 -l 120 1                               //查询索引为 1 的信号量
current semaphore 1
$exam9-4 -l 120 0                               //查询索引为 0 的信号量
current semaphore 0
$ exam9-4 -r 120 2                              // 申请获取索引为 2 的信号量
$exam9-4 -l 120 2                               // 查询索引为 2 的信号量
current semaphore 1
```

9.4.3　System V 消息队列

消息队列是存在于内核中的消息列表。一个进程可将消息发送至消息队列，另一个进程则可从消息队列中获取消息，其过程如图 9-3 所示。进程 1 将消息发送至内核的消息队列，进程 2 从内核的消息队列中获取消息，消息队列的操作方式为先进先出。

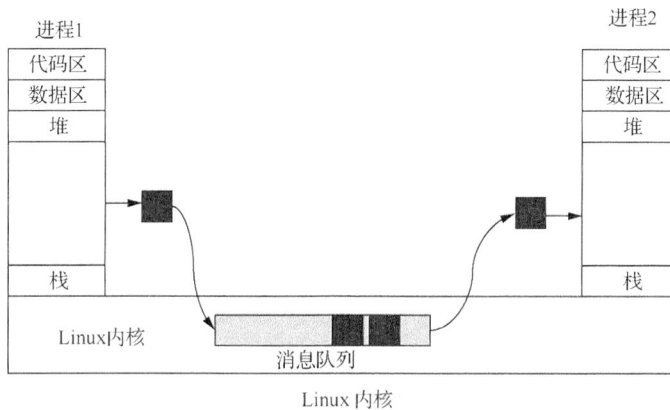

图 9-3　基于消息队列的进程通信

System V 消息队列提供了 msgget()、msgrcv()、msgsnd() 和 msgctl()4 个接口函数，分别用于创建消息队列、接收消息、发送消息和控制消息队列的属性。

1．System V 消息队列的操作步骤

① 使用 msgget() 函数创建或打开已有的 System V 消息队列。

② 使用 msgrcv()/msgsnd() 函数接收/发送消息。

③ 当所有进程不再需要使用消息队列时，使用 msgctl() 函数将消息队列删除。

2．System V 消息队列的接口函数

（1）msgget() 函数

头文件：

```
#include <sys/types.h>
#include <sys/ipc.h>
#include <sys/msg.h>
```

函数原型：

```
int msgget(key_t key, int msgflg);
```

< 199 >

功能：

创建/打开 System V 消息队列。

参数：

msgflg 指定存取权限和操作方式。

返回值：

成功则返回消息队列标识，失败返回-1。

msgget()函数用于创建/打开一个由 key 指向的 System V 消息队列。key 为 IPC 对象标识；若 key 的值为 IPC_PRIVATE 或 IPC 对象不存在，则创建一个新的消息队列。msgflg 是一个位掩码，用于指定消息队列的存取权限和操作方式；若定义了 IPC_CREAT 位，表示创建新的消息队列。

（2）msgrcv()/msgsnd()函数

头文件：

```
#include <sys/types.h>
#include <sys/ipc.h>
#include <sys/msg.h>
```

函数原型：

```
ssize_t msgrcv(int msqid,void *msgp,size_t msgsz,long msgtyp,int msgflg);
int msgsnd(int msqid,const void *msgp,size_t msgsz,int msgflg);
```

功能：

接收/发送 System V 消息。

参数：

msqid 指向消息队列的标识；msgp 指向消息；msgsz 指定消息大小（字节数）；msgtyp 指定接收消息类型；msgflg 指定操作方式。

返回值：

成功则返回 0，失败返回-1。

msgrcv()函数用于从 msqid 指向的 System V 消息队列接收消息，msgsnd()函数则向 msqid 指向的 System V 消息队列发送消息。通常，调用者进程/线程是挂起的，直至消息到达或有足够空间容纳发送的消息。msgflg 是一个位掩码，用于指定消息的操作方式；若 IPC_NOWAIT 位被设置，调用操作立刻返回。msgtyp 用于指定接收消息的类型，msgp 用于指向消息的地址，msgsz 用于指定消息的长度。消息有一定的结构，结构类型一般形式如下：

```
struct msgbuf {
    long mtype;          // 消息类型，必须大于 0
    char mtext[1];       // 消息，具体结构用户可自定义
};
```

（3）msgctl()函数

头文件：

```
#include <sys/types.h>
#include <sys/ipc.h>
#include <sys/msg.h>
```

函数原型：

```
int msgctl(int msqid, int cmd, struct msqid_ds *buf);
```

功能：

操作 System V 消息队列。

< 200 >

参数：

buf 指向操作的数据。

返回值：

成功则返回 0，失败返回-1。

msgctl()函数用于操作 msqid 指向的 System V 消息队列。cmd 为操作命令的类型，其含义如表 9-7 所示。

表 9-7　msgctl()函数中参数 cmd 的含义

参数 cmd	含义
IPC_RMID	删除消息队列
IPC_STAT	获取消息队列的状态
IPC_SET	改变消息队列的存取权限

buf 为 msqid_ds 类型的指针。msqid_ds 类型用于描述消息队列的状态，其定义如下：

```
struct msqid_ds {
    struct ipc_perm msg_perm;
    struct msg *msg_first;              // 指向消息队列的首
    struct msg *msg_last;               // 指向消息队列的尾
    __kernel_time_t msg_stime;          // 最后发送时间
    __kernel_time_t msg_rtime;          // 最后接收时间
    __kernel_time_t msg_ctime;          // 最后修改时间
    unsigned short msg_cbytes;          // 当前消息队列的字节数
    unsigned short msg_qnum;            // 消息队列中的消息数
    unsigned short msg_qbytes;          // 消息队列的最大字节数
    __kernel_ipc_pid_t msg_lspid;       // 最后发送消息的进程 ID
    __kernel_ipc_pid_t msg_lrpid;       // 最后接收消息的进程 ID
};
```

其中，ipc_perm 结构用于存放 IPC 对象的身份和权限分配信息，定义如下：

```
struct ipc_perm {
    key_t key;                          //  消息队列键值
    uid_t uid;                          // 用户 ID
    gid_t gid;                          // 用户组 ID
    uid_t cuid;                         // 创建用户 ID
    gid_t cgid;                         // 创建用户组 ID
    unsigned short mode;                // 权限分配
    unsigned short seq;                 // 序列号
}
```

3．实例分析

利用 System V 消息队列实现进程间的数据交换，代码如程序 9-5 所示。

程序 9-5　利用 System V 消息队列实现进程间的数据交换

```
//exam9-5.c
#include <stdio.h>
#include <sys/msg.h>
#include <stdlib.h>
#include <unistd.h>
#include <string.h>
#include <err.h>
#define MAX_LINE 80
struct mymsg{
```

< 201 >

```
    long  type;
    float fval;
    unsigned int uival;
    char strval[MAX_LINE];
} msg;
void usage(char *prgname)
{
    fprintf(stderr, "Usage:%s  -<c|s message|r|d> msgid\n", prgname);
    fprintf(stderr, "-c: create Message Queue\n");
    fprintf(stderr, "-s: send Message Queue\n");
    fprintf(stderr, "-r: receive Message Queue\n");
    fprintf(stderr, "-d: delete Message Queue\n");
    exit(1);
}
void sysv_msg(char cmd, key_t id, int msgflg)
{
    int msgid = msgget(id, msgflg);
    if (msgid == -1)
            err(1,"msgget\n");
    switch (cmd) {
        case 'c':
            printf("Created a Message Queue %d\n", msgid);
            break;
        case 's':
            msg.type = 1L;
            msg.fval = 128.256;
            msg.uival = 512;
            msgsnd(msgid,(struct msgbuf *)&msg, sizeof(msg), 0);
            printf("msg send success \n");
            break;
        case 'r':
            msgrcv(msgid,(struct msgbuf *)&msg, sizeof(msg), 1, 0);
            printf("type:        %ld\n", msg.type);
            printf("float Value: %f\n", msg.fval);
            printf("uint Value:  %d\n", msg.uival);
            printf("string Value: %s\n", msg.strval);
            break;
        case 'd':
            msgctl(msgid, IPC_RMID, NULL);
            printf("delete success \n");
            break;
    }
}
int main(int argc, char *argv[])
{
    int opt, msgflg = 0;
    char flag = 'c';
    while ((opt = getopt(argc, argv,"cs:rd")) != -1) {
        switch (opt) {
        case 'c':
            flag = 'c';
            msgflg = IPC_CREAT | 0666;
            break;
        case 's':
            flag = 's';
            strncpy(msg.strval, optarg, strlen(optarg));
            break;
        case 'r':
            flag = 'r';
            break;
```

< 202 >

```
        case 'd':
            flag = 'd';
            break;
        default:
            usage(argv[0]);
        }
    }
    if (optind + 1 != argc)
        usage(argv[0]);
    int id = atol(argv[optind]);
    sysv_msg(flag, id,msgflg);
    return 0;
}
```

程序的运行结果如下所示：

```
$ gcc -Wall exam9-5.c -o exam9-5        // exam9-5.c 经编译与链接生成 exam9-5
$ exam9-5 -c 110                        //创建消息队列键值为 110
Createda Message Queue 0
$ exam9-5 -s 'helloLinux' 110           // 向消息队列键值为 110 发送消息'helloLinux'
msg sendsuccess
$ exam9-5 -r 110                        // 从消息队列键值为 110 获取消息
type: 1
float Value: 128.255997
uint Value: 512
stringValue: helloLinux
$ exam9-5 -d 110                        // 删除消息队列键值为 110
delete success
```

9.4.4 System V 共享内存

将同一块物理内存同时映射至不同进程的用户地址空间，可实现进程间内存共享，该物理内存称为共享内存，构成共享内存的物理页未必连续，映射至不同进程用户空间的地址也未必相同。利用共享内存，可实现不同进程间的数据通信，其中一个进程对共享内存的修改对其他进程可见。共享内存的运行机制如图 9-4 所示。

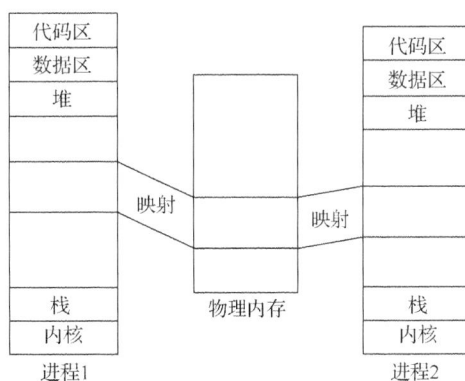

图 9-4　共享内存的运行机制

1. System V 共享内存的操作步骤

① 使用 shmget()函数创建或打开共享内存。

② 使用 shmat()函数将共享内存映射至调用者进程的用户空间。

③ 当不需要访问共享内存时，使用 shmdt()函数解除共享内存与用户空间的映射。

④ 当所有进程都解除与共享内存的映射时，使用 shmctl()函数将共享内存删除。

2. SYSTEM V 共享内存的接口函数

（1）shmget()函数

头文件：

```
#include <sys/ipc.h>
#include <sys/shm.h>
```

< 203 >

函数原型：

```
int shmget(key_t key, int size, int shmflg);
```

功能：

创建/打开 System V 共享内存。

参数：

key 指向共享内存键值；size 指定共享内存大小；shmflg 指定存取权限和操作方式。

返回值：

成功则返回共享内存标识，失败返回-1。

shmget()函数用于创建/打开一个由 key 指向的 System V 共享内存。key 为共享内存标识；若 key 的值为 IPC_PRIVATE 或标识不存在，则创建新的共享内存。size 为共享内存的大小，映射时以物理页为单位。shmflg 是一个位掩码，用于指定权限分配和操作方式，其最小9位定义存取权限。如果 shmflg 包含 IPC_CREAT，表示创建共享内存。

（2）shmat()/shmdt()函数

头文件：

```
#include <sys/types.h>
#include <sys/shm.h>
```

函数原型：

```
void *shmat(int shmid, const void *shmaddr, int shmflg);
int shmdt(const void *shmaddr);
```

功能：

建立/解除 System V 共享内存与进程间的内存映射。

参数：

shmid 指向共享内存标识；shmaddr 指向映射地址。

返回值：

成功则返回映射的地址，失败返回-1。

shmat()函数用于建立 shmid 指向的共享内存与调用者进程用户空间的映射，shmdt()函数则用于解除调用者进程用户空间 shmaddr 处的映射。shmaddr 指向调用者进程用户空间映射的开始地址；若 shmaddr 为 NULL，内核会在调用者进程的用户空间中选择一个合适的地址。shmflg 用于指定共享内存的访问权限和操作方式。

（3）shmctl()函数

头文件：

```
#include <sys/types.h>
#include <sys/shm.h>
```

函数原型：

```
int shmctl(int shmid, int cmd, struct shmid_ds *buf);
```

功能：

操作 System V 共享内存。

参数：

shmid:指向共享内存标识。

cmd 指向操作命令；buf 指向共享内存状态。

返回值：

< 204 >

成功则返回 0，失败返回-1。

shmctl()函数用于操作 shmid 指向的 System V 共享内存。cmd 为操作命令，其含义如表 9-8 所示。

表 9-8　shmctl()函数中参数 cmd 的含义

参数 cmd	含义
IPC_STAT	获取共享内存的状态
IPC_SET	设置共享内存的权限
IPC_RMID	删除共享内存
IPC_LOCK	锁定共享内存，使共享内存不被交换出去
IPC_UNLOCK	解锁共享内存

buf 为 shmid_ds 类型的指针。shmid_ds 类型用于描述共享内存的当前状态，其定义如下所示：

```
struct shmid_ds {
    struct ipc_perm shm_perm;          // 存取权限
    int shm_segsz;                     // 共享内存大小
    __kernel_time_t shm_atime;         // 最后映射时间
    __kernel_time_t shm_dtime;         // 最后解除映射时间
    __kernel_time_t shm_ctime;         // 最后修改时间
    __kernel_ipc_pid_t shm_cpid;       // 创建进程 ID
    __kernel_ipc_pid_t shm_lpid;       // 最近操作进程 ID
    unsigned short  shm_nattch;        // 建立映射的进程数
};
```

3. 实例分析

利用 System V 共享内存实现进程间的数据共享，代码如程序 9-6 所示。

程序 9-6　利用 System V 共享内存实现进程间的数据共享

```
// exam9-6.c
#include <stdio.h>
#include <stdlib.h>
#include <unistd.h>
#include <string.h>
#include <err.h>
#include <sys/shm.h>
#define shmsize 4096
char *msg;
void usage(char *prgname)
{
    fprintf(stderr, "Usage:%s  -<c|w|r|d> shmid\n", prgname);
    fprintf(stderr, "-c: create shared memory\n");
    fprintf(stderr, "-w: write shared memory\n");
    fprintf(stderr, "-r: read shared memory\n");
    fprintf(stderr, "-d: delete shared memory\n");
    exit(1);
}
void sysv_shm(char cmd, key_t id,int shmflg)
{
    char *mem;
    int shmid = shmget(id, shmsize, shmflg);
    if (shmid == -1)
        err(1,"shmget \n");
    switch (cmd) {
        case 'c':
```

< 205 >

```
                printf( "Created shared memory success %d\n", shmid);
                break;
            case 'w':
                mem = shmat(shmid, NULL, 0);
                strcpy((char *)mem,msg);
                shmdt( mem );
                break;
            case 'r':
                mem = shmat(shmid, NULL, 0);
                printf("%s", (char *)mem);
                shmdt( mem );
                break;
            case 'd':
                shmctl(shmid, IPC_RMID, NULL );
                break;
        }
}
int main(int argc, char *argv[])
{
    int opt;
    char flag = 'c';
    int  shmflg = 0;
    while ((opt = getopt(argc, argv,"cw:rd")) != -1){
        switch (opt) {
        case 'c':
            flag = 'c';
            shmflg = IPC_CREAT | 0666;
            break;
        case 'w':
            flag = 'w';
            msg = optarg;
            break;
        case 'r':
            flag = 'r';
            break;
        case 'd':
            flag = 'd';
            break;
        default:
            usage(argv[0]);
        }
    }
    if (optind+1 != argc)
        usage(argv[0]);
    int id = atol(argv[optind]);
    sysv_shm(flag, id, shmflg);
    return 0;
}
```

程序的运行结果如下所示：

```
$ gcc -Wall exam9-6.c -o exam9-6          // exam9-6.c 经编译与链接生成 exam9-6
$ exam9-6 -c 112                          // 创建共享内存键值 112
Createdsharedmemory success 425984
$ exam9-6 -w'hello Linux' 112             // 向共享内存键值 112 中写入字符串'helloLinux'
$ exam9-6 -r 112                          // 从共享内存键值 112 中读取内容
hello Linux
$ exam9-6 -d112                           // 删除共享内存键值 112
```

< 206 >

9.5　POSIX IPC

POSIX 为了消除各类 UNIX 间的差异，建立了一套可移植的接口标准，使应用程序可在不修改源代码的前提下，在支持 POSIX 的操作系统间迁移。POSIX IPC 是一组遵循 POSIX 标准的进程通信接口规范。相较于 System V IPC，POSIX IPC 语法较为简洁，同样支持信号量、消息队列和共享内存，在较新的 Linux 内核中实现了对 POSIX IPC 标准的支持。

9.5.1　POSIX 信号量

POSIX 信号量是一种进程间同步的控制机制，信号量用整数表示，通常代表某种资源的数量。进程通过减操作获得信号量，通过加操作释放信号量。当信号量值为 0 时，试图获取信号量的进程挂起，直至其他进程释放信号量；反之，当信号量已达上限时，试图释放信号量的进程挂起，直至其他进程获取了信号量。POSIX 信号量分为命名信号量和无名信号量两种。

在 Linux 系统中，信号量存储在文件系统 tmpfs 中，tmpfs 通常挂载至/dev/shm。当创建一个新的 POSIX 命名信号量时，同名文件会出现在/dev/shm 目录中。

1．POSIX 信号量的操作步骤

① 使用 sem_open()/ sem_init()函数创建/打开信号量。
② 使用 sem_wait()/sem_post()函数获取/释放信号量。
③ 当完成对信号量的操作时，应调用 sem_close()函数及时关闭信号量。
④ 当所有进程都关闭了信号量时，应调用 sem_unlink()函数将信号量删除。

2．POSIX 信号量的接口函数

（1）sem_open()/sem_close()/sem_unlink()函数
头文件：

```
#include <fcntl.h>
#include <sys/stat.h>
#include <semaphore.h>
```

函数原型：

```
sem_t *sem_open(const char *name, int oflag);
sem_t *sem_open(const char *name, int oflag,mode_t mode, unsigned int value);
int sem_close(sem_t *sem);
int sem_unlink(const char *name);
```

功能：
创建/打开/关闭/删除 POSIX 的命名信号量。
参数：
name 指向信号量名称；oflag 指定操作方式；mode 指定访问权限；value 指定信号量初始值。
返回值：
sem_open()函数成功返回信号量地址，失败返回 SEM_FAILED；sem_close()和 sem_unlink()函数成功返回 0，失败返回-1。

sem_open()函数用于创建/打开一个名为 name 的 POSIX 信号量。若 oflag 指定了 O_CREAT，表示创建信号量。此时，mode 和 value 为新建信号量的权限和初始值。oflag 和 mode 可参见 open()函数。sem_close()函数用于关闭 sem 指向的信号量，将信号量的引用次数减 1；sem_unlink()函数用于删除 name

< 207 >

指定的信号量。只有当信号量的引用值为 0 时，才能删除信号量，位于/dev/shm 目录中的对应文件也同时被删除。

（2）sem_wait()/sem_post()函数

头文件：

```
#include <semaphore.h>
```

函数原型：

```
int sem_wait(sem_t *sem);
int sem_post(sem_t *sem);
```

功能：

申请获取/释放 POSIX 信号量。

参数：

sem 指向信号量；abs_timeout 指定超时时间。

返回值：

成功则返回 0，失败返回-1。

sem_wait()函数用于申请获取 sem 指向的信号量。若信号量大于 0，则将信号量的值减 1 并立即返回；若 sem 的值为 0，调用者进程挂起，直至新的信号量被释放；abs_timeout 表示超时等待时间。

sem_post()函数用于释放 sem 指向的信号量，将信号量的值加 1，同时唤醒正在等待信号量的进程；sem_post()属于异步信号安全函数，在信号处理程序中可安全使用。

实例分析

下面利用 POSIX 命名信号量实现进程同步，代码如程序 9-7 所示。

程序 9-7　利用 POSIX 命名信号量实现进程同步

```
//exam9-7.c
#include <fcntl.h>
#include <sys/stat.h>
#include <semaphore.h>
#include <stdio.h>
#include <stdlib.h>
#include <unistd.h>
#include <string.h>
#include <err.h>
void usage(char *prgname)
{
    fprintf(stderr, "Usage: %s -<c|p|w|q|d> name\n", prgname);
    fprintf(stderr, "-c   Create posix semaphore \n");
    fprintf(stderr, "-p post posix semaphore\n");
    fprintf(stderr, "-w wait posix semaphore\n");
    fprintf(stderr, "-q query posix semaphore\n");
    fprintf(stderr, "-d unlink posix semaphore\n");
    exit(1);
}
void create_posix_sem(const char *name){
    sem_t *psem = sem_open(name, O_CREAT, S_IRUSR|S_IWUSR, 0);
    if (psem == SEM_FAILED)
        err(1,"sem_open\n");
    printf("create posix semaphore success\n");
}
void post_posix_sem(const char *name){
    sem_t *psem = sem_open(name, 0);
    if (psem == SEM_FAILED)
        err(1,"sem_open\n");
```

< 208 >

```
        sem_post(psem);
        printf("%ld post posix semaphore success\n",(long)getpid());
}
void wait_posix_sem(const char *name){
        sem_t *psem = sem_open(name, 0);
        if (psem == SEM_FAILED)
            err(1,"sem_open\n");
        sem_wait(psem);
        printf("%ldwait posix semaphore succeeded\n",(long)getpid());
}
void query_posix_sem(const char *name){
        sem_t *psem = sem_open(name, 0);
        if (psem == SEM_FAILED)
            err(1,"sem_open\n");
        int value;
        sem_getvalue(psem, &value);
        printf("get posix semaphore value %d\n", value);
}
void unlink_posix_sem(const char *name){
        sem_unlink(name);
        printf("unlink posix semaphore success\n");
}
int main(int argc, char *argv[]){
        int opt;
        char flag;
        while ((opt = getopt(argc, argv, "cpwld")) != -1) {
            switch (opt) {
                case 'c':
                    flag = 'c';
                    break;
                case 'p':
                    flag = 'p';
                    break;
                case 'w':
                    flag = 'w';
                    break;
                case 'l':
                    flag = 'l';
                    break;
                case 'd':
                    flag = 'd';
                    break;
                default:
                    usage(argv[0]);
            }
        }
        if (optind+1 !=argc)
            usage(argv[0]);
        char *name = argv[optind];
        if(flag == 'c')        create_posix_sem(name);
        if(flag == 'p')        post_posix_sem(name);
        if(flag == 'w')        wait_posix_sem(name);
        if(flag == 'l')        query_posix_sem(name);
        if(flag == 'd')        unlink_posix_sem(name);
        return 0;
}
```

程序的运行结果如下所示：

```
$ gcc -Wall -lpthread exam9-7.c -o exam9-7    // exam9-7.c 经编译与链接生成 exam9-7
$ exam9-7 -c sem1                             // 创建 POSIX 信号量，名为 sem1
```

< 209 >

```
create posixsemaphore success
$ exam9-7 -p sem1                                    // 向 POSIX 信号量 sem1 释放信号量
658 post posixsemaphore success
$ exam9-7 -w sem1                                    // 从 POSIX 信号量 sem1 获取信号量
660wait posixsemaphore succeeded
$ exam9-7 -d sem1                                    // 删除 POSIX 信号量 sem1
unlink posix semaphore success
```

（3）sem_init()/sem_destroy()函数

POSIX 无名信号量在文件系统上无对应的文件。如同无名管道一样，POSIX 无名信号量也基于内存实现，可用于父子进程及其线程间的同步控制。使用前需通过 sem_init()函数初始化信号量，然后使用 sem_wait()/ sem_post()函数获取/释放信号量，最后使用 sem_destroy()函数注销创建的信号量。

头文件：

```
#include <semaphore.h>
```

函数原型：

```
int sem_init(sem_t *sem, int pshared, unsigned int value)
int sem_destroy(sem_t *sem)
```

功能：

初始化/注销 POSIX 无名信号量。

参数：

pshared 指定共享标志。

返回值：

成功则返回 0，否则返回-1。

sem_init()函数用于初始化 sem 指向的 POSIX 无名信号量。pshared 用于指定信号量的共享方式，若 pshared 的值为 0，表示信号量在线程间使用；若 pshared 的值为非 0，则表示信号量在进程间使用。value 用于设置信号量的初始值。sem_destroy()函数用于注销一个 sem 指向的 POSIX 无名信号量。若注销正在使用的信号量，将导致无法预测的结果。

3. 实例分析

利用 POSIX 无名信号量实现进程与信号间的同步控制，代码如程序 9-8 所示。

程序 9-8　利用 POSIX 无名信号量实现进程与信号间的同步控制

```
//exam9-8.c
#include <unistd.h>
#include <stdio.h>
#include <stdlib.h>
#include <semaphore.h>
#include <time.h>
#include <errno.h>
#include <signal.h>
sem_t sem;
void sighandler(int sig)
{
    write(1, "sem_post() from sighandler\n", 27);
    if (sem_post(&sem) == -1) {
        write(2, "sem_post() failed\n", 18);
    _exit(1);
    }
}
```

< 210 >

```
int main(int argc, char *argv[])
{
    if (argc != 3) {
        fprintf(stderr, "Usage: %s <alarm-secs> <wait-secs>\n", argv[0]);
        exit(1);
    }
    struct sigaction sa;
    sem_init(&sem, 0, 0);
    sa.sa_handler = sighandler;
    sigemptyset(&sa.sa_mask);
    sa.sa_flags = 0;
    sigaction(SIGALRM, &sa, NULL);
    alarm(atoi(argv[1]));
    struct timespec ts;
    clock_gettime(CLOCK_REALTIME, &ts);
    ts.tv_sec += atoi(argv[2]);
    int s;
    while ((s = sem_timedwait(&sem, &ts)) == -1 && errno == EINTR)
        continue;
    if (s == -1) {
        if (errno == ETIMEDOUT)
            printf("sem_timedwait timed out\n");
        else
            perror("sem_timedwait");
    }
    printf("sem_timedwait succeeded\n");
    exit((s == 0) ? 0 : 1);
}
```

程序的运行结果如下所示：

```
$ gcc  -Wall -lpthread exam9-8.c  -o exam9-8 // exam9-8.c 经编译与链接生成 exam9-8
$ exam9-8  2  3                              //创建 POSIX 无名信号量, 设置闹钟 2s, 超时 3s
sem_post() from sighandler
sem_timedwait succeeded
$ exam9-8 2 1                                // 创建 POSIX 无名信号量, 设置闹钟 2s, 超时 1s
sem_timedwait timed out
sem_timedwait succeeded
```

主程序设置闹钟 2s, 当到达 2s 时, 产生 SIGALRM 信号, 转而执行信号处理程序 handler。若以超时 3s 的方式循环等待信号量, 在 3s 内可获得信号处理程序释放的信号量, 否则产生超时退出。

9.5.2　POSIX 消息队列

POSIX 消息队列是一种在进程间以消息为单位的数据传输机制, 消息以队列形式储存, 并为消息定义了优先级, 优先级高的消息会被优先处理。

在 Linux 系统中, POSIX 消息队列存储在 mqueue 文件系统中。若将 mqueue 文件系统挂载至 /dev/mqueue 目录, 新建的消息队列会在/dev/mqueue 中生成相应的文件。

1. POSIX 消息队列的操作步骤

① 使用 mq_open()函数打开或创建一个 POSIX 消息队列。

② 使用 mq_receive()/mq_send()函数接收/发送消息。

③ 当完成对消息队列的操作时, 应调用 mq_close()函数及时关闭消息队列。

④ 当所有进程都不再使用消息队列时, 应调用 mq_unlink()函数将消息队列删除。

< 211 >

2. POSIX 消息队列的接口函数

（1）mq_open()/mq_close()/mq_unlink()函数

头文件：

```
#include <fcntl.h>
#include <sys/stat.h>
#include <mqueue.h>
```

函数原型：

```
mqd_t mq_open(const char *name, int oflag);
mqd_t mq_open(const char *name, int oflag, mode_t mode,struct mq_attr *attr);
int mq_close(mqd_t mqdes);
int mq_unlink(const char *name);
```

功能：

创建/打开/关闭/删除 POSIX 消息队列。

参数：

name 指向 POSIX 消息队列的名称；attr 指向队列的属性。

返回值：

mq_open()函数成功返回消息队列描述符，失败返回-1；mq_close()/mq_unlink()函数成功返回 0，失败返回-1。

mq_open()函数用于创建/打开 name 指向的 POSIX 消息队列。若 oflag 指定了 O_CREAT，表示创建消息队列，此时 mode 和 attr 为新建消息队列的权限和属性。oflag 和 mode 可参见 open()函数。消息队列的命名需以字符"/"开始，attr 为 mq_attr 类型的指针。mq_attr 类型用于描述消息队列的属性，其数据结构定义如下所示：

```
struct mq_attr {
    long mq_flags;          // 收发信息是否阻塞，取值为 0 或 O_NONBLOCK
    long mq_maxmsg;         // 发送消息的数量上限
    long mq_msgsize;        // 每条消息的最大上限
    long mq_curmsgs;        // 当前消息的数量
};
```

当 mqdes 指向的消息队列不再使用时，应通过 mq_close()函数及时关闭；当消息队列的引用次数为 0 时，应通过 mq_unlink()函数立即将消息队列删除。

（2）mq_getattr()/mq_setattr()函数

头文件：

```
#include <mqueue.h>
```

函数原型：

```
int mq_getattr(mqd_t mqdes, struct mq_attr *attr);
int mq_setattr(mqd_t mqdes, const struct mq_attr *newattr,struct mq_attr *oldattr);
```

功能：

获取/设置 POSIX 消息队列的属性。

参数：

mqdes 指向消息队列描述符；newattr 指向新属性；oldattr 指向原属性。

返回值：

成功返回 0，失败返回-1。

< 212 >

mq_getattr()函数用于将 mqdes 指向的消息队列的属性保存至 attr 所指的地址；mq_setattr()函数用于将 mqdes 指向的消息队列的属性设置为 newattr 所指的值，并将原属性值保存至 oldattr 所指的地址。

（3）mq_receive()/mq_send()函数

头文件：

```
#include <mqueue.h>
```

函数原型：

```
ssize_t mq_receive(mqd_t mqdes, char *msg_ptr,size_t msg_len, unsigned int *msg_prio);
int mq_send(mqd_t mqdes, const char *msg_ptr,size_t msg_len, unsigned int msg_prio);
```

功能：

接收/发送 POSIX 消息。

参数：

msg_ptr 指向消息；msg_len 指定消息长度；msg_prio 指定消息的优先级。

返回值：

成功则返回 0，失败返回-1。

mq_receive()函数用于从 mqdes 指向的消息队列接收消息，mq_send()函数则用于向 mqdes 指向的消息队列发送消息。msg_ptr 指向收发消息的地址，msg_len 用于记录消息占用的字节数，msg_prio 指定消息的优先级。消息按优先级排队，0 表示优先级最低。对于优先级相同的消息，先到达的消息优先处理。

若消息队列为空，接收者进程挂起，直至消息到达；反之，若消息队列已满，则发送进程挂起，直至释放足够空间容纳待发消息。若消息队列属性设置了 O_NONBLOCK 标识，则调用者进程立即返回。

3．实例分析

使用 POSIX 消息队列实现进程间的数据通信，代码如程序 9-9 所示。

程序 9-9　使用 POSIX 消息队列实现进程间的数据通信

```
//exam9-9.c
#include <mqueue.h>
#include <stdio.h>
#include <stdlib.h>
#include <err.h>
#include <unistd.h>
#include <string.h>
#include <fcntl.h>
char *msg = "hello posix message\n";
void usage(const char *prgname)
{
    fprintf(stderr, "Usage: %s -<c|s message|r|d>  [-p priority] /name\n", prgname);
    fprintf(stderr, "-c  Create posix message queue \n");
    fprintf(stderr, "-s send posix message \n");
    fprintf(stderr, "-r receive posix message\n");
    fprintf(stderr, "-d unlink posix message queue\n");
    exit(1);
}
void create_posix_mq(const char *name){
    struct mq_attr attr;
    attr.mq_maxmsg = 5;
    attr.mq_msgsize = 1024;
```

< 213 >

```
    mqd_t mqd = mq_open(name, O_RDWR| O_CREAT,(S_IRUSR|S_IWUSR),&attr);
    if (mqd == (mqd_t) -1)
        err(1,"mq_open\n");
    printf("create message queue success\n");
}
void send_posix_mq(const char *name, char *msg, unsigned int prio){
    mqd_t mqd = mq_open(name, O_WRONLY);
    if (mqd == (mqd_t) -1)
        err(1,"mq_open\n");
    mq_send(mqd, msg, strlen(msg), prio);
    printf("send message queue success\n");
}
void receive_posix_mq(const char *name, unsigned int prio){
    mqd_t mqd = mq_open(name, O_RDONLY);
    if (mqd == (mqd_t) -1)
        err(1,"mq_open\n");
    struct mq_attr attr;
    mq_getattr(mqd, &attr);
    void *buff;
    buff = malloc(attr.mq_msgsize);
    ssize_t nread = mq_receive(mqd, buff, attr.mq_msgsize,&prio);
    write(1, buff, nread);
    printf("\n");
}
void unlink_posix_mq(const char *name){
    mq_unlink(name);
    printf("unlink message queue success\n");
}
int main(int argc, char *argv[])
{
    int opt;
    int prio = 0;
    char flag;
    while ((opt = getopt(argc, argv, "cs:rd:")) != -1) {
        switch (opt) {
            case 'c':
                flag = 'c';
                break;
            case 's':
                flag = 's';
                msg = optarg;
                break;
            case 'p':
                prio = atol(optarg);
                break;
            case 'r':
                flag = 'r';
                break;
            case 'd':
                flag = 'd';
                break;
            default:
                usage(argv[0]);
        }
    }
    if (optind +1 != argc)   usage(argv[0]);
    char *name = argv[optind];
    if(flag == 'c')
        create_posix_mq(name);
    if(flag == 's')
```

< 214 >

```
            send_posix_mq(name, msg, prio);
    if(flag == 'r')
            receive_posix_mq(name, prio);
    if(flag == 'd')
            unlink_posix_mq(name);
    return 0;
}
```

程序的运行结果如下所示：

```
$ gcc -Wall -lrt exam9-9.c -o exam9-9  // exam9-9.c 经编译与链接生成 exam9-9
$ exam9-9 -c /mq                        // 创建 POSIX 消息队列，名为/mq
create message queue success
$ exam9-9 -s 'hello Linux' /mq          // 向 POSIX 消息队列/mq 发送消息'hello Linux'
send message queue success
$ exam9-9 -s 'Linux/UNIX' /mq           // 向 POSIX 消息队列/mq 发送消息'Linux/UNIX'
send message queue success
$ exam9-9 -r /mq                        // 从 POSIX 消息队列/mq 获取消息
hello Linux
$./exam9-9 -r /mq                       // 从 POSIX 消息队列/mq 获取消息
Linux/UNIX
$ exam9-9 -d /mq                        // 删除 POSIX 消息队列/mq
unlink message queue success
```

9.5.3　POSIX 共享内存

POSIX 共享内存是一种在进程间共享物理内存的技术，它通过将同一物理内存区域映射至不同进程的用户空间，实现不同进程对同一物理内存区域的访问。与传统共享内存相比，POSIX 拥有简洁的接口设计。

在 Linux 系统中，tmpfs 属于内存文件系统。POSIX 共享内存通过在 tmpfs 中创建的文件，将文件映射至不同进程的用户空间，实现对相同物理内存区域的访问。当新的 POSIX 共享内存被创建时，同名文件会出现在/dev/shm 目录中。

1．POSIX 共享内存的操作步骤

① 使用 shm_open()函数创建/打开 POSIX 共享内存。

② 对于新建的共享内存，利用 ftruncate()函数定义共享内存的大小。

③ 使用 mmap()函数将共享内存映射至进程的用户空间。

④ 当完成对共享内存的访问时，通过 munmap()函数解除内存映射。

⑤ 当所有进程都解除了内存映射后，通过 shm_unlink()函数删除共享内存。

2．POSIX 共享内存的接口函数

（1）shm_open()/shm_unlink()函数

头文件：

```
#include <sys/mman.h>
#include <sys/stat.h>
#include <fcntl.h>
```

函数原型：

```
int shm_open(const char *name, int oflag, mode_t mode);
int shm_unlink(const char *name);
```

< 215 >

功能：

创建/打开/删除 POSIX 共享内存。

参数：

name 指向共享内存的名称。

返回值：

shm_open()函数成功返回文件描述符，失败返回-1；shm_unlink()函数成功返回 0，失败返回-1。

shm_open()函数用于创建/打开 name 指向的 POSIX 共享内存。若 oflag 指定了 O_CREAT，表示创建共享内存，此时 mode 用于指定新建共享内存的权限。oflag 和 mode 可参见 open()函数。当所有进程解除了对 name 所指共享内存的引用时，可通过 shm_unlink()函数将其删除。

（2）实例分析

使用 POSIX 共享内存实现进程间的数据共享，代码如程序 9-10 所示。

程序 9-10　使用 POSIX 共享内存实现进程间的数据共享

```c
//exam9-10.c
#include <sys/mman.h>
#include <sys/stat.h>
#include <stdio.h>
#include <err.h>
#include <stdlib.h>
#include <unistd.h>
#include <string.h>
#include <fcntl.h>
void usage(const char *prgname)
{
    fprintf(stderr, "Usage: %s -<c|w message|r|d>  name\n", prgname);
    fprintf(stderr, "-c   Create posix shared memory \n");
    fprintf(stderr, "-w write posix shared memory\n");
    fprintf(stderr, "-r read posix shared memory\n");
    fprintf(stderr, "-d unlink posix shared memory\n");
    exit(1);
}
void create_posix_shm(const char *name){
    if (shm_open(name, O_RDWR | O_CREAT, S_IRUSR|S_IWUSR) == -1)
        err(1,"shm_open\n");
    printf("create posix shared memory sucess \n");
}
void write_posix_shm(const char *name, char *msg){
    int fd = shm_open(name, O_RDWR, 0);
    if (fd == -1)
        err(1,"shm_open\n");
    size_t len = strlen(msg);
    ftruncate(fd, len);
    char *addr = mmap(NULL, len, PROT_READ | PROT_WRITE, MAP_SHARED, fd, 0);
        if (addr == MAP_FAILED)
        err(1,"mmap\n");
    close(fd);
    memcpy(addr, msg, len);
    printf("write posix shared memory sucess \n");
}
void read_posix_shm(const char *name){
    int fd = shm_open(name, O_RDONLY, 0);
    if (fd == -1)
```

< 216 >

```
        err(1,"shm_open\n");
    struct stat stat;
    fstat(fd, &stat);
    char *addr = mmap(NULL, stat.st_size, PROT_READ, MAP_SHARED, fd, 0);
    close(fd);
    write(1, addr, stat.st_size);
    printf("\n");
}
void unlink_posix_shm(const char *name){
    shm_unlink(name);
    printf("unlink posix shared memory sucess \n");
}
int main(int argc, char *argv[])
{
    int opt;
    char flag,* msg;
    while ((opt = getopt(argc, argv, "cw:rd")) != -1) {
        switch (opt) {
            case 'c':
                flag = 'c';
                break;
            case 'w':
                flag = 'w';
                msg = optarg;
                break;
            case 'r':
                flag = 'r';
                break;
            case 'd':
                flag = 'd';
                break;
            default:
                usage(argv[0]);
        }
    }
    if (optind+1 != argc)
        usage(argv[0]);
    char *name = argv[optind];
    if(flag == 'c')      create_posix_shm(name);
    if(flag == 'w')      write_posix_shm(name, msg);
    if(flag == 'r')      read_posix_shm(name);
    if(flag == 'd')      unlink_posix_shm(name);
    return 0;
}
```

程序的运行结果如下所示：

```
$ gcc -Wall -lrt exam9-10.c -o exam9-10    // exam9-10.c 经编译与链接生成 exam9-10
$ exam9-10 -c shm                          // 创建 POSIX 共享内存，名为 shm
create posix shared memory sucess
$ $ exam9-10 -w 'hello Linux' shm          // 向 POSIX 共享内存 shm 中写入字符串
write posix shared memory sucess
$ $ exam9-10 -r shm                        // 从 POSIX 共享内存 shm 中读取内容
hello Linux
$ $ exam9-10 -d shm                        // 删除 POSIX 共享内存 shm
unlink posix shared memory sucess
```

< 217 >

9.6 文件锁

9.6.1 文件锁概述

文件锁是一种管理多个进程访问同一文件的同步控制机制，可确保文件操作时数据的一致性。进程在存取文件前需申请获得文件锁，仅获得文件锁的进程才拥有访问文件的权力；未获得文件锁的进程处于等待状态，直至文件锁被释放。对文件的操作完成后，文件锁应立即释放，以便其他进程及时获得文件锁。为了支持文件锁，Linux 内核提供了 flock()/fcntl()接口函数。

9.6.2 文件锁的接口函数

1．flock()/fcntl()函数

（1）flock()函数

头文件：

```
#include <sys/file.h>
```

函数原型：

```
int flock(int fd, int op)
```

功能：

设置文件锁。

参数：

op 指定文件锁类型。

返回值：

成功则返回 0，失败返回-1。

flock()函数用于为文件 fd 设置文件锁。参数 op 为文件锁类型，其含义如表 9-9 所示。

表 9-9　flock 函数中参数 op 的含义

参数 op	含义
LOCK_SH	共享锁
LOCK_EX	互斥锁
LOCK_UN	解锁

flock()函数只能锁定整个文件。共享锁可同时被多个进程持有，但互斥锁同一时刻仅允许一个进程获得。

文件锁存储在已打开文件指向的文件描述中。对于从父进程继承的文件描述符和复制的文件描述符，它们指向同一个文件描述，仅在显式使用 LOCK_UN 时解锁，或当文件描述的引用次数为 0 时，才能释放文件锁。当进程使用 open()函数两次打开同一个文件时，若返回的文件描述符分别为 fd1 和 fd2。fd1 和 fd2 指向不同的文件描述，当使用 fd1 获得文件锁时，试图使用 fd2 获得文件锁的操作将阻塞。

（2）fcntl()函数

fcntl()函数可对已打开文件的行为属性进行一系列控制操作，它包含的内容较为广泛，其中，可用于设置文件锁，与 flock()函数锁定整个文件不同，fcntl()函数可锁定文件的某个区域，该函数的详情参见 6.3.4 节。

2．实例分析

使用 flock()函数演示文件锁的使用方法，代码如程序 9-11 所示。

< 218 >

程序 9-11 使用 flock() 函数演示文件锁的使用方法

```c
// exam9-11.c
#include <sys/file.h>
#include <stdio.h>
#include <err.h>
#include <unistd.h>
#include <stdlib.h>
void usage(const char *prgname)
{
    fprintf(stderr, "Usage: %s [-s] [-e] [-t time] filename\n", prgname);
    fprintf(stderr, "-s   shared lock \n");
    fprintf(stderr, "-e exclusive lock\n");
    fprintf(stderr, "-t  sleep time-seconds\n");
    exit(1);
}
int  main(int argc, char *argv[])
 {
    int opt;
    int type = LOCK_EX, nsecs = 0;
    while ((opt = getopt(argc, argv, "set:")) != -1) {
        switch (opt) {
            case 's':
                type = LOCK_SH;
                break;
            case 'e':
                type = LOCK_EX;
                break;
            case 't':
                nsecs = atoi(optarg);
                break;
            default:
                usage(argv[0]);
        }
    }
    if (optind > argc -1)
            usage(argv[0]);
    int fd = open(argv[optind], O_RDWR);
    if (fd == -1)
        err(1, "%s", argv[optind]);
    flock(fd, type);
    printf("lock sucess\n");
    sleep(nsecs);
    flock(fd, LOCK_UN);
    printf("unlock sucess\n");
    close(fd);
    exit(0);
}
```

程序的运行结果如下所示：

```
$ gcc  -Wall  -lrt exam9-11.c -o exam9-11      // exam9-11.c 经编译与链接生成 exam9-11
$ exam9-11 -s -t 100 exam9-11.c &              //以共享锁方式访问文件，100s 后解锁
[1] 662
lock sucess
$ exam9-11 -s exam9-11.c                       //以共享锁方式访问文件
lock sucess
unlock sucess
unlock sucess                                  // 100s 后输出
```

运用 fcntl() 函数锁定文件的某个区间，代码如程序 9-12 所示。

< 219 >

程序 9-12　运用 fcntl()函数锁定文件的某个区间

```
// exam9-12.c
#include <stdio.h>
#include <err.h>
#include <unistd.h>
#include <stdlib.h>
#include <fcntl.h>
#include <sys/types.h>
void usageError(const char *prgname)
{
    fprintf(stderr,"Usage:%s [-r] [-w] [-t time] filename [start] [len] \n",prgname);
    fprintf(stderr, "-r   read lock \n");
    fprintf(stderr, "-w write lock\n");
    fprintf(stderr, "-t  sleep time-seconds\n");
    exit(1);
}
int  main(int argc, char *argv[])
 {
    int type, opt;
    int nsecs = 0;
    int fd;
    type = F_WRLCK;
    while ((opt = getopt(argc, argv, "rwt:")) != -1) {
        switch (opt) {
        case 'r':
            type = F_RDLCK;
            break;
        case 'w':
            type = F_WRLCK;
            break;
        case 't':
            nsecs = atoi(optarg);
            break;
        default:
            usageError(argv[0]);
            exit(1);
        }
    }
    if ( optind > argc -1)
            usageError(argv[0]);
    if ((fd = open(argv[optind], O_RDWR))==-1)
        err(1,"open file %s failed\n",argv[optind]);
    struct flock lock;
    lock.l_type = type;
    lock.l_whence = SEEK_SET;
    lock.l_start = (optind+1<=argc-1) ? atol(argv[optind+1]): 0;
    lock.l_len =   (optind+2<=argc-1) ? atol(argv[optind+2]): 0;
    if (fcntl (fd, F_SETLK, &lock) == -1)
        err(1,"fcntl failed \n");
    printf("lock sucess\n");
    sleep(nsecs);
    lock.l_type = F_UNLCK;
    if (fcntl(fd, F_SETLK, &lock)==-1)
        err(1,"unlock failed \n");
    printf("unlock sucess\n");
    close(fd);
    exit(0);
}
```

程序的运行结果如下所示：

< 220 >

```
$ gcc  -Wall  exam9-12.c  -o exam9-12 // exam9-12.c 经编译与链接生成 exam9-12
$ exam9-12  -w  -t  100 test  0  20 &  // 互斥锁定自 0 开始，长度 20B 的区域，100s 后解锁
[1] 672
lock sucess
$ exam9-12  -w  test  30  20             // 互斥锁定自 30 开始，长度为 20B 的区域
lock sucess
unlock success
$ exam9-12  -w  test  10  20             // 互斥锁定自 10 开始，长度为 20B 的区域
exam9-12: fcntl failed
Resource temporarily unavailable
unlock sucess                             // 后台作业在第 100s 后释放互斥锁
```

　　上述运行实例显示，当两个进程以互斥方式锁定同一文件的不同区域时，不会产生竞争，它们可同时对文件的不同区域进行访问。

< 221 >

第 **10** 章 时间管理

10.1 时间

10.1.1 时间管理概述

时间管理作为操作系统的重要组成部分，它对内核和应用程序都发挥着重要作用。内核中存在大量与时间相关的服务，如基于时间片的进程调度、推迟执行的 I/O 调度和周期性脏页回写等。对于应用程序，很多应用场景都需内核提供时间服务，如睡眠和间隔定时器等。

10.1.2 时间相关的接口函数

为了满足应用程序对时间的有效管理，内核提供了多种与时间有关的接口函数，同时 GLIBC 函数库也提供了大量时间相关的库函数。本章介绍时间相关的接口函数及其功能描述，如表 10-1 所示。

表 10-1　时间相关的接口函数及其功能描述

分类		接口函数	功能描述
时间	系统时间	time()/stime()	获取/设置系统时间
		gettimeofday()/settimeofday()	获取/设置系统时间和时区
		clock_getres()	获取 POSIX 时钟精度
		clock_gettime()/clock_settime()	获取/设置 POSIX 时钟的当前时间
	时间格式转换	localtime()/strftime()	转换时间格式
	进程时间	times()	获取进程的运行时间
睡眠		sleep()	睡眠一段时间（低分辨率）
		nanosleep()/clock_nanosleep()	睡眠一段时间（高分辨率）
		alarm()	设置闹钟
定时器	传统定时器	getitimer()/setitimer()	获得/设置定时器状态
	POSIX 定时器	timer_create()/timer_delete()	创建/删除 POSIX 定时器
		timer_gettime()/timer_settime()	获取/设置 POSIX 定时器状态
	定时器文件	timerfd_create()	创建定时器文件
		timerfd_gettime()/timerfd_settime()	获取/设置定时器状态

10.2　时间的度量

10.2.1　系统时钟

通常，计算机提供两种计时设备：硬件时钟和软件时钟，它们构成度量时间的基础。

1．计时设备

（1）硬件时钟

硬件时钟有时也称为实时时钟，即使在断电的情况下也能通过电池供电实现持续计时。当内核启动时，内核会通过读取硬件时钟来初始化软件时钟。软件时钟提供一种周期性触发中断机制，用于度量流逝的时间。

（2）软件时钟

软件时钟是内核度量时间的一种手段，内核将自系统启动后时钟中断发生的次数记录在 jiffies 变量中。通常，时钟中断的频率为 100Hz，每秒产生 100 次，每隔 10ms 产生一次时钟中断，这与内核版本及硬件有关。自 Linux 内核 2.6 版开始，时钟中断频率可达 1000Hz，每 1ms 产生一次时钟中断，时钟的精度也随之提高。

2．时钟精度

对于传统的睡眠、定时器和超时功能，软件时钟的精度便能满足一般的应用要求。高精度计时器自内核 2.6.21 版引入，用户可选择内核的 CONFIG_HIGH_RES_TIMERS 配置选项，实现对高精度定时器的支持。具体精度取决于硬件。通常，精度可达纳秒级。

3．到期延迟

通常，计时器到期事件的处理会延迟一段时间，时间的长短取决于时钟精度、系统负载和调度策略等因素。高精度计时器能减少延迟，但要达到完全准确仍有一定的距离。

10.2.2　系统时间和进程时间

系统时间和进程时间分别从系统和进程的角度度量时间的流逝。

1．系统时间

通常，将自 Epoch（1970-01-01 00:00:00）至今所经历的时间称为系统时间，单位为 s。显示的时间与系统所在的时区有关。

2．进程时间

我们将进程消耗 CPU 的时间称为进程时间。进程时间可进一步划分为用户时间和内核时间，进程在用户态消耗的时间称为用户时间，在内核态消耗的时间则称为系统时间。

10.2.3　时间相关的接口函数

Linux 内核为用户提供了多种与时间有关的编程接口，它们源于不同的系统和标准。下面给出这些接口函数的使用方法。

1．time()/stime()函数

time()/stime()函数源自 System V 系统，用于获取/设置系统时间。

< 223 >

头文件：

```
#include <time.h>
```

函数原型：

```
time_t time(time_t *tloc);
int stime(const time_t *tloc);
```

功能：

获取/设置系统时间。

参数：

tloc 指向系统时间。

返回值：

time()函数成功返回系统时间，失败返回-1；stime()函数成功返回 0，失败返回-1。

time()函数用于获取系统时间。若 tloc 非空，则系统时间存放至 tloc 指向的地址。stime()函数用于将系统时间设置为 tloc 指向的值。

2．gettimeofday()/settimeofday()函数

gettimeofday()/settimeofday()函数源自 BSD 系统，用于获取/设置系统时间和时区。

头文件：

```
#include <sys/time.h>
```

函数原型：

```
int gettimeofday(struct timeval *tv, struct timezone *tz);
int settimeofday(const struct timeval *tv, const struct timezone *tz);
```

功能：

获取/设置系统时间和时区。

参数：

tv 指向系统时间；tz 指向时区。

返回值：

成功返回 0，失败返回-1。

gettimeofday()/settimeofday()函数用于获取/设置系统时间和时区。tv 为 timeval 类型的指针；timeval 类型记录自 Epoch 以来的时间，其定义如下所示：

```
struct timeval {
    time_t      tv_sec;         // s
    suseconds_t tv_usec;        // μs
};
```

tz 为 timezone 类型的指针，指向系统所在的时区，通常设置为 NULL，其定义如下：

```
struct timezone {
    int tz_minuteswest;         // 时差（min）
    int tz_dsttime;             // 时间的修正方式
};
```

其中，成员变量 tz_minuteswest 表示系统所在时区与格林尼治时间的时间差。例如，北京时间比格林尼治时间早 8h。

3．基于 POSIX 的系统时间

POSIX 时钟为 POSIX.1b 定义的高精度时间访问接口，时间精度可达纳秒级，由 clock_getres()、

< 224 >

clock_gettime()和 clock_settime()函数组成。

（1）clock_getres()函数

头文件：

```
#include <time.h>
```

函数原型：

```
int clock_getres(clockid_t clk_id, struct timespec *res);
```

功能：

获取 POSIX 时钟的精度。

参数：

clk_id 指定 POSIX 的时钟类型；res 指向时间精度。

返回值：

成功返回 0，失败返回-1。

clock_getres()函数用于获取类型为 clk_id 的 POSIX 时钟的精度。若 res 非空，时间精度存放至 res 指向的地址。时钟的精度依赖于系统的实现，进程无法修改。clk_id 表示时钟的类型，其含义如表 10-2 所示。

表 10-2　clock_getres()函数中参数 clk_id 的含义

参数 clk_id	含义
CLOCK_REALTIME	系统级实时时钟，受系统时间变化的影响
CLOCK_MONOTONIC	自系统启动后开始计时，不受系统时间改变的影响
CLOCK_PROCESS_CPUTIME_ID	进程消耗的 CPU 时间
CLOCK_THREAD_CPUTIME_ID	线程消耗的 CPU 时间

参数 res 为 timespec 类型的指针，其定义如下：

```
struct timespec {
    time_t   tv_sec;          // s
    long     tv_nsec;         // ns
}
```

（2）clock_gettime()/clock_settime()函数

头文件：

```
#include <time.h>
```

函数原型：

```
int clock_gettime(clockid_t clk_id, struct timespec *tp);
int clock_settime(clockid_t clk_id, const struct timespec *tp);
```

功能：

获取/设置 POSIX 时钟的当前时间。

参数：

tp 指向时间。

返回值：

成功返回 0，失败返回-1。

clock_gettime()/clock_settime()函数用于获取/设置 clk_id 时钟的时间。时钟类型参见 clock_getres()函数，时钟的时间存放在 tp 指向的地址中。

< 225 >

4．时间格式的转换

（1）时间表示方法

为满足不同应用场景的需要，GLIBC 提供了多种时间表示方法，其中包括日历时间、分解时间和打印时间。

① 日历时间：用于记录自 Epoch 至今的秒数。

② 分解时间：将时间拆分成若干细小部分，便于用户提取，其格式如下所示：

```
struct tm {
    int tm_sec;          // s
    int tm_min;          // min
    int tm_hour;         // h
    int tm_mday;         // d
    int tm_mon;          // m
    int tm_year;         // y
    int tm_wday;         // 星期几,0 表示星期天
    int tm_yday;         // 一年中的第几天
    int tm_isdst;        // 夏令时标识, 0 为标准时, 大于 0 为夏令时
};
```

③ 打印时间：是指以 NULL 结尾的字符串，如"Wed Jun 30 21:49:08 1993"。

（2）时间格式转换函数

为便于不同时间格式的转换，GLIBC 定义了丰富的时间格式转换函数，下面仅介绍 localtime()/strftime()函数。

头文件：

```
#include <time.h>
```

函数原型：

```
struct tm *localtime(const time_t *timep);
size_t strftime(char *s, size_t max, const char *format,const struct tm *tm);
```

功能：

转换时间格式。

参数：

timep 指向日历时间；s 指向可打印时间；max 指定最大字节数；format 指定时间格式；tm 指向分解时间。

返回值：

localtime()函数成功返回存放分解时间的地址；strftime()函数成功返回可打印字符串长度。

localtime()函数用于将 timep 指向的日历时间转换为分解时间；strftime()函数用于将 tm 指向的分解时间按 format 形式转换为可打印的字符串格式，并将结果存放至 s 指向的最大长度为 max 的字符数组。

（3）实例分析

利用时间格式转换函数以不同形式显示当前的系统时间，代码如程序 10-1 所示。

程序 10-1　以不同格式显示当前的系统时间

```
//exam10-1.c
#include<stdio.h>
#include<sys/time.h>
#include<time.h>
#include<unistd.h>
#define TS_BUF_SIZE sizeof("YYYY-MM-DD HH:MM:SS")
int main(int argc, char *argv[])
```

< 226 >

```
{
    struct tm *loc;
    struct  timeval tv;
    struct  timezone  tz;
    gettimeofday(&tv,&tz);
    printf("gettimeofday tv_sec:%ld\n",(long) tv.tv_sec);
    printf("gettimeofday tv_usec:%ld\n", tv.tv_usec);
    printf("gettimeofday tz_minuteswest:%d\n", tz.tz_minuteswest);
    printf("gettimeofday tz_dsttime:%d\n", tz.tz_dsttime);
    struct timespec ts;
    clock_getres(CLOCK_REALTIME, &ts);
    printf("clock_getres tv_sec:%ld\n",(long)ts. tv_sec);
    printf("clock_getres tv_nsec:%ld\n", ts.tv_nsec);
    clock_gettime(CLOCK_REALTIME, &ts);
    printf("clock_gettime tv_sec:%ld\n",(long) ts.tv_sec);
    printf("clock_gettime tv_nsec:%ld\n", ts.tv_nsec);
    time_t t = time(NULL);
    printf("time:%ld\n",(long) t);
    loc = localtime(&t);
    char timestamp[80];
    strftime(timestamp, TS_BUF_SIZE, "%F %X", loc);
    printf("%s\n", timestamp);
}
```

程序的运行结果如下所示:

```
$ gcc  -Wall  exam10-1.c  -o exam10-1        // exam10-1.c 经编译与链接生成 exam10-1
$ exam10-1                                   // 执行 exam10-1，按不同格式显示当前系统时间
gettimeofday tv_sec:1652488449
gettimeofday tv_usec:67935
gettimeofday tz_minuteswest:-480
gettimeofday tz_dsttime:0
clock_getres tv_sec:0
clock_getres tv_nsec:1
clock_gettime tv_sec:1652488449
clock_gettime tv_nsec:71533985
time:1652488449
2022-05-13 20:34:09
```

上述实例为中国北京时区机器上的运行结果，时区位于东 8 区，与伦敦格林尼治时间相差 8h。

5．times()函数

（1）函数概述

头文件：

```
#include <sys/times.h>
```

函数原型：

```
clock_t times(struct tms *buf);
```

功能：

获取进程的运行时间。

参数：

buf 指向进程运行时间。

返回值：

成功则返回时钟中断的次数，失败返回 -1。

times()函数用于将调用者进程消耗的处理器时间存入 buf 指向的地址。buf 为 tms 类型的指针，用于描述进程消耗时间的细节，其定义如下：

< 227 >

```
struct tms {
    clock_t tms_utime;        // 用户时间
    clock_t tms_stime;        // 系统时间
    clock_t tms_cutime;       // 子进程消耗的用户时间
    clock_t tms_cstime;       // 子进程消耗的系统时间
};
```

（2）实例分析

利用times()函数显示进程消耗的用户时间和系统时间，代码如程序 10-2 所示。

程序 10-2　显示进程消耗的用户时间和系统时间

```c
//exam10-2.c
#include <stdio.h>
#include <unistd.h>
#include <stdlib.h>
#include <sys/times.h>
int main(int argc, char *argv[])
{
    struct tms stime, etime;
    clock_t  ticks_persceond;
    clock_t stime_tick, etime_tick ;
    int opt, numloop, numCalls;
    numloop = 0; numCalls = 0;
    while ((opt = getopt(argc, argv, "u:s:")) != -1) {
        switch (opt) {
            case 'u':
                numloop = atol(optarg);
                break;
            case 's':
                numCalls = atol(optarg);
                break;
            default:
                fprintf(stderr, "Usage:%s [-u loop num] [-s syscall num\n", argv[0]);
                exit(1);
        }
    }
    ticks_persceond = sysconf (_SC_CLK_TCK);
    printf("ticks_persceond:%ld\n", ticks_persceond);
    stime_tick = times (&stime);
    for (int j = 0; j < numCalls; j++)
        getppid();
    for (int i = 0; i < numloop; i++){
        int sum = 0;
        for (int i = 0; i < 10000; i++)
            sum += i;
    }
    etime_tick = times (&etime);
    printf ("times is:%ld \n", etime_tick-stime_tick);
    printf ("user time is : %ld \n", ((etime.tms_utime - stime.tms_utime)));
    printf ("kernel time is : %ld \n",((etime.tms_stime - stime.tms_stime)));
    return (0);
}
```

程序的运行结果如下所示：

```
$ gcc -Wall exam10-2.c -o exam10-2        // exam10-2.c 经编译与链接生成 exam10-2
$ exam10-2 -u 10000                       // 仅执行用户态指令
ticks_persceond:100
times is:31
user time is : 31
```

< 228 >

```
kernel time is : 0
$ exam10-2 -s 800000                          // 执行 800000 次 getppid 系统调用
ticks_persceond:100
times is:9
user time is : 6
kernel time is : 2
```

上述实例的运行结果表明系统 1s 内产生 100 次时钟中断。在无系统调用的情况下，内核态消耗的时间为 0；随着系统调用次数的增加，进程运行在内核态的时间也随之增加。

10.3　睡眠

10.3.1　延迟执行

进程有时需要挂起一段时间后继续运行。为此，GLIBC 提供了两种睡眠函数：低分辨率的 sleep() 函数、高分辨率的 nanosleep() 和 clock_nanosleep() 函数。

1. sleep() 函数

sleep() 函数适用于低分辨率睡眠，时间以 s 为单位。

头文件：

```
#include <unistd.h>
```

函数原型：

```
unsigned int sleep(unsigned int seconds);
```

功能：

睡眠一段时间。

参数：

seconds 指定睡眠时间（s）。

返回值：

若被信号中断，则返回剩余时间，否则返回 0。

sleep() 函数用于使调用者进程挂起，直至 seconds 到期或被信号中断。sleep() 属于库函数。

2. nanosleep() 函数

nanosleep() 函数可为用户提供高分辨率睡眠服务，时间精度可达 ns。

头文件：

```
#include <time.h>
```

函数原型：

```
int nanosleep(const struct timespec *req, struct timespec *rem);
```

功能：

睡眠一段时间。

参数：

req 指定请求睡眠时间；rem 指向剩余时间。

返回值：

< 229 >

成功返回 0，失败返回-1。

nanosleep()函数用于将调用者进程挂起，直至 req 指向的时间到期或被信号中断。若被信号中断，则函数返回-1，errno 置为 EINTR，并将剩余时间保存至 rem 中。req 和 rem 都是 timespec 类型的指针。

3．clock_nanosleep()函数

头文件：

```
#include <time.h>
```

函数原型：

```
int clock_nanosleep(clockid_t clock_id, int flags,const struct timespec
*request,struct timespec *remain);
```

功能：

睡眠一段时间。

参数：

clock_id 指定时间度量方式，flags 指定时间的参照坐标；request 指定请求睡眠时间；remain 指向剩余时间。

返回值：

成功返回 0，失败返回非 0。

clock_nanosleep()函数用于将调用者进程挂起，直至 request 指向的睡眠时间到期或被信号中断。若被信号中断，则函数返回-1，errno 置为 EINTR。若 remain 非空且 flags 不为 TIMER_ABSTIME，则剩余时间保存至 remain 指向的地址。若 flag 的值为 0，表示相对时间，自调用时开始计时；若 flag 的值为 TIMER_ABSTIME，则为绝对时间。clock_id 的定义可参见 clock_getres()函数。

10.3.2　闹钟

Linux 内核提供 alarm()接口函数，可利用该函数设置闹钟。当设定时间到期时，调用者进程会收到 SIGALRM 信号。

1．alarm()函数

头文件：

```
#include <unistd.h>
```

函数原型：

```
unsigned int alarm(unsigned int seconds);
```

功能：

设置闹钟。

参数：

seconds 指定到期时间。

返回值：

若调用 alarm()函数前，进程已设置了闹钟，则返回上一个闹钟的剩余时间，否则返回 0。

alarm()函数用于设置到期时间为 seconds 的闹钟。当闹钟到期时，调用者进程会收到 SIGALRM 信号。若 seconds 为 0，则之前设置的闹钟被取消。

< 230 >

2．实例分析

使用 clock_nanosleep()函数构建可抵御 SIGINT 信号的睡眠程序，代码如程序 10-3 所示。

程序 10-3　构建可抵御 SIGINT 信号的睡眠程序

```c
//exam10-3.c
#include <sys/time.h>
#include <time.h>
#include <signal.h>
#include <unistd.h>
#include <stdio.h>
#include <stdlib.h>
#include <errno.h>
void sighandler(int sig)
{
    return;
}
int main(int argc, char *argv[])
{
    if (argc!=2){
        fprintf(stderr, "Usage:%s  seconds\n", argv[0]);
        exit(1);
    }
    struct sigaction sa;
    sigemptyset(&sa.sa_mask);
    sa.sa_flags = 0;
    sa.sa_handler = sighandler;
    sigaction(SIGINT, &sa, NULL);
    struct timespec request;
    request.tv_sec = atol(argv[1]);
    request.tv_nsec = 0;
    for (;;) {
        struct timespec remain;
        int s = clock_nanosleep(CLOCK_REALTIME, 0, &request, &remain);
        if (s != 0 && s != EINTR)
            break;
        if (s == 0)
            break;
        printf("Remaining: %ld.%09ld\n",
        (long) remain.tv_sec, remain.tv_nsec);
        request = remain;
    }
    return(0);
}
```

程序的运行结果如下所示：

```
$ gcc  -Wall exam10-3.c  -o exam10-3        // exam10-3.c 经编译与链接生成 exam10-3
$ exam10-3  20                              // 让进程睡眠 20s
^c                                         //输入 Ctrl+c
Remaining: 18.374142548                     // 显示剩余时间
^c                                         // 输入 Ctrl+c
Remaining: 12.761804006                     // 显示剩余时间
^c                                         // 输入 Ctrl+c
Remaining: 7.563216888                      // 显示剩余时间
```

在进程睡眠 20s 期间，不定期在键盘上按下 3 次 Ctrl+c，会导致 clock_nanosleep()函数被 SIGINT 信号中断 3 次。接着继续睡眠剩余的时间，直至累计睡眠 20s 到期。

< 231 >

10.4 定时器

10.4.1 定时器概述

定时器有时也称为间隔定时器，是一种按固定时间间隔产生到期事件的计时方式。通常，到期事件以信号的形式通知调用者。与 alarm() 函数仅产生一次到期事件不同，间隔定时器可连续产生到期事件。Linux 内核提供了两种间隔定时器接口：一种是传统 UNIX 使用的间隔定时器，另一种是 POSIX 间隔定时器。它们有相同的功能，但在接口形式上有所不同。

内核可从不同角度计算间隔时间，进程按某种调度策略共享 CPU。当进程被调度器选中时，进程处于执行状态。执行状态还可进一步分为用户态和内核态。当进程运行于用户空间时，进程处于用户态；当进程运行于内核空间时，进程处于内核态。下面以传统 UNIX 间隔定时器为例，通过某进程的一次运行过程介绍各种间隔时间的计算方法，如图 10-1 所示。

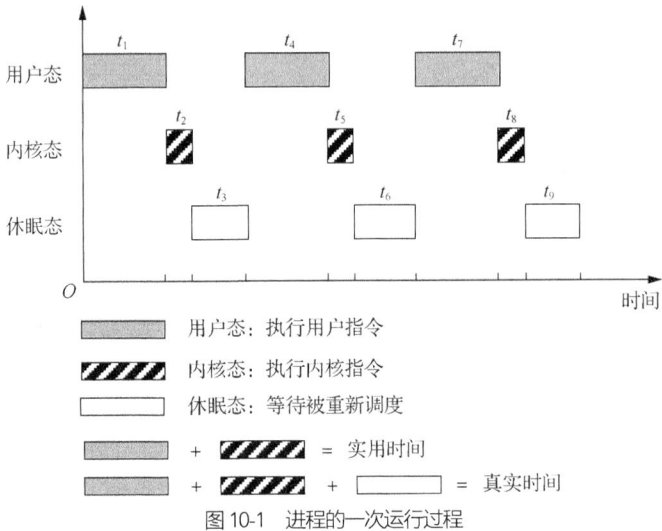

图 10-1 进程的一次运行过程

进程在用户态、内核态和休眠态之间切换。其中，运行于用户态的时间片段为 t_1、t_4 和 t_7，运行于内核态的时间片段为 t_2、t_5 和 t_8，处于休眠态的时间片段为 t_3、t_6 和 t_9。内核提供了如下 3 种间隔时间的计算方法。

1. 真实时间

真实时间是指系统真正流失的时间。无论进程处于何种状态，所有状态的时间都计算在内。基于该时间的间隔定时器到期时，内核会向进程发送 SIGALARM 信号。图 10-1 中的真实时间计算如下：

$$真实时间=t_1+t_2+t_3+t_4+t_5+t_6+t_7+t_8+t_9$$

2. 虚拟时间

虚拟时间是指进程处于用户态时间段之和。基于该时间的间隔定时器到期时，内核会向进程发送 SIGVTALARM 信号。图 10-1 中的虚拟时间计算如下：

$$虚拟时间=t_1+t_4+t_7$$

3. 实用时间

实用时间是指进程占有 CPU 的时间段之和，即用户态时间与内核态时间之和。基于该时间的间隔

< 232 >

定时器到期时，内核会向进程发送 SIGPRT 信号。图 10-1 中的实用时间计算如下：

$$实用时间=t_1+t_2+t_4+t_5+t_7+t_8$$

10.4.2 传统定时器

1．getitimer()/setitimer()函数

头文件：

```
#include <sys/time.h>
```

函数原型：

```
int getitimer(int which, struct itimerval *curr_value);
int setitimer(int which, const struct itimerval *new_value,struct itimerval
*old_value);
```

功能：

获取/设置定时器状态。

参数：

which 指定计时器类型；curr_value 指向当前间隔时间；new_value 指向新间隔时间；old_value 指向原间隔时间。

返回值：

成功返回 0，否则返回-1。

getitimer()函数用于将 which 类型的间隔定时器的值保存至 curr_value 指向的地址；setitimer()函数用于将 which 类型的间隔定时器设置为 new_value 指向的值；若 old_value 非空，则将原有值保存至 old_value 指向的地址。值得注意的是，一种类型的间隔定时器在进程中只能创建一个。which 表示间隔定时器的类型，其含义如表 10-3 所示。

表 10-3　getitimer()/setitimer()函数中参数 which 的含义

参数 which	含义
ITIMER_REAL	面向真实时间的间隔定时器。若间隔时间到期，则产生 SIGALRM 信号
ITIMER_VIRTUAL	面向虚拟时间的间隔定时器。若间隔时间到期，则产生 SIGVTALRM 信号
ITIMER_PROF	面向实用时间的间隔定时器。若间隔时间到期，则产生 SIGPRT 信号

curr_value、new_value 和 old_value 为 itimerval 类型的指针，用于描述首次到期时间和间隔时间。itimerval 类型的定义如下所示：

```
struct itimerval {
    struct timeval it_interval;    // 间隔时间
    struct timeval it_value;       // 首次到期时间，若为 9，则间隔定时器被禁止
    };
struct timeval {
    long tv_sec;                   // s
    long tv_usec;                  // μs
};
1
```

2．实例分析

演示传统间隔定时器的使用方法，代码如程序 10-4 所示。

< 233 >

程序 10-4　演示传统间隔定时器的使用方法

```c
// exam10-4.c
#include <errno.h>
#include <signal.h>
#include <stdio.h>
#include <stdlib.h>
#include <unistd.h>
#include <sys/time.h>
int count = 0;
void usage(char *prgname)
{
    fprintf(stderr, "Usage: %s [-r] [-v] [-p] it_interval it_value\n", prgname);
    fprintf(stderr, "-r: ITIMER_REAL\n");
    fprintf(stderr, "-v: ITIMER_VIRTUAL\n");
    fprintf(stderr, "-p: ITIMER_PROF\n");
    exit(1);
}
void sighandler(int sig){
    int errsave = errno;
    switch (sig){
        case SIGALRM:
            printf("caught signal SIGALRM %d\n", count);
            break;
        case SIGVTALRM:
            printf("caught signal SIGVTALRM %d\n", count);
            break;
        case SIGPROF:
            printf("caught signal SIGPROF %d\n", count);
            break;
        default:
            printf("rest signal\n");
        break;
    }
    errno = errsave;
}
int  main(int argc, char *argv[])
{
    int opt;
    int timertype = ITIMER_REAL;
    int sigtype = SIGALRM;
    while ((opt = getopt(argc, argv, "rvp")) != -1) {
        switch (opt) {
            case 'r':
                timertype = ITIMER_REAL;
                sigtype = SIGALRM;
                break;
            case 'v':
                timertype = ITIMER_VIRTUAL;
                sigtype = SIGVTALRM;
                break;
            case 'p':
                timertype = ITIMER_PROF;
                sigtype = SIGPROF;
                break;
            default:
                usage(argv[0]);
        }
    }
    if (optind + 2 > argc)
        usage(argv[0]);
```

< 234 >

```
    struct sigaction act;
    act.sa_handler = sighandler;
    act.sa_flags = 0;
    sigemptyset(&act.sa_mask);
    sigaction(sigtype, &act, NULL);
    struct itimerval value;
    value.it_interval.tv_sec = atol(argv[optind]);
    value.it_interval.tv_usec = 0;
    value.it_value.tv_sec = atol(argv[optind + 1]);
    value.it_value.tv_usec = 0;
    setitimer(timertype, &value, NULL);
    for (count = 1; count<5; count++)
        pause();
    return 0;
}
```

程序的运行结果如下所示:

```
$ gcc  -Wall  exam10-4.c  -o exam10-4        // exam10-4.c 经编译与链接生成 exam10-4
$ exam10-4 -r 2 10        //设置面向真实时间的间隔定时器，首次到期时间为 10s，
                          //间隔时间 2s
caught signal SIGALRM 1
caught signal SIGALRM 2
caught signal SIGALRM 3
caught signal SIGALRM 4
```

上述实例设置了一个面向真实时间的间隔定时器，首次到期时间与间隔时间分别为 10s 和 2s，连续产生 4 次 SIGALRM 信号。

10.4.3　POSIX 定时器

由于传统间隔定时器仅支持标准信号，每类间隔定时器仅能在进程中创建一个，加之支持的精度较低，因此，POSIX 定义了功能更强和精度更高的间隔定时器，可支持实时信号，时间精度可达纳秒级。

1. timer_create()/ timer_delete() 函数

头文件:

```
#include <signal.h>
#include <time.h>
```

函数原型:

```
int timer_create(clockid_t clockid, struct sigevent *sevp, timer_t *timerid);
int timer_delete(timer_t timerid);
```

功能:

创建/删除 POSIX 定时器。

参数:

clockid 指定间隔定时器的类型；sevp 指定到期通知方式；timerid 指向间隔定时器 ID。

返回值:

成功返回 0，失败返回-1。

timer_create() 函数用于创建类型为 clockid 的 POSIX 间隔定时器；timer_delete() 函数用于删除 timerid 指向的 POSIX 间隔定时器。计时器的类型可参见 clock_getres() 函数。timerid 为间隔定时器的 ID；sevp 为 sigevent 类型的指针，用于指定到期的通知方式。sigevent 类型的定义如下。

< 235 >

```
struct sigevent {
    int sigev_notify;                                   // 通知方式
    int sigev_signo;                                    // 通知信号
    union sigval sigev_value;                           // 传递的数据
    void(*sigev_notify_function) (union sigval);        // 线程运行函数
    void *sigev_notify_attributes;                      // 通知线程属性
    pid_t sigev_notify_thread_id;                       // 线程 ID
};
```

其中，成员变量 sigev_notify 用于指定间隔时间到期的事件通知方式，其含义如表 10-4 所示。

表 10-4　sigevent 结构中成员变量 sigev_notify 的含义

成员变量 sigev_notify	含义
SIGEV_NONE	不通知
SIGEV_SIGNAL	以信号方式通知
SIGEV_THREAD	创建线程实例

2．timer_gettime()/timer_settime()函数

头文件：

```
#include <time.h>
```

函数原型：

```
int timer_gettime(timer_t timerid, struct itimerspec *curr_value);
int timer_settime(timer_t timerid, int flags,const struct itimerspec
*new_value,struct itimerspec *old_value);
```

功能：
获取/设置 POSIX 定时器状态。
参数：
flags 指定首次到期时间的参照坐标。
返回值：
成功返回 0，失败返回-1。

timer_gettime()函数用于将 timerid 所指的 POSIX 间隔定时器的值保存至 curr_value 指向的地址；timer_settime()函数用于将 timerid 所指的 POSIX 间隔定时器的首次到期时间和间隔时间设置为 new_value 指向的内容。若 old_value 为非空，原计时器的值将保存至 old_value 所指的地址。itimerspec 类型定义为首次启动时间和间隔时间，其结构定义如下：

```
struct itimerspec {
    struct timespec it_interval;        // 间隔时间
    struct timespec it_value;           // 首次到期时间
};
```

POSIX 间隔定时器的首次到期时间和间隔时间分别由 itimerspec 类型中的成员变量 it_value 和 it_interval 定义。若首次到期时间和间隔时间不是 clock_getres()函数返回值的整数倍，则进行向上取整处理。若首次到期时间设置为 0，则表示计时器已停止。参数 flags 用于指定首次到期时间的计算方法，详见 clock_nanosleep()函数。

< 236 >

3. 实例分析

演示信号驱动的 POSIX 间隔定时器的使用方法，代码如程序 10-5 所示。

程序 10-5　演示信号驱动的 POSIX 间隔定时器的使用方法

```
//exam10-5.c
#include <stdlib.h>
#include <unistd.h>
#include <stdio.h>
#include <signal.h>
#include <time.h>
int count = 0;
void siginfohandler(int sig, siginfo_t *si, void *ucontext)
{
    timer_t *tidp = si->si_value.sival_ptr;
    printf("*sival_ptr = 0x%lx\n", (long)*tidp);
}
int main(int argc, char *argv[])
{
    if (argc != 3) {
        fprintf(stderr, "Usage: %s it_interval it_value\n", argv[0]);
        exit(1);
    }
    struct sigaction sa;
    sa.sa_flags = SA_SIGINFO;
    sa.sa_sigaction = siginfohandler;
    sigemptyset(&sa.sa_mask);
    sigaction(SIGRTMIN, &sa, NULL);
    struct sigevent sev;
    sev.sigev_notify = SIGEV_SIGNAL;
    sev.sigev_signo = SIGRTMIN;
    sev.sigev_value.sival_ptr = &count;
    timer_t timerid;
    timer_create(CLOCK_REALTIME, &sev, &timerid);
    printf("timer ID is 0x%lx\n", (long) timerid);
    struct itimerspec its;
    its.it_interval.tv_sec = atoll(argv[1]);
    its.it_interval.tv_nsec = 0;
    its.it_value.tv_sec = atoll(argv[2]);
    its.it_value.tv_nsec = 0;
    timer_settime(timerid, 0, &its, NULL);
    for (count = 1; count<5; count++)
        pause();
    timer_delete(timerid);
    return 0;
}
```

程序的运行结果如下所示：

```
$ gcc -Wall -lrt exam10-5.c -o exam10-5     // exam10-5.c 经编译与链接生成 exam10-5
$ exam10-5 2 10                 // 创建 POSIX 间隔定时器，首次到期时间为 10s，间隔时间为 2s
timer ID is 0x51a008
*sival_ptr = 0x1
*sival_ptr = 0x2
*sival_ptr = 0x3
*sival_ptr = 0x4
```

上述实例创建了一个面向真实时间的 POSIX 间隔定时器，首次到期时间和间隔时间分别为 10s 和 2s，进程运行期间连续 4 次收到 SIGRTMIN 实时信号。

< 237 >

10.5 定时器文件

10.5.1 定时器文件概述

Linux 将间隔定时器产生的到期事件抽象为字节流，从而将间隔定时器看作一种特殊的文件。为此，内核提供了 timerfd()接口函数，利用该函数可创建间隔定时器文件。与普通文件一样，可利用 read() 函数读取到达的到期事件，也可使用 select()/poll()函数监听文件上发生的异步 I/O 事件。

10.5.2 定时器文件接口函数

1. timerfd_create()函数

头文件：

```
#include <sys/timerfd.h>
```

函数原型：

```
int timerfd_create(int clockid, int flags);
```

功能：

创建间隔定时器文件。

参数：

flags 指定操作方式。

返回值：

成功返回文件描述符，失败返回-1。

timerfd_create()函数用于创建一个类型为 clockid 的间隔定时器文件。clockid 用于指定间隔定时器的类型，其定义可参见 clock_getres()函数。flags 表示操作方式，其含义如表 10-5 所示。

表 10-5 timerfd_create()函数中参数 flags 的含义

参数 flags	含义
TFD_CLOEXEC	设置 close-on-exec 标志
TFD_NONBLOCK	非阻塞模式

2. timerfd_gettime()/timerfd_settime()函数

头文件：

```
#include <sys/timerfd.h>
```

函数原型：

```
int timerfd_gettime(int fd, struct itimerspec *curr_value);
int timerfd_settime(int fd, int flags,const struct itimerspec *new_value,struct
itimerspec *old_value);
```

功能：

获取/设置定时器状态。

参数：

略。

返回值：

< 238 >

成功返回 0，失败返回-1。

timerfd_gettime()函数用于将间隔定时器 fd 的当前值保存至 curr_value 指向的地址；timerfd_settime()函数用于将间隔定时器 fd 的值设置为 new_value 指向的内容。若 old_value 为非空，old_value 指向的地址存放原间隔定时器的值。flags 用于指定首次到期时间的参照坐标，其定义可参见 clock_nanosleep()函数。

3. 实例分析

演示间隔定时器文件的使用方法，代码如程序 10-6 所示。

程序 10-6　演示间隔定时器文件的使用方法

```
//exam10-6.c
#include <sys/timerfd.h>
#include <time.h>
#include <unistd.h>
#include <stdlib.h>
#include <stdio.h>
#include <stdint.h>
int main(int argc, char *argv[])
{
    if (argc != 3){
        fprintf(stderr, "%s it_interval it_value\n", argv[0]);
        exit(1);
    }
    struct timespec now;
    clock_gettime(CLOCK_REALTIME, &now);
    struct itimerspec new_value;
    new_value.it_interval.tv_sec = atoi(argv[1]);
    new_value.it_interval.tv_nsec = 0;
    new_value.it_value.tv_sec = now.tv_sec + atoi(argv[2]);
    new_value.it_value.tv_nsec = now.tv_nsec;
    int fd = timerfd_create(CLOCK_REALTIME, 0);
    timerfd_settime(fd, TFD_TIMER_ABSTIME, &new_value, NULL);
    uint64_t exp, tot_exp = 0;
    for (int i = 1; i < 5; i++) {
        read(fd, &exp, sizeof(uint64_t));
        tot_exp += exp;
        printf("read: %lld  total = %lld\n",
        (unsigned long long)exp, (unsigned long long)tot_exp);
    }
    exit(0);
}
```

程序的运行结果如下所示：

```
$ gcc  -Wall  exam10-6.c  -o exam10-6      // exam10-6.c 经编译与链接生成 exam10-6
$ exam10-6  2  10                          // 创建间隔定时器，首次到期时间为10s，间隔时间为2s
read: 1 total=1
read: 1 total=2
^Z                                         // 输入 Ctrl+z，暂停运行
[1] stopped          exam10-6
$ fg                                       // 恢复运行
exam10-6  2  10
read: 3 total=5
read: 1 total=6
```

上述实例定义了一个间隔定时器，其首次到期时间和间隔时间分别为 10s 和 2s，因期间暂停运行，导致第 3 次到期事件延期，实际持续了 6s，等于 3 个时间间隔。

< 239 >

第 11 章 多线程技术

11.1 线程概述

11.1.1 线程的概念

进程是操作系统资源的管理者，进程拥有的资源通常彼此独立。早期 UNIX 系统上应用程序数量较少，对系统资源的消耗有限，但随着 UNIX 系统应用的不断深入，与日俱增的进程占用了系统大量资源，为了提高资源的利用率，开发者引入了多线程技术。多个线程可共享创建者进程的资源，从而减少对资源的消耗。进程和线程的关系如图 11-1 所示。

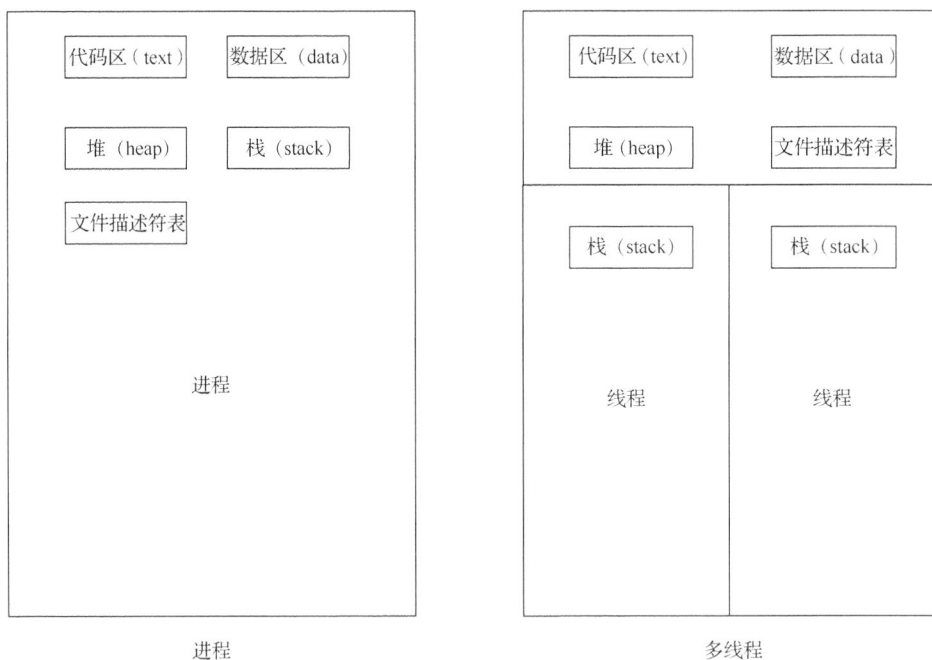

图 11-1 线程共享进程的地址空间

每个线程拥有各自独立的栈（Stack），用于存放线程调用函数的局部变量和返回地址，除栈外，线程共享创建者进程的用户地址空间，如代码区、数据区、堆和内存映射区。此外，线程还共享进程打开的文件描述符等。相较于进程，线程占用的资源少，切换速度快，在不增加资源的前提下，可提高资源的利用率，充分发挥多处理器的性能优势。与普通进程一样，线程也是参与系统调度的基本单位。

11.1.2 线程的实现方式

由于线程诞生的时间较晚，因此传统的操作系统内核并不支持线程，早期的 Linux 内核也不例外。为了支持多线程，通常有两种解决方法：用户线程和内核线程。通常用户线程采用函数库的形式，通过编程技巧，在一个进程中可模拟出多条被称为用户线程的执行路径。从本质上讲，用户线程仍然属于进程范畴，无法独立参与调度，不能发挥多处理器性能。早期的 Linux 系统采用了该技术。内核线程通过修改内核代码实现，现代操作系统均支持内核线程。目前，Linux 内核对线程的支持已日趋完善。

11.1.3 Linux 线程的实现

自 Linux 诞生起，内核经历了一个演化发展过程。内核起初并不支持线程，自内核 2.0 版起，内核逐渐完善了对线程的支持。GLIBC 先后推出了 LinuxThreads 和 NPTL 两种线程库。它们均采用 1∶1 模型，一个用户线程对应一个内核线程，但 NPTL 更符合 POSIX 标准。

1. LinuxThreads

LinuxThreads 为 POSIX 线程库的早期版本，自 GLIBC 2.4 版起不再使用。因受当时内核对线程支持不足的影响，LinuxThreads 仅实现了 POSIX 线程的部分标准。

2. NPTL

NPTL 属于 POSIX 线程库的现代版本，最早出现于 GLIBC 2.3.2，需内核 2.6 版以上版本的支持。相较于 LinuxThreads，NPTL 更符合 POSIX 标准，在创建大量线程的情况下具有更高的性能。

11.1.4 线程相关的接口函数

本章将阐述线程相关的概念、原理和方法，详细介绍 POSIX 线程库相关函数的语法和功能，并通过实例演示线程函数的使用方法，其中涉及的主要函数及其功能描述如表 11-1 所示。

表 11-1 线程相关的接口函数及其功能描述

分类	接口函数	功能描述
创建新进程	clone()	创建新的进程
线程控制	pthread_attr_init()	初始化线程的属性对象
	pthread_attr_destroy()	注销线程的属性对象
	pthread_attr_getstack()	获取线程栈的地址和大小
	pthread_attr_setstack()	设置线程栈的地址和大小
	pthread_attr_getdetachstate()	获取线程的分离属性
	pthread_attr_setdetachstate()	设置线程的分离属性
	pthread_create()	创建线程
	pthread_join()	等待线程运行结束
	pthread_exit()	结束线程
线程取消	pthread_testcancel()	测试线程的取消请求是否到达
	pthread_setcancelstate()	设置线程的取消状态
	pthread_setcanceltype()	设置线程的取消类型
	pthread_cleanup_push()	注册线程清理函数
	pthread_cleanup_pop()	注销线程清理函数
	pthread_cancel()	向线程发送取消请求

< 241 >

续表

分类		接口函数	功能描述
线程同步	互斥锁	pthread_mutex_init()	初始化互斥锁
		pthread_mutex_destroy()	注销互斥锁
		pthread_mutex_lock()	申请互斥锁
		pthread_mutex_unlock()	释放互斥锁
	条件变量	pthread_cond_init()	初始化条件变量
		pthread_cond_destroy()	注销条件变量
		pthread_cond_wait()	等待条件变量
		pthread_cond_signal()	释放条件变量，唤醒一个等待的线程
		pthread_cond_broadcast()	释放条件变量，唤醒所有等待的线程
线程的信号处理		pthread_sigmask()	设置线程的信号掩码
		pthread_kill()	向线程发送信号
		pthread_sigqueue()	向线程发送实时信号
非线程安全函数的安全化改造		pthread_once()	仅执行一次初始化
		pthread_key_create()	创建线程持有数据关联的键值
		pthread_key_delete()	删除线程持有数据关联的键值
		pthread_getspecific()	获取键值关联线程持有的数据
		pthread_setspecific()	设置键值关联线程持有的数据

11.2 创建新进程

11.2.1 clone()接口函数

Linux 自内核 2.0 版起引入了 clone()系统调用，它是构建新用户进程的基础，使用它可构造出各种形式的新进程。线程也不例外。随着内核的不断演化，clone()接口函数支持的功能也在不断完善。例如引入了命名空间的概念，进程可归属于不同的命名空间。轻量级虚拟化容器正是命名空间应用的典型实例。

11.2.2 定制新的进程

1. clone()函数

头文件：

```
#define _GNU_SOURCE
#include <sched.h>
```

函数原型：

```
int clone(int (*fn)(void *), void *child_stack,int flags, void *arg,…/* pid_t *ptid,
void *newtls, pid_t *ctid */ );
```

功能：

创建新的进程。

参数：

fn 指向新进程入口函数地址；child_stack 指向栈地址；flags 指定共享创建者进程的方式；arg 指向传递的参数。

< 242 >

返回值：

成功返回进程的 PID，失败返回-1。

clone()函数用于创建一个新进程，其中 fn 指向新进程入口函数地址；arg 指向传递给新进程的入口参数，其形式与 fn 所指函数的参数有关；child_stack 指向新进程的栈地址。flags 包含双重用途，其低字节存放新进程的终止信号，通常为 SIGCHLD；若设置为 0，则新进程终止时不发送信号。其余部分存放位掩码，用于描述共享创建者进程资源的方式，其含义如表 11-2 所示。

表 11-2　clone 函数中参数 flags 的含义

参数 flags	含义
CLONE_CHILD_CLEARTID	当新进程调用 exit()/exec()函数时，清除 ctid
CLONE_CHILD_SETTID	将新进程 ID 写入 ctid 中
CLONE_FILES	共享创建者进程的文件描述符表
CLONE_FS	与创建者进程共享文件系统
CLONE_IO	与创建者进程共享 I/O 环境
CLONE_PARENT	将调用者设置为新进程的父进程
CLONE_PARENT_SETTID	将子进程 ID 写入 ptid
CLONE_PTRACE	若父进程正在被调试，则子进程也同样被处理
CLONE_SIGHAND	与创建者进程共享对信号的处理方式
CLONE_SYSVSEM	与创建者进程共享 System V 信号量
CLONE_THREAD	将新进程置于调用者进程所属的线程组
CLONE_VFORK	创建者进程挂起，直至新进程通过 execve()/_exit()函数释放虚拟内存
CLONE_VM	与创建者进程共享虚拟内存
CLONE_NEWCGROUP	使用新的 Cgroup 命名空间
CLONE_NEWIPC	使用独立的 IPC 命名空间
CLONE_NEWNET	使用独立的网络命名空间
CLONE_NEWNS	使用新的挂载命名空间
CLONE_NEWPID	使用新的进程 ID 命名空间
CLONE_NEWUSER	使用新的用户命名空间
CLONE_NEWUTS	使用新的 UTS 命名空间

clone()函数可定制与调用者进程资源的共享方式，构造出各种不同形式的新进程，使用 fork()函数创建的子进程便是其中的一个特例。

2. 实例分析

使用 clone()函数定制一个新进程，要求该进程拥有独立的 UTS（UNIX Timesharing System，UNIX 分时系统）命名空间，代码如程序 11-1 所示。

程序 11-1　利用 clone()函数定制拥有独立的 UTS 命名空间的新进程

```
//exam11-1.c
#define _GNU_SOURCE
#include <sys/wait.h>
#include <sys/utsname.h>
#include <sched.h>
#include <string.h>
#include <stdio.h>
#include <stdlib.h>
#include <unistd.h>
#define STACK_SIZE (1024*1024)
```

< 243 >

```
int newprocess(void *arg)
{
    struct utsname uts;
    sethostname(arg, strlen(arg));
    uname(&uts);
    printf("uts.nodename in child:%s\n", uts.nodename);
    return 0;
}
int main(int argc, char *argv[])
{
    if (argc < 2) {
        fprintf(stderr, "Usage: %s child-hostname\n", argv[0]);
        exit(1);
    }
    char *stack = malloc(STACK_SIZE);
    char *stackTop = stack + STACK_SIZE;
    pid_t pid = clone(newprocess, stackTop, CLONE_NEWUTS | SIGCHLD, argv[1]);
    printf("clone() returned %ld\n", (long) pid);
    struct utsname uts;
    uname(&uts);
    printf("uts.nodename in parent: %s\n", uts.nodename);
    waitpid(pid, NULL, 0);
    printf("child has terminated\n");
    exit(0);
}
```

程序的运行结果如下所示：

```
$ gcc  -Wall  exam11-1.c  -o exam11-1        // exam11-1.c 经编译与链接生成 exam11-1
$ exam11-1 myhost                            // 执行 exam11-1
clone() returned 664
uts.nodename in child:myhost
uts.nodename in parent: zhengqy
child has terminated
```

上述实例创建了一个拥有独立 UTS 命名空间的子进程，UTS 命名空间的名称通过命令行参数设置。

11.3 线程控制

Linux 诞生初期不支持线程，从内核 2.x 起引入了 clone() 系统调用，为构建线程提供了内核层面的支持。线程的实现被封装在 GLIBC 的 pthread 线程库中，其编程接口遵循 POSIX.1 标准。线程库封装了具体的实现细节，由一系列线程相关函数构成，其中包括线程创建、终止和同步控制等。

11.3.1 线程属性

线程拥有诸多属性，如栈和信号掩码等。在创建线程前，应根据特定的应用场景对其中的部分属性进行设置。

1. pthread_attr_init()/pthread_attr_destroy()函数

头文件：

```
#include <pthread.h>
```

< 244 >

函数原型：

```
int pthread_attr_init(pthread_attr_t *attr);
int pthread_attr_destroy(pthread_attr_t *attr);
```

功能：

初始化/注销线程的属性对象。

参数：

attr 指向线程属性对象。

返回值：

成功返回 0，失败返回-1。

pthread_attr_init()/pthread_attr_destroy()函数用于初始化/注销 attr 指向的线程属性对象，属性对象记录线程的相关属性，如线程栈大小和线程结束方式等。用户可利用相关函数对其中的属性进行设置，定制线程属性对象供创建线程时使用。不用的对象应及时注销，注销的对象不影响基于该属性创建的线程。

2. pthread_attr_getstack()/pthread_attr_setstack()函数

头文件：

```
#include <pthread.h>
```

函数原型：

```
int pthread_attr_getstack(pthread_attr_t *attr,void **addr,size_t *size);
int pthread_attr_setstack(pthread_attr_t *attr,void *addr,size_t size);
```

功能：

获取/设置线程栈的地址和大小。

参数：

addr 指向线程栈地址；size 指向线程栈的大小。

返回值：

成功返回 0，失败返回非 0。

pthread_attr_getstack()/pthread_attr_setstack()函数用于获取/设置线程属性对象 attr 中栈的地址和大小，它们分别通过 addr 和 size 传递参数。

默认情况下，线程库会为每个新建的线程分配一个固定大小的栈。栈的大小与硬件有关，更大的栈空间可容纳更多的局部变量和更深的函数嵌套，但大量创建线程会消耗过多的资源，在实际应用时应综合参考各方面因素。

3. pthread_attr_getdetachstate()/pthread_attr_setdetachstate()函数

头文件：

```
#include <pthread.h>
```

函数原型：

```
int pthread_attr_getdetachstate(pthread_attr_t *attr, int *state);
int pthread_attr_setdetachstate(pthread_attr_t *attr, int state);
```

功能：

获取/设置线程的分离属性。

参数：

state 指向分离属性。

< 245 >

返回值：

成功返回 0，失败返回非 0。

pthread_attr_getdetachstate()/pthread_attr_setdetachstate()函数用于获取/设置线程属性对象 attr 的分离属性，线程的分离属性存放在 state 指向的地址中。分离属性的含义如表 11-3 所示。

表 11-3　pthread_attr_set_detachstate pthread_attr_getdetachstate()函数中参数 state 的含义

参数 state	含义
PTHREAD_CREATE_DETACHED	分离状态
PTHREAD_CREATE_JOINABLE	连接状态（默认）

线程的分离属性分为连接和分离两种状态。对处于连接状态的线程，创建者线程需调用 pthread_join()函数等待其终止运行，释放占用的资源；而对处于分离状态的线程，线程结束后会自动释放其占用的资源，不需要其他线程协助。

11.3.2　线程的创建与终止

1．pthread_create()函数

头文件：

```
#include < pthread.h >
```

函数原型：

```
int pthread_create(pthread_t *tid,pthread_attr_t *attr, void *(*start)(void *),
void *args);
```

功能：

创建线程。

参数：

tid 指向线程 ID；start 指向线程的入口函数；args 指向传递的参数。

返回值：

pthread_create()函数成功返回 0，失败返回错误代码。

pthread_create()函数用于在调用者进程内创建一个新的线程。其中，tid 指向新建线程的 ID；start 指向线程执行的开始地址；args 指向传递的参数；attr 指向新建线程使用的属性对象，通常，该参数设置为 NULL。使用默认设置，新线程会继承创建者进程的信号掩码。线程会在下列情况下结束运行：

① 线程调用了pthread_exit()函数。

② start 指向的函数执行完毕。

③ 线程被取消。

④ 进程中的其他线程执行了exit()函数或进程终止。

2．pthread_join()函数

头文件：

```
#include < pthread.h >
```

函数原型：

```
int pthread_join(pthread_t tid, void **status)
```

< 246 >

功能：

等待线程运行结束。

参数：

status 指向线程的返回状态。

返回值：

成功返回 0，失败返回错误代码。

pthread_join() 函数用于等待 tid 指向的线程结束运行，tid 指向的线程需处于连接状态。若 status 为非空，则 status 指向终止线程返回的状态。状态值取决于线程的结束方式，调用者线程会根据返回的状态判断目标线程结束的原因并进行相应的处理。

3．pthread_exit() 函数

头文件：

```
#include < pthread.h >
```

函数原型：

```
void pthread_exit(void *retval);
```

功能：

结束线程。

参数：

retval 指向结束状态。

返回值：

无返回。

pthread_exit() 函数使调用者线程结束运行，并将结束状态保存至 retval 指向的地址。当进程中的最后一个线程运行结束时，由 atexit 函数注册的善后处理才真正执行，线程共享的进程资源随之得到释放。

4．实例分析

利用 pthreah 线程库创建多个线程，并与主线程同步，代码如程序 11-2 所示。

程序 11-2　利用 pthread 线程库创建线程

```
//exam11-2.c
#include <pthread.h>
#include <string.h>
#include <stdio.h>
#include <stdlib.h>
#include <unistd.h>
#include <errno.h>
#include <ctype.h>
struct thread_info {
   pthread_t thread_id;
   int        thread_num;
};
void * thread_start(void *arg)
{
   struct thread_info *tinfo = arg;
   char *p;
   long ret = rand() % 1000;
   printf("Thread %d: top of stack near %p\n", tinfo->thread_num, &p);
```

< 247 >

```
        pthread_exit((void *)ret);
}
int main(int argc, char *argv[])
{
    int opt;
    int stack_size = 2048*1024;
    int nthread = 2;
    while ((opt = getopt(argc, argv, "s:n:")) != -1) {
        switch (opt) {
            case 's':
                stack_size = atol(optarg)*1024;
                break;
            case 'n':
                nthread = atol(optarg);
                break;
            default:
                fprintf(stderr, "Usage:%s [-s stack-size(kb)] [-n num of threads] \n",
                argv[0]);
                exit(1);
        }
    }
    pthread_attr_t attr;
    pthread_attr_init(&attr);
    pthread_attr_setstacksize(&attr, stack_size);
    pthread_attr_setdetachstate(&attr, PTHREAD_CREATE_JOINABLE);
    pthread_attr_setschedpolicy(&attr, SCHED_FIFO);
    struct   sched_param param;
    param.sched_priority = 2;
    pthread_attr_setschedparam(&attr, &param);
    pthread_attr_setinheritsched(&attr, PTHREAD_EXPLICIT_SCHED);
    struct thread_info *tinfo;
    tinfo = calloc(nthread, sizeof(struct thread_info));
    for (int i = 0; i < nthread; i++) {
        tinfo[i].thread_num = i + 1;
        pthread_create(&tinfo[i].thread_id, &attr,&thread_start, &tinfo[i]);
    }
    pthread_attr_destroy(&attr);
    for (int i = 0; i < nthread; i++) {
        long res;
        pthread_join(tinfo[i].thread_id, (void *)&res);
        printf("Joined with thread %d; returned value was %ld\n",
        tinfo[i].thread_num, res);
    }
    free(tinfo);
    pthread_exit(NULL);
}
```

程序的运行结果如下所示：

```
$ gcc  -Wall  -lpthread  exam11-2.c  -o exam11-2   // exam11-2.c 经编译与链接生成 exam11-2
$ exam11-2 -s 4096 -n 3                            // 创建 3 个线程，每个线程栈的大小设置为 4KB
Thread 1: top of stack near 0xb7519354
Thread 2: top of stack near 0xb71e1354
Thread 3: top of stack near 0xb6fe0354
Joined with thread 1; returned value was 383
Joined with thread 2; returned value was 886
Joined with thread 3; returned value was 777
```

< 248 >

11.4 线程取消

11.4.1 线程取消概述

正在运行的线程有时需要被取消。例如，对于正在进行数据传输的线程，若简单地向线程发送结束信号，线程因无法预知何时收到信号，无法做出正确的处理。为此，Linux 系统引入了线程取消点的概念。用户可在线程运行轨迹上设置若干取消点，并为取消点设置相应的处理函数；用户仅需向被取消的线程发送取消请求，收到取消请求的线程会在运行至下一个取消点时，自动执行预先设置的处理函数后结束运行，从而确保线程的安全退出。

11.4.2 线程取消点的创建

1. 创建线程取消点

取消点是指支持处理取消请求的函数。此类函数中添加了处理线程取消请求的代码片段，如 sleep()、select() 和 send() 等都支持线程取消的处理。计算密集且无取消点的循环体则无法及时处理到达的取消请求。为此，线程库设计了用于处理线程取消请求的 pthread_testcancel() 函数。

头文件：

```
#include <pthread.h>
```

函数原型：

```
void pthread_testcancel(void);
```

功能：
测试线程的取消请求是否到达。
参数：
无参数。
返回值：
若取消请求已到达，结束线程，否则立即返回。

pthread_testcancel() 函数用于检测取消请求是否到达。若在执行该函数时收到线程取消请求，执行者线程是否取消取决于线程的取消状态和取消类型。若调用者线程处于禁止取消状态，则取消请求被阻塞。

2. 线程的取消状态和类型

（1）pthread_setcancelstate() 函数

线程的取消有启用和禁用两种状态。在禁用状态下，线程收到的取消请求将被阻塞，直至状态被启用；在启用状态下，线程会对收到的取消请求进行处理，具体方式取决于线程取消的类型。用户可通过 pthread_setcancelstate() 函数对线程的取消状态进行设置。

头文件：

```
#include <pthread.h>
```

函数原型：

```
int pthread_setcancelstate(int state, int *oldstate);
```

功能：

< 249 >

设置线程的取消状态。

参数：

state 指定取消状态；oldstate 指向原状态。

返回值：

成功返回 0，失败返回错误代码。

pthread_setcancelstate()函数用于将调用者线程的取消状态设置为 state，oldstate 指向原有状态的地址。线程取消状态的含义如表 11-4 所示。

表 11-4 pthread_setcancelstate()函数中参数 state 的含义

参数 state	含义
PTHREAD_CANCEL_ENABLE	启用状态（新建线程的默认状态）
PTHREAD_CANCEL_DISABLE	禁用状态

（2）pthread_setcanceltype()函数

线程取消有延迟和异步两种类型。若线程设置为延迟类型，则对到达的取消请求的处理会延迟到下一个取消点；但对异步类型，到达的取消请求会被立即处理。用户可通过 pthread_setcanceltype()函数设置线程取消的类型。

头文件：

```
#include <pthread.h>
```

函数原型：

```
int pthread_setcanceltype(int type, int *oldtype);
```

功能：

设置线程的取消类型。

参数：

type 指定取消类型；oldtype 指向原类型的。

返回值：

成功则返回 0，失败返回错误代码。

pthread_setcanceltype()函数用于将调用者线程的取消类型设置为 type，oldtype 指向原类型的地址。线程取消类型 type 的含义如表 11-5 所示。

表 11-5 pthread_setcanceltype()函数中参数 type 的含义

参数 type	含义
PTHREAD_CANCEL_DEFERRED	延迟处理方式（默认）
PTHREAD_CANCEL_ASYNCHRONOUS	异步处理方式

3．线程清理函数

线程清理函数是线程取消时执行的函数，用于执行线程结束前的清理工作，以便线程安全退出。例如，释放互斥锁避免死锁的发生。线程清理函数以栈的形式存放。通常，收到取消请求的线程在到达下一个取消点时，线程清理函数以后进先出的方式执行。用户可通过 pthread_cleanup_push()/ pthread_cleanup_pop()函数注册/注销线程清理函数。

头文件：

```
#include <pthread.h>
```

函数原型：

< 250 >

```
void pthread_cleanup_push(void (*routine)(void *),void *arg);
void pthread_cleanup_pop(int execute);
```

功能：

注册/注销线程清理函数。

参数：

routine 指向线程清理函数；execute 指定执行标志。

返回值：

无返回值。

pthread_cleanup_push()函数用于往线程清理栈顶压入 routine 指向的函数地址；arg 为向 routine 传递的参数；pthread_cleanup_pop()函数用于从线程清理栈顶移除清理函数。当线程被取消、线程调用 pthread_exit()函数，以及通过非 0 参数调用 pthread_cleanup_pop()函数时，线程清理函数栈上的函数被依次移除并执行。

4．pthread_cancel()函数

头文件：

```
#include <pthread.h>
```

函数原型：

```
int pthread_cancel(pthread_t thread);
```

功能：

向线程发送取消请求。

参数：

thread 指向线程 ID。

返回值：

成功返回 0，失败返回错误代码。

pthread_cancel()函数用于向线程 thread 发送取消请求，收到取消请求的线程根据取消状态和取消类型进行相应的处理。

5．实例分析

通过向新建线程发送取消请求，演示线程取消的运作过程，代码如程序 11-3 所示。

程序 11-3　演示线程取消的运作过程

```
//exam11-3.c
#include <pthread.h>
#include <stdio.h>
#include <signal.h>
#include <stdlib.h>
#include <unistd.h>
#include <errno.h>
#include <err.h>
    pthread_t tid;
int nseconds, cnt = 0;
void sighandler(int sig)
{
    int s = pthread_cancel(tid);
    if (s != 0)
        err(1, "pthread_cancel");
}
void cleanup_handler(void *arg)
```

< 251 >

```
{
    printf("clean-up function called\n");
    cnt = 0;
}
void * thread_start(void *arg)
{
    printf("thread started\n");
    pthread_cleanup_push(cleanup_handler, NULL);
    time_t curr = time(NULL);
    time_t term = curr + nseconds;
    while (term >= time(NULL)) {
        pthread_testcancel();
        if (curr < time(NULL)) {
            curr = time(NULL) ;
            printf("cnt = %d\n", cnt);
            cnt ++;
        }
    }
    pthread_cleanup_pop(0);
    return NULL;
}
int main(int argc, char *argv[])
{
    if (argc != 2) {
        fprintf(stderr, "Usage: %s seconds\n", argv[0]);
        exit(1);
    }
    nseconds = atol(argv[1]);
    struct sigaction sa;
    sigemptyset(&sa.sa_mask);
    sa.sa_flags = 0;
    sa.sa_handler = sighandler;
    sigaction(SIGINT, &sa, NULL);
    int s = pthread_create(&tid, NULL, thread_start, NULL);
    if (s != 0)
        err(1, "pthread_create");
    void *res;
    s = pthread_join(tid, &res);
    if (s != 0)
        err(1, "pthread_join");
    if (res == PTHREAD_CANCELED)
        printf("Thread was canceled; cnt = %d\n", cnt);
    else
        printf("Thread terminated normally; cnt = %d\n", cnt);
    exit(0);
}
```

程序的运行结果如下所示：

```
$ gcc  -Wall  -lpthread  exam11-3.c  -o exam11-3 // exam11-3.c 经编译与链接生成 exam11-3
$ exam11-3 5                              // 在创建线程 5s 时向线程发起取消请求
New thread started
cnt = 0
cnt = 1
cnt = 2
cnt = 3
cnt = 4
Canceling thread                          // 开始发起取消线程请求
Called clean-up handler
Thread was canceled; cnt = 0
```

< 252 >

11.5　线程同步

由于线程共享所属进程的地址空间，因此当多个线程同时争夺共享资源时，应采取必要措施，以免导致错误的发生。为此，POSIX 线程库提供了互斥锁和条件变量两种同步控制机制。

11.5.1　互斥锁

互斥锁是一种管理临界区访问的同步控制机制，确保同一时间段仅有一个线程访问临界区。线程访问临界区前，需申请互斥锁，只有获得互斥锁的线程才允许进入临界区；未获得互斥锁的线程进入等待状态，直至获得释放的互斥锁。

1. 互斥锁相关接口函数

互斥锁在使用前需初始化，根据初始化的时机，可分为静态初始化和动态初始化，静态初始化在程序执行前定义，动态初始化则在程序运行时动态申请。

互斥锁的静态初始化，其语法如下所示：

```
pthread_mutex_t mutex = PTHREAD_MUTEX_INITIALIZER;
```

（1）pthread_mutex_init()/ pthread_mutex_destroy()函数

头文件：

```
#include <pthread.h>
```

函数原型：

```
int pthread_mutex_init(pthread_mutex_t *mp, pthread_mutexattr_t *mattr)
int pthread_mutex_destroy(pthread_mutex_t *mp)
```

功能：

初始化/注销互斥锁。

参数：

mp 指向互斥锁；mattr 指定互斥锁属性。

返回值：

成功返回 0，失败返回错误代码。

pthread_mutex_init()函数用于初始化 mp 指向的互斥锁；pthread_mutex_destroy()函数用于注销 mp 指向的互斥锁；mattr 指向互斥锁的属性地址，当 mattr 为空时，mp 初始化为 PTHREAD_MUTEX_INITIALIZER。

（2）pthread_mutex_lock()/pthread_mutex_unlock()函数

头文件：

```
#include <pthread.h>
```

函数原型：

```
int pthread_mutex_lock(pthread_mutex_t *mp)
int pthread_mutex_unlock(pthread_mutex_t *mp)
```

功能：

申请/释放互斥锁。

参数：

略。

< 253 >

返回值：

成功返回 0，失败返回错误代码。

pthread_mutex_lock()/pthread_mutex_unlock()函数用于申请/释放 mp 指向的互斥锁。当互斥锁被其他线程占用时，调用者线程会挂起，直至获得释放的互斥锁。离开临界区的线程应及时释放互斥锁。

2．实例分析

利用互斥锁实现线程对共享数据的访问，代码如程序 11-4 所示。

程序 11-4　利用互斥锁实现线程对共享数据的访问

```
//exam11-4.c
#include <stdio.h>
#include <pthread.h>
#include <unistd.h>
#include <stdlib.h>
#include <string.h>
pthread_mutex_t lock;
char buffer[BUFSIZ];
void * thread_start(void* arg)
{
    char *ch = (char *)arg;
    pthread_mutex_lock(&lock);
    for (int j = 0 ; j < strlen(ch) ; j++)
        buffer[j] = ch[j];
    buffer[strlen(ch)] = 0;
    printf("%s\n", buffer);
    pthread_mutex_unlock(&lock);
    return NULL;
}
int main(int argc, char *argv[])
{
    pthread_attr_t attr;
    pthread_mutex_init(&lock, NULL);
    pthread_attr_init(&attr);
    pthread_attr_setdetachstate(&attr, PTHREAD_CREATE_DETACHED);
    pthread_t tid1, tid2;
    pthread_create(&tid1, &attr, thread_start, "GNU/Linux");
    pthread_create(&tid2, &attr, thread_start, "Debian");
    sleep(10);
    return 0;
}
```

程序的运行结果如下所示：

```
$ gcc -Wall -lpthread exam11-4.c -o exam11-4   // exam11-4.c经编译与链接生成exam11-4
$ exam11-4                                      // 执行exam11-4
Debian
GNU/Linux
```

11.5.2　条件变量

条件变量是一种在线程间共享条件的控制机制，以条件变量的形式表示某种条件。当线程访问的条件不成立时，线程将在条件变量上等待，直至条件得到满足。条件变量的相关函数也属于非信号安全函数，下面介绍条件变量的接口函数。

1．条件变量的相关接口函数

条件变量的初始化同样可分为静态和动态两种，条件变量的静态初始化，其语法如下所示：

< 254 >

```
pthread_cond_t cond = PTHREAD_COND_INITIALIZER;
```

（1）pthread_cond_init()/ pthread_cond_destroy()函数

头文件：

```
#include <pthread.h>
```

函数原型：

```
int pthread_cond_init(pthread_cond_t *cv, pthread_condattr_t *cattr)
int pthread_cond_destroy(pthread_cond_t *cv)
```

功能：

初始化/注销条件变量。

参数：

cv 指向条件变量；cattr 指定条件变量属性。

返回值：

成功返回 0，失败返回错误代码。

pthread_cond_init()函数用于初始化 cv 指向的条件变量；cattr 通常设置为 NULL，使用条件变量的默认属性；pthread_cond_destroy()函数用于注销 cv 指向的条件变量，若动态创建的条件变量不再使用，应及时注销。

（2）pthread_cond_wait()/ pthread_cond_signal()/pthread_cond_broadcast()函数

头文件：

```
#include <pthread.h>
```

函数原型：

```
int pthread_cond_wait(pthread_cond_t *cv, pthread_mutex_t *mutex)
int pthread_cond_signal(pthread_cond_t *cv)
int pthread_cond_broadcast(pthread_cond_t *cv)
```

功能：

等待/释放条件变量。

参数：

cv 表示条件变量；mutex 表示互斥锁。

返回值：

成功返回 0，失败返回错误代码。

pthread_cond_wait()函数用于等待 cv 指向的条件变量，在条件成立后，自动释放之前获取的互斥锁 mutex；pthread_cond_signal()函数和 pthread_cond_broadcast()函数均用于释放 cv 指向的条件变量，但唤醒等待线程的方式不同，pthread_cond_signal()函数仅唤醒一个等待的线程，而 pthread_cond_broadcast 函数唤醒所有等待的线程。

2. 实例分析

利用条件变量实现生产者与消费者线程的同步，代码如程序 11-5 所示。

程序 11-5　利用条件变量实现生产者与消费者线程的同步

```c
//exam11-5.c
#include <stdio.h>
#include <pthread.h>
#include <unistd.h>
#include <stdlib.h>
pthread_mutex_t lock;
pthread_cond_t notempty, notfull;
```

< 255 >

```
int flag = 1, nprocd = 0, nmax;
void *producer(void* arg)
{
    while (flag) {
        pthread_mutex_lock(&lock);
        while (nprocd == nmax)
            pthread_cond_wait(&notfull, &lock);
        sleep(rand() % 5);
        nprocd ++;
        printf("producer nprocd:\t%d\n", nprocd);
        pthread_cond_signal(&notempty);
        pthread_mutex_unlock(&lock);
    }
    pthread_exit((void *)0);
}
void *consumer(void * arg)
{
    while (flag) {
        pthread_mutex_lock(&lock);
        while (nprocd == 0)
            pthread_cond_wait(&notempty, &lock);
        sleep(rand() % 10);
        nprocd --;
        printf("consumer nprocd:\t%d\n", nprocd);
        pthread_cond_signal(&notfull);
        pthread_mutex_unlock(&lock);
    }
    pthread_exit((void *)0);
}
int main(int argc, char *argv[])
{
    if (argc != 3) {
        fprintf(stderr, "Usage: %s max seconds\n", argv[0]);
        exit(1);
    }
    nmax = atol(argv[1]);
    int wtime = atol(argv[2]);
    pthread_mutex_init(&lock, NULL);
    pthread_cond_init(&notempty, NULL);
    pthread_cond_init(&notfull, NULL);
    pthread_attr_t attr;
    pthread_attr_init(&attr);
    pthread_t tp, tid;
    pthread_create(&tp, &attr, producer, NULL);
    pthread_create(&tid, &attr, consumer, NULL);
    sleep(wtime);
    flag = 0;
    void *res;
    pthread_join(tp, &res);
    pthread_join(tid, &res);
    return 0;
}
```

程序的运行结果如下所示：

```
$ gcc -Wall -lpthread exam11-5.c -o exam11-5 // exam11-5.c 经编译与链接生成 exam11-5
$ exam11-5 2  20                              // 产品的最大数量为 2，进程持续 20s 终止
producer nprocd: 1
consumer nprocd: 0
producer nprocd: 1
consumer nprocd: 0
```

< 256 >

```
producer nprocd: 1
consumer nprocd: 0
producer nprocd: 1
```

上述实例的运行结果表现出一定的随机性。程序定义了两个条件变量 notempty 和 notfull，分别表示是否有产品可用和库存是否已满，共享变量 nprocd 记录了当前的产品数量，互斥锁 lock 控制对 nprocd 变量的互斥操作。

11.6 多线程环境下的信号处理

1. 多线程环境下的信号处理

线程共享所属进程的信号处理方式，信号可发送至进程或进程中的某个线程。对于面向进程的信号，信号被进程中所有线程共享，进程中任意线程均可对信号进行处理，具体的执行线程取决于调度时机；对于面向线程的信号，仅由目标线程处理。

信号掩码为若干信号构成的集合，用于定义阻塞的信号。线程有独立的信号掩码，继承自创建者进程，但可通过 pthread_sigmask()函数进行修改，也可利用 sigpending()函数查询阻塞信号的到达情况。

（1）pthread_sigmask()函数

头文件：

```
#include <signal.h>
```

函数原型：

```
int pthread_sigmask(int how, const sigset_t *set, sigset_t *oldset);
```

功能：

设置线程的信号掩码。

参数：

how 指定操作方式；set 指向新的信号掩码；oldset 指向原信号掩码。

返回值：

成功返回 0，失败返回非 0。

pthread_sigmask()函数按 how 指定的方式将调用者线程的信号掩码调整为与信号集 set 的运算值，how 的定义可参见 sigprocmask()函数；oldset 指向原信号的掩码地址。

（2）pthread_kill()/ pthread_sigqueue()函数

头文件：

```
#include <signal.h>
```

函数原型：

```
int pthread_kill(pthread_t tid, int sig);
int pthread_sigqueue(pthread_t tid, int sig,const union sigval value);
```

功能：

向线程发送信号/实时信号。

参数：

sig 指定信号；value 指向传递的数据。

返回值：

成功返回 0，失败返回错误代码。

< 257 >

pthread_kill()函数用于向线程 tid 发送信号 sig；pthread_sigqueue()函数用于向线程 tid 发送实时信号 sig；value 为实时信号携带的参数。

由于线程与信号的异步特性，为简化多线程环境下的信号处理，因此可将进程中的每一个线程的所有信号均设置为阻塞状态，仅指定一个线程以同步方式处理到达的信号。这样可避免线程与信号处理程序间的资源竞争，从而降低程序设计的复杂性，提高程序的可读性和可靠性。

2．实例分析

在多线程环境下阻塞进程中的所有信号，仅指定一个线程以阻塞方式处理到达的信号，代码如程序 11-6 所示。

程序 11-6　多线程环境下的信号处理

```c
//exam11-6.c
#include <pthread.h>
#include <stdio.h>
#include <stdlib.h>
#include <unistd.h>
#include <signal.h>
void * thread_start(void *arg)
{
    sigset_t *set = arg;
    int sig;
    for (;;) {
        sigwait(set, &sig);
        printf("thread got signal %d\n", sig);
    }
}
int main(int argc, char *argv[])
{
    sigset_t set;
    sigfillset(&set);
    pthread_sigmask(SIG_BLOCK, &set, NULL);
    pthread_t thread;
    pthread_create(&thread, NULL, &thread_start, (void *) &set);
    pause();
}
```

程序的运行结果如下所示：

```
$ gcc -Wall -lpthread exam11-6.c -o exam11-6 // exam11-6.c 经编译与链接生成 exam11-6
$ exam11-6  &                               // 将进程置于后台运行
[1] 734
$ kill -QUIT %1                             // 向作业发送 SIGQUIT 信号
thread got signal 3
$ kill -USR1 %1                             // 向作业发送 SIGUSR1 信号
thread got signal 10
$ kill -KILL %1                             // 向作业发送 SIGKILL 信号，终止进程
[1]+  killed   exam11-6
```

11.7 非线程安全函数的改造

由于线程的诞生时间较晚，之前设计的一些函数并未考虑在多线程环境下运行的情景。函数内使用了全局变量或静态变量，包括函数参数和返回值。当这样的函数被多个线程同时调用时，会导致共享数据的竞争。若采用互斥锁等同步控制机制，无疑会消耗一定的系统资源，增加程序设计的复杂性，

降低代码的可读性，显然不是一种很好的选择。而应该在保持原有接口和功能不变的情况下，进行安全化改造，使它们在多线程环境下安全运行。

11.7.1　线程安全函数和非线程安全函数

1. 线程安全函数

若函数在多线程环境下能始终保持其正确性，则这样的函数称为线程安全函数。若函数及其调用的子函数未使用全局变量或静态变量，包括函数参数和返回值，则这样的函数为可重入函数，可重入函数一定是线程安全函数，但反之不成立。

GLIBC 中的某些函数由于编写时间较早，诞生于线程出现之前，并未考虑多线程环境，如 ctime() 和 readdir() 等函数，它们不属于线程安全函数。为了适应多线程环境，GLIBC 提供了功能相同的线程安全函数。为了便于区分，在函数名后加上_r，如 ctime_r() 和 readdir_r() 等函数。因函数接口发生了改变，致使包含这些函数的代码需要修改，显然降低了代码的可移植性。

2. 非线程安全函数

若函数在多线程环境下不能始终保持其正确性，则函数称为非线程安全函数。若函数及其调用的子函数使用了全局变量或静态变量，在未加控制的情况下，则函数一定为非线程安全函数。

下面给出一个非线程安全的 convert() 函数，源代码如程序 11-7 所示，

程序 11-7　非线程安全函数 convert ()

```
//exam11-7.c
char buffer[32];
char *convert(int val){
    int q = val, p = 31;
    char flag = 0;
    buffer[p]= '\0';
    if ( val == 0){
        buffer[--p] = '0';
        return  &buffer[p];
    }
    if ( val < 0){
        flag = 1;
        q = - val;
    }
    while ( q != 0 ){
        buffer[--p] = '0' + q % 10;
        q = q /10;
    }
    if (flag ==1)
        buffer[--p] = '-';
    return  &buffer[p];
}
```

函数 convert() 中使用了全局字符串数组 buffer，在多线程环境下可能会因竞争导致错误结果。

11.7.2　非线程安全函数的改造

非线程安全函数的安全化改造就是指在功能和接口不变的前提下，将其转变为线程安全函数。具体做法是将函数中的全局变量替换为线程持有变量，使每个线程拥有一份副本，以防止竞争现象的发生。通过安全化改造，使用这些函数的程序，无须修改源代码便可将其移植至多线程环境。根据转换方法的不同，改造可进一步划分为线程持有数据和线程局部存储两种方法。

< 259 >

1．线程持有数据

对于非线程安全函数中的全局/静态变量，可为每个线程创建一份称为线程持有数据的副本，以避免发生资源竞争。为此，POSIX 提供了一系列接口函数，为每个全局/静态变量创建一个以键值关联的数组，数组以线程 ID 为索引存放线程持有的数据。

（1）pthread_once()函数

头文件：

```
#include <pthread.h>
```

函数原型：

```
int pthread_once(pthread_once_t *once_control, void (*init_routine) (void));
```

功能：

仅执行一次初始化。

参数：

once_control 指向控制变量；init_routine 指向初始化函数。

返回值：

成功返回 0，失败返回非 0。

pthread_once()函数确保 init_routine 指向的函数最多执行一次；once_control 指向静态变量，其初始值为 PTHREAD_ONCE_INIT，记录和控制 init_routine 所指函数的执行次数。

（2）pthread_key_create()/pthread_key_delete()函数

头文件：

```
#include <pthread.h>
```

函数原型：

```
int pthread_key_create(pthread_key_t *key, void (*destr_function) (void *));
int pthread_key_delete(pthread_key_t key);
```

功能：

创建/删除线程持有数据关联键值。

参数：

key 指向键值；destr_function 指向析构函数。

返回值：

成功返回 0，失败返回非 0。

pthread_key_create()函数用于创建一组以键 key 命名的管理单元，以存放线程持有数据；key 值应为全局变量；destr_function 指向析构函数的地址；pthread_exit()当被线程调用或被取消而退出时自动执行，释放线程持有数据所占的内存；pthread_key_delete()函数用于释放以键 key 命名的管理单元。

（3）pthread_getspecific()/pthread_setspecific()函数

头文件：

```
#include <pthread.h>
```

函数原型：

```
void * pthread_getspecific(pthread_key_t key);
int pthread_setspecific(pthread_key_t key, const void *pointer);
```

功能：

获取/设置键值关联线程持有的数据。

< 260 >

参数：

pointer 指向线程持有数据。

返回值：

pthread_setspecific()成功返回 0，失败返回非 0；pthread_getspecific()成功返回键值对应的线程持有数据，失败返回 NULL。

pthread_getspecific()函数用于获取键 key 对应调用者线程的持有数据；pthread_setspecific()函数用于将键 key 对应调用者线程的持有数据关联至 pointer 指向的地址。

（4）实例分析

利用线程持有数据改造非线程安全函数 convert ()，代码如程序 11-8 所示。

程序 11-8　基于线程持有数据的线程安全函数 convert

```c
//exam11-8.c
#include <stdlib.h>
#include <pthread.h>
static pthread_once_t once = PTHREAD_ONCE_INIT;
static pthread_key_t convert_key;
void buffer_destroy(void *buffer)
{
    free(buffer);
}
void buffer_key_alloc(void)
{
    pthread_key_create(&convert_key, buffer_destroy);
}
char *convert(int val){
    int q = val, p = 31;
    char flag = 0;
    pthread_once(&once, buffer_key_alloc);
    char *buffer = pthread_getspecific(convert_key);
    if (buffer == NULL) {
        buffer = malloc(256);
        pthread_setspecific(convert_key, buffer);
    }
    buffer[p]= '\0';
    if ( val == 0){
         buffer[--p] = '0';
         return  &buffer[p];
    }
    if ( val < 0){
        flag = 1;
        q = - val;
    }
    while ( q != 0 ){
        buffer[--p] = '0' + q % 10;
        q = q /10;
    }
    if (flag ==1)
        buffer[--p] = '-';
    return  &buffer[p];
}
```

2．线程局部存储

线程局部存储是指在非线程安全函数的全局/静态变量前添加__thread 修饰符，使其在编译时为每个线程生成一份副本，从而实现非线程安全函数的安全改造。

下面利用线程局部存储改造非线程安全函数 convert()，代码如程序 11-9 所示。

< 261 >

程序 11-9　利用线程局部存储改造非线程安全函数 convert

```c
//exam11-9.c
#include <stdio.h>
char __thread buffer[BUFSIZ];
char *convert(int val){
    int q = val, p = 31;
    char flag = 0;
    buffer[p]= '\0';
    if ( val == 0){
        buffer[--p] = '0';
        return  &buffer[p];
    }
    if ( val < 0){
        flag = 1;
        q = - val;
    }
    while ( q != 0 ){
        buffer[--p] = '0' + q % 10;
        q = q /10;
    }
    if (flag ==1)
        buffer[--p] = '-';
    return  &buffer[p];
}
```

11.7.3　线程的设计原则

相较于进程，线程虽减少了资源消耗，但增加了资源竞争的风险，从而导致线程编程的复杂性。为使线程安全且高效运行，线程编码时应遵循下列基本原则。

① 尽量使用局部数据，减少线程间资源竞争的风险。

② 操作共享数据时，利用线程同步控制机制，实现并发操作的可串行化。

③ 使用线程安全的函数，以免产生不必要的竞争风险。

④ 避免与信号混合使用，降低代码的复杂性。

⑤ 避免使用嵌套过深的递归函数，防止栈溢出。

< 262 >

第12章 网络编程

12.1 网络编程概述

1. 网络套接字 Socket

TCP/IP 诞生于 1983 年美国加州大学伯克利分校的 BSD 4.2。随着 UNIX 系统的成功，TCP/IP 也成为 UNIX 的标准网络协议。由于 TCP/IP 的跨平台特性，Internet 的前身 ARPANET 使用的 NCP（Network Control Protocol，网络控制协议）也转向 TCP/IP。由于在互联网领域的广泛应用，TCP/IP 已成为互联网事实上的标准协议。

由于 BSD 的开放性，因此其实现源代码也成为各类 TCP/IP 实现的起点。Socket 作为 BSD 的 TCP/IP 编程接口，有时也称为 BSD Socket。随着 TCP/IP 在各领域的广泛应用，Socket 也已成为应用程序访问网络协议的接口标准，得到了包括 Linux 在内的众多操作系统的支持。Socket 是对网络协议 I/O 行为的抽象，适用于不同类型的网络协议。

2. Linux 内核支持的协议

Linux 内核支持多种网络协议，如 TCP/IP、IPX（Internetwork Packet Exchange，互联网分组交换）/SPX（Sequenced Pocket Exchange，顺序报文分组）协议和 UNIX 域等。内核通过 Socket 抽象层向下连接具体的网络协议，向上连接系统调用接口层，其结构如图 12-1 所示。GLIBC 对协议的内核访问接口进行了封装，为应用层提供符合 Socket 接口规范的一系列函数。

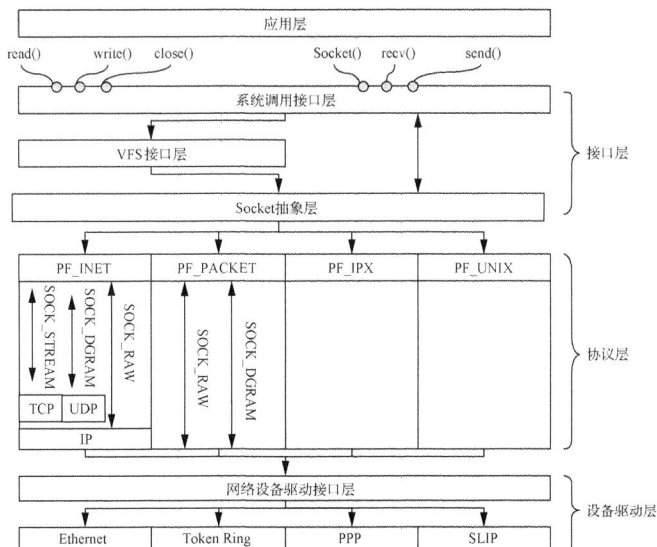

图 12-1　Linux 内核网络协议的体系架构

与字符设备和块设备不同，由于网络环境的复杂性，数据在网络间传输需要某种格式和相应的协议，因此不能直接接入虚拟文件系统，而是通过具体的网络协议。Linux 内核支持多种协议，如 TCP/IP 和 IPX/SPX 等。内核封装了不同协议的实现细节，将它们统一接入 Socket 抽象层，继而接入系统调用接口层。为了支持文件 I/O 操作，Socket 抽象层同时与 VFS 建立访问通道。

3．客户机/服务器模式

Socket 采用客户机/服务器模式，服务器需预先向客户机公布其地址，服务器通过在特定的地址上监听客户机发出的请求，获得客户机的地址，从而实现服务器和客户机间的双向数据通信。根据数据的传输质量，传输层通常提供面向连接和无连接两种服务，面向连接服务可确保双方数据传输的可靠性，但会消耗一定的带宽，无连接服务无法确保数据传输的可靠性，但消耗较少的带宽资源。

4．TCP/IP

TCP/IP 作为互联网的标准协议，其传输层为上层提供数据传输服务。根据服务质量的不同，传输服务可划分为可靠传输服务和不可靠传输服务。其中，TCP 为可靠传输服务，而 UDP 为不可靠传输服务。

TCP 是一种面向连接的传输协议，通信双方以字节流方式可靠地交换数据。为了保证数据传输的正确有序，TCP 内部有一套复杂的协商控制机制，上层应用无须关心底层的实现细节。但 TCP 也会消耗一定的带宽资源。

UDP 是一种无连接的数据报协议，以数据报为单位。数据报在传输过程中可能丢失或失序，UDP 不负责重传和排序。与 TCP 相比，UDP 占用的带宽资源较少。

5．网络套接字接口函数

本章在客户机/服务器模式的基础上，以 TCP/IP 为例，详细介绍面向连接和面向无连接的概念和相关接口函数，通过实例演示服务器和客户机的构建方法。其中涉及的相关接口函数及其功能描述如表 12-1 所示。

表 12-1　Socket 相关接口函数及其功能描述

接口函数	功能描述
socket()	创建套接字
bind()	绑定本地地址
listen()	监听绑定地址上的连接请求
accept()	接收来自绑定地址上的连接请求
connect()	向服务器发起连接请求
recv()/recvfrom()/recvmsg()	从套接字接收数据
send()/sendto()/sendmsg()	向套接字发送数据
close()/shutdown()	关闭/优雅关闭连接
sendfile()	在内核空间传输文件
socketpair()	创建互联套接字
getsockopt()/setsockopt()	获取/设置套接字选项

12.2 互联网传输协议

12.2.1 面向连接的传输协议 TCP

TCP 是一种面向连接且基于字节流的可靠传输协议，可确保通信双方数据传输的有序和正确。采

< 264 >

用客户机/服务器模式，服务器监听客户机发起的连接请求；在双方建立连接后，便可进行数据传输。具体的操作流程如图 12-2 所示。

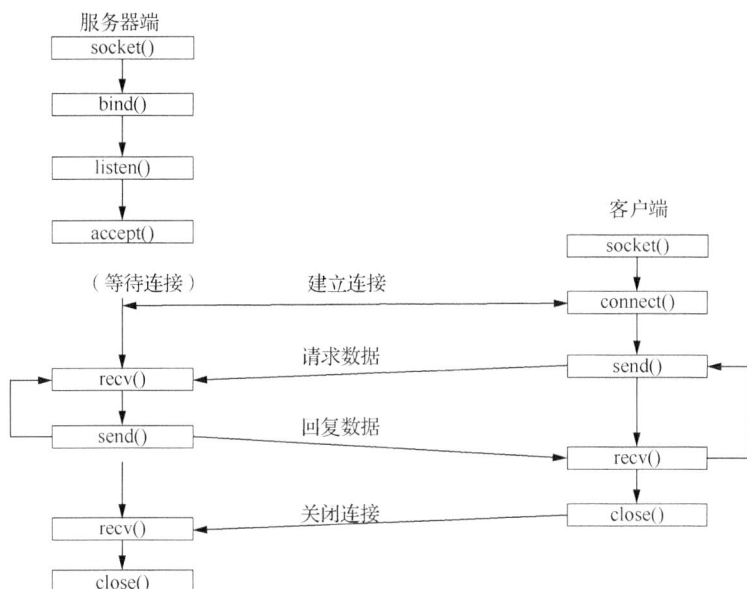

图 12-2 基于 TCP 的客户机/服务器模式

对于服务器，首先调用 socket() 函数创建套接字，接着调用 bind() 函数绑定本地地址，然后调用 listen() 函数对绑定地址进行监听，通过调用 accept() 函数接收来自客户机的连接请求，建立与客户机的连接。此后，服务器通过 recv()/send() 函数与客户机交换数据。若传输任务完成，最后调用 close() 函数断开连接。

对于客户机，首先调用 socket() 函数创建套接字；根据服务器的绑定地址，调用 connect() 函数向服务器发起连接请求；在发起连接请求前，可不调用 bind() 函数绑定本地地址，而由系统自动分配；在成功建立连接后，双方均可调用 recv()/send() 函数收发数据；当一方需结束通信时，可调用 close() 函数发起结束连接的请求。

12.2.2 Socket 编程接口

在编写 Socket 应用程序时，会涉及较多的接口函数。为了便于学习，下面仅对其中部分核心函数进行介绍。

1. 相关函数

（1）socket() 函数
头文件：

```
#include <sys/types.h>
#include <sys/socket.h>
```

函数原型：

```
int socket(int domain, int type, int protocol);
```

功能：
创建套接字。
参数：

< 265 >

domain 指定协议族；type 指定套接字类型；protocol 指定协议类型，其值通常为 0。

返回值：

成功返回套接字的文件描述符，失败返回-1。

socket()函数用于创建一个套接字，并返回套接字的文件描述符；domain 指向协议族；type 为套接字类型。protocol 指定采用的协议，具体协议取决有于 domain 和 type；通常，protocol 设置为 0。socket()函数中参数 domain 的含义如表 12-2 所示。

表 12-2 socket()函数中参数 domain 的含义

参数 domain	含义
AF_UNIX	本地通信协议
AF_INET	IPv4 互联网协议
AF_INET6	IPv6 互联网协议
AF_IPX	IPX novell protocols
AF_NETLINK	配置协议

socket()函数中参数 type 的含义如表 12-3 所示。

表 12-3 socket()函数中参数 type 的含义

参数 type	含义
SOCK_STREAM	面向连接的字节流服务
SOCK_DGRAM	无连接不可靠数据报服务
SOCK_RAW	底层协议访问服务

SOCK_STREAM 和 SOCK_DGRAM 为两种常用的协议类型。对于 TCP/IP 协议族，它们分别对应面向连接的协议 TCP 和面向无连接的协议 UDP。

（2）bind()函数

头文件：

```
#include <sys/types.h>
#include <sys/socket.h>
```

函数原型：

```
int bind(int sockfd,struct sockaddr *addr,socklen_t addrlen);
```

功能：

绑定本地地址。

参数：

sockfd 指向套接字的文件描述符；addr 指定绑定地址；addrlen 指定地址长度。

返回值：

成功返回 0，失败返回-1。

bind()函数为套接字 sockfd 绑定 addr 指向的地址。服务器在接收客户机发起的连接请求前，需指定监听地址。客户机无须事先绑定地址，当其发起连接请求时，由内核统一分配，服务器可通过连接请求获得客户机地址。addr 为存放地址的 sockaddr 类型指针，地址形式与协议族有关。为了避免编译时提示告警，sockaddr 使用更一般的类型，其定义如下：

```
struct sockaddr {
    sa_family_t sa_family;      // 协议族
    char        sa_data[14];    // 内容与协议族有关
}
```

< 266 >

TCP/IP 协议族的地址类型有 IPv4 和 IPv6 两种。下面仅以 IPv4 为例，给出地址类型为 sockaddr_in 的定义。

```
struct sockaddr_in {
    short int sin_family;            // 取值为 AF_INET
    unsigned short int sin_port;     // 端口号
    struct in_addr sin_addr;         // IP 地址
...
};
```

若 sin_addr 设置为 INADDR_ANY，即 0.0.0.0，则表示本机任意网卡上绑定的地址。由于 1～1024 的端口为保留端口，已被规划为一些特定服务使用，如：FTP 和 Telnet 服务器等，因此，在定义 sin_port 时，其值应大于 1024。

（3）listen()函数

头文件：

```
#include <sys/socket.h>
```

函数原型：

```
int listen(int sockfd, int backlog);
```

功能：

监听绑定地址上到达的连接请求。

参数：

backlog 指定可容纳连接请求的数量。

返回值：

成功返回 0，失败返回-1。

listen()函数用于监听套接字 sockfd 绑定地址上到达的连接请求。到达的连接请求在接收缓冲区排队，队列的长度由 backlog 指定。当到达的连接请求超过等待队列的最大值时，会导致客户机的连接请求失败。

（4）accept()函数

头文件：

```
#include <sys/types.h>
#include <sys/socket.h>
```

函数原型：

```
int accept(int sockfd, struct sockaddr *addr, socklen_t *addrlen);
```

功能：

接收来自绑定地址上的连接请求。

参数：

addr 指向连接请求的地址。

返回值：

成功返回新连接创建的套接字的文件描述符，失败返回-1。

accept()函数用于接收套接字 sockfd 上到达的连接请求，并返回一个新套接字的文件描述符。当套接字 sockfd 上暂无连接请求时，调用者进程挂起，直至连接请求到达。addr 指向连接请求的地址。addrlen 为地址的长度，该函数仅适用于面向连接的套接字。

< 267 >

（5）connect()函数

头文件：

```
#include <sys/types.h>
#include <sys/socket.h>
```

函数原型：

```
int connect(int sockfd, struct sockaddr *addr,socklen_t addrlen);
```

功能：

向服务器发起连接请求。

参数：

addr 指向服务器地址。

返回值：

成功返回 0，失败返回-1。

connect()函数用于向套接字 sockfd 指向的服务器发起连接请求，并试图与其建立连接。addrlen 为地址的长度，调用者进程发起请求后挂起，直至服务器接收连接。

connect()函数通常用于面向连接的套接字。若在无连接的套接字上使用，则会将地址 addr 作为默认的目标地址。用户可使用 recv()/send()函数收发数据，但地址可通过再次调用 connect()函数而改变。

（6）recv()/recvfrom()/recvmsg()函数

头文件：

```
#include <sys/types.h>
#include <sys/socket.h>
```

函数原型：

```
ssize_t recv(int sockfd, void *buf, size_t len, int flags);
ssize_t recvfrom(int sockfd, void *buf, size_t len, int flags,struct sockaddr *from,
socklen_t *addrlen);
ssize_t recvmsg(int sockfd, struct msghdr *msg, int flags);
```

功能：

从套接字接收数据。

参数：

buff 指向接收缓冲区；len 指定缓冲区大小；from 指向目标地址；msg 指向接收请求；flags 指定操作方式。

返回值：

成功返回接收的字节数，失败返回-1。

上述三个函数均从套接字 sockfd 上接收数据，仅携带的参数不同。buff 指向接收缓冲区地址，len 为缓冲区大小，from 指向数据来源地址，addrlen 为来源地址长度。recv()函数为 recvfrom()函数的特例：recv(sockfd, buf, len, flags); 等价于 recvfrom(sockfd, buf, len, flags, NULL, NULL);。

msg 为 msghdr 类型的指针，可使函数参数最小化。msghdr 类型封装了接收数据所需的参数，其定义如下：

```
struct msghdr {
    void *msg_name;                // 目标地址
    socklen_t msg_namelen;         // 目标地址长度
    struct iovec *msg_iov;         // 缓冲区
    size_t msg_iovlen;             // 缓冲区数量
```

< 268 >

```
        void *msg_control;              // 附加数据地址
        size_t msg_controllen;          // 附加数据长度
        int msg_flags;                  // 用于接收数据
};
```

flags 为一个位掩码，用于定义 I/O 的操作行为，在 recv()和 send()函数中的定义有所不同。表 12-4
仅给出了其中的部分含义。

表 12-4　socket 收发函数中参数 flags 的含义

参数 flags	含义	接收	发送
MSG_DONTROUTE	目标主机在本地网络		√
MSG_DONTWAIT	设置为非阻塞方式	√	√
MSG_OOB	发送/接收外带数据	√	√
MSG_PEEK	窥视传入的数据	√	√
MSG_WAITALL	等待全部数据到达	√	

（7）send()/sendto()/sendmsg()函数

头文件：

```
#include <sys/types.h>
#include <sys/socket.h>
```

函数原型：

```
ssize_t send(int sockfd, const void *buf, size_t len, int flags);
ssize_t sendto(int sockfd, const void *buf, size_t len, int flags,const struct sockaddr
*to, socklen_t addrlen);
ssize_t sendmsg(int sockfd, const struct msghdr *msg, int flags);
```

功能：

向套接字发送数据。

参数：

to 指向目标地址；msg 指向发送请求。

返回值：

成功返回发送的字节数，失败返回-1。

上述三个函数均向套接字 sockfd 发送数据，仅携带的参数不同。buff 指向发送缓冲区地址；len 为
缓冲区大小；to 指向目标地址；addrlen 为目标地址长度；msg 为 msghdr 类型的指针，msghdr 类型的
定义可参见 recvmsg()函数。send()函数为 sendto()函数的特例：send(sockfd, buf, len, flags); 等价于
sendto(sockfd, buf, len, flags, NULL, 0);。

每个套接字除了在用户空间有缓冲区外，内核还为每个套接字分配了收发缓冲区。接收函数将到
达内核接收缓冲区的数据复制至用户缓冲区；发送函数的操作正好相反，将位于用户缓冲区的数据复
制至内核发送缓冲区。若套接字处于阻塞模式，当套接字的内核接收缓冲区为空时，接收操作将一直
等待，直至有数据到达；若套接字内核发送缓冲区无法容纳待发送的数据，发送操作将一直等待，直
至有足够空间容纳发送数据。

（8）close()/shutdown()函数

当无须传输数据时，应关闭连接。通常，客户机会调用 close()函数向服务器发起结束请求，主动
关闭连接的双向通道；服务器的 read()函数操作返回 0，表示文件已结束；此时，服务器可能尚有未及
时发送的数据，若继续发送，因客户机已将双向通道全部关闭，发送操作会导致失败；服务器只能调用
close()函数，被动关闭与客户机的连接。

当调用 close()函数关闭连接时，若套接字的内核发送缓冲区尚有未发送的数据，close()函数会一直等

< 269 >

待，直至数据全部发送完成或超时。若超时仍未发送，数据将被丢弃。同时发送 RST 包，请求对方复位，超时时间由套接字的 SO_LINGER 选项决定。当关闭连接时，若套接字的内核接收缓冲区尚有未接收的数据，将发送 RST 包，请求对方复位。若试图往一个关闭的套接字中写入数据，写入者会收到 SIGPIPE 信号，导致调用者进程终止。

并非所有发生异常的一方都产生 RST 包。例如，在突然断电、系统重启、网线松动和网络不通等情况下，出现故障的一方不产生任何信号。此时，另一方需通过其他方式检测另一端是否出现了异常，如定期发送心跳包等。

头文件：

```
#include <unistd.h>
#include <sys/socket.h>
```

函数原型：

```
int close(int sockfd);
int shutdown(int sockfd, int how);
```

功能：

关闭/优雅关闭连接。

参数：

how 指定关闭的方式。

返回值：

成功返回 0，失败返回-1。

shutdown()函数以 how 指定的方式关闭套接字sockfd的部分或全部连接。how 表示关闭方式，其含义如表 12-5 所示。

表 12-5　shutdown()函数中参数 how 的含义

参数 how	含义
SHUT_RD	停止接收数据
SHUT_WR	停止发送数据
SHUT_RDWR	停止收发数据

close()函数会将收发两条通道全部关闭，后续无法接收数据；若使用 shutdown()函数，仅关闭写通道，但仍可继续接收数据，故称为优雅关闭。收到 FIN 包的一方返回 0，仅表示对方已关闭了写操作，无法确定对方是否关闭了读操作。

2. 实例分析

利用 TCP，实现支持客户机优雅关闭的回写服务器，代码如程序 12-1 所示。

程序 12-1　支持客户机优雅关闭的回写服务器

```
//exam12-1.c
#include <stdio.h>
#include <stdlib.h>
#include <unistd.h>
#include <arpa/inet.h>
#include <sys/socket.h>
char buffer[BUFSIZ];
int main(int argc, char **argv)
{
    if (argc!=2){
        fprintf(stderr, "Usage : %s <port>\n", argv[0]);
        exit(1);
```

< 270 >

```
    }
    int serv_sock = socket(PF_INET, SOCK_STREAM, 0);
    struct sockaddr_in serv_addr;
    serv_addr.sin_family = AF_INET;
    serv_addr.sin_addr.s_addr = htonl(INADDR_ANY);
    serv_addr.sin_port = htons(atoi(argv[1]));
    bind(serv_sock, (struct sockaddr*)&serv_addr, sizeof(serv_addr));
    listen(serv_sock, 5);
    int fd_sock = accept(serv_sock, (struct sockaddr*)NULL, NULL);
    ssize_t len;
    while ((len = recv(fd_sock, buffer, BUFSIZ, 0)) > 0){
        send(fd_sock, buffer, len, 0);
    }
    send(fd_sock, "Thank you\n", 10, 0);
    close(fd_sock);
    return 0;
}
```

服务器发现客户机关闭写操作时，会继续发送剩余信息，直至发送完毕，确保客户机数据接收的完整性。

利用 TCP，实现支持优雅关闭的客户机，代码如程序 12-2 所示。

程序 12-2　支持优雅关闭的客户机

```
//exam12-2.c
#include <stdio.h>
#include <stdlib.h>
#include <string.h>
#include <unistd.h>
#include <arpa/inet.h>
#include <sys/socket.h>
char buffer[BUFSIZ];
int main(int argc, char **argv)
{
    if (argc!=3){
        fprintf(stderr, "Usage : %s <IP> <port>\n", argv[0]);
        exit(1);
    }
    int clnt_sock = socket(PF_INET, SOCK_STREAM, 0);
    struct sockaddr_in clnt_addr;
    clnt_addr.sin_family = AF_INET;
    clnt_addr.sin_addr.s_addr = inet_addr(argv[1]);
    clnt_addr.sin_port = htons(atoi(argv[2]));
    connect(clnt_sock, (struct sockaddr*)&clnt_addr, sizeof(clnt_addr));
    fputs("q to quit:\n", stdout);
    ssize_t num;
    for (;;) {
        fgets(buffer, BUFSIZ, stdin);
        if (!strcmp(buffer,"q\n"))
            break;
        int len = send(clnt_sock, buffer, strlen(buffer), 0);
        for (int tmp_len = 0; tmp_len < len; )
        {
            num = recv(clnt_sock, &buffer[tmp_len], len-tmp_len, 0);
            tmp_len += num;
        }
        buffer[len] = 0;
        printf("%s\n", buffer);
    }
    shutdown(clnt_sock, SHUT_WR);
    num = recv(clnt_sock, buffer, BUFSIZ, 0);
```

< 271 >

```
    buffer[num] = 0;
    printf("%s\n", buffer);
    return 0;
}
```

程序的运行结果如下所示：

```
$ gcc  -Wall  exam12-1.c  -o exam12-1        // exam12-1.c 经编译与链接生成 exam12-1
$ gcc  -Wall  exam12-2.c  -o exam12-2        // exam12-2.c 经编译与链接生成 exam12-2
$ exam12-1 5000 &                            // 将进程置于后台运行，监听端口为 5000
[1] 685
$ exam12-2 127.0.0.1 5000                    // 连接服务器
q to quit:                                   // 输入提示
hello Linux                                  // 输入并发送字符串'hello Linux'
hello Linux                                  // 收到来自服务器的回写'hello Linux'
q                                            // 断开与服务器的写操作
Thank you                                    // 仍能收到服务器发送的'Thank you'
```

在客户机不需要向服务器发送数据时，仅关闭写操作，可继续接收服务器发送的数据，以免因采用 close() 函数导致的数据丢失。

12.2.3　面向无连接的传输协议 UDP

1. 概述

UDP 为面向无连接的传输协议，它无法保证将数据有序且可靠地送达目的地，但这并不意味着丢报现象会频繁发生，取决于整个网络的状态，在局域网环境下，通常有很高的可靠性。相较于 TCP，UDP 消耗的带宽资源较少，具有较高的传输效率。UDP 在很多应用场景得到了广泛应用，如流媒体和网络电话等。

UDP 同样采用客户机/服务器模式，通信双方的数据传输如图 12-3 所示。

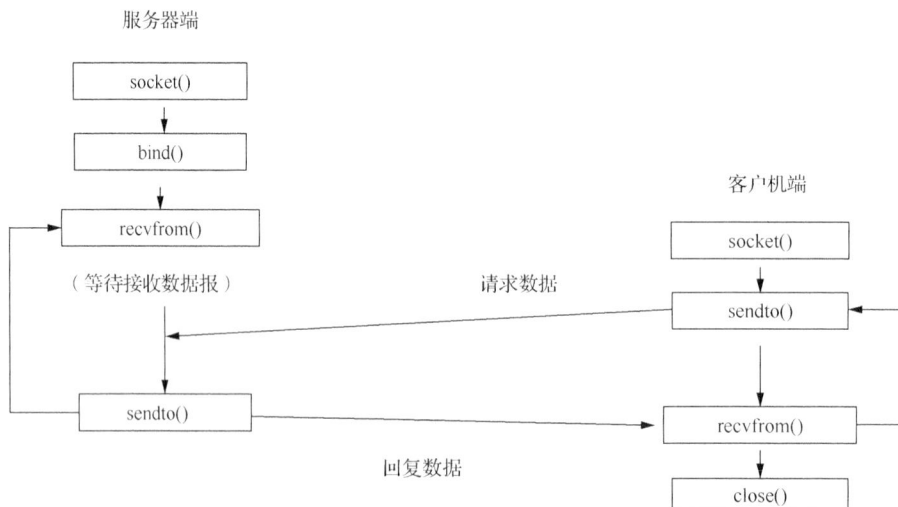

图 12-3　基于 UDP 的客户机/服务器模式

服务器和客户机首先调用 socket() 函数创建套接字；服务器调用 bind() 函数绑定监听地址；客户机无须绑定地址，在发送数据报时，由内核自动分配；双方无须建立连接，便可直接交换数据。

< 272 >

UDP 在收发数据时以数据报为单位，当一端发送两个长度均为 1024B 的数据报时，接收方套接字即使有 2048B 的内核接收缓冲区，一次也仅收到一个 1024B 的数据报。若发送长度为 0 的数据报，则接收方接收的数据报长度也为 0，但并不意味着对方关闭连接。这与面向连接的 TCP 不同。

2. 实例分析

① 利用 UDP 实现回写服务器，代码如程序 12-3 所示。

程序 12-3　利用 UDP 实现回写服务器

```
//exam12-3.c
#include <stdio.h>
#include <stdlib.h>
#include <string.h>
#include <unistd.h>
#include <arpa/inet.h>
#include <sys/socket.h>
char buffer[BUFSIZ];
int main(int argc, char **argv)
{
    if(argc != 2){
        fprintf(stderr, "Usage : %s <port>\n", argv[0]);
        exit(1);
    }
    int serv_sock = socket(PF_INET, SOCK_DGRAM, 0);
    struct sockaddr_in serv_addr;
    memset(&serv_addr, 0, sizeof(serv_addr));
    serv_addr.sin_family = AF_INET;
    serv_addr.sin_addr.s_addr = htonl(INADDR_ANY);
    serv_addr.sin_port = htons(atoi(argv[1]));
    bind(serv_sock, (struct sockaddr*) &serv_addr, sizeof(serv_addr));
    for (;;) {
        struct sockaddr_in clnt_addr;
        socklen_t addr_size = sizeof(clnt_addr);
        ssize_t len = recvfrom(serv_sock, buffer, BUFSIZ, 0, (struct sockaddr*)
        &clnt_addr, &addr_size);
        sendto(serv_sock, buffer, len, 0, (struct sockaddr*)&clnt_addr, addr_size);
    }
    close(serv_sock);
    return 0;
}
```

② 利用 UDP 实现向服务器发送命令行参数的客户机，代码如程序 12-4 所示。

程序 12-4　利用 UDP 实现向服务器发送命令行参数的客户机

```
//exam12-4.c
#include <netinet/in.h>
#include <arpa/inet.h>
#include <sys/socket.h>
#include <ctype.h>
#include <string.h>
#include <stdio.h>
#include <stdlib.h>
char buffer[BUFSIZ];
int main(int argc, char *argv[])
{
    if (argc < 4) {
        fprintf(stderr, "%s <IP> <port> [msg]...\n", argv[0]);
        exit(1);
    }
```

< 273 >

```
    int clnt_sock = socket(AF_INET, SOCK_DGRAM, 0);
    struct sockaddr_in serv_addr;
    serv_addr.sin_family = AF_INET;
    serv_addr.sin_port = htons(atoi(argv[2]));
    serv_addr.sin_addr.s_addr = inet_addr(argv[1]);
    for (int j = 0; j < argc; j++) {
        ssize_t len;
        sendto(clnt_sock, argv[j], strlen(argv[j]), 0, (struct sockaddr *)
        &serv_addr,sizeof(serv_addr));
        len = recvfrom(clnt_sock, buffer, BUFSIZ, 0, NULL, 0);
        printf("response %d: %.*s\n", j, (int) len, buffer);
    }
    exit(0);
}
```

程序的运行结果如下所示：

```
$ gcc  -Wall  exam12-3.c  -o exam12-3        // exam12-3.c 经编译与链接生成 exam12-3
$ gcc  -Wall  exam12-4.c  -o exam12-4        // exam12-4.c 经编译与链接生成 exam12-4
$ exam12-3  6000 &                           // 服务器置于后台运行，监听端口为 6000
[1] 681
$ exam12-4 127.0.0.1 6000 hello Linux        // 向服务器发送数据报
response 0: exam12-4
response 1: 127.0.0.1
response 2: 6000
response 3: hello
response 4: Linux
```

12.3 Socket 上的读/写操作

Socket 为用户提供了一组访问网络的接口函数。因 Socket 与文件在行为上的相似性，内核为 Socket 提供了对文件 I/O 接口的支持，可利用 read()/write()函数从套接字收发数据，同时也支持 select()/poll() 函数的 I/O 多路复用。

由于标准 I/O 函数库建立在基本文件 I/O 的基础上，因此，标准 I/O 函数库中的函数也适用于套接字，如 fgets()函数和 fputs()函数等。由于在用户空间中设置了缓冲区，因此会给 I/O 读/写操作带来一定的影响。

12.3.1 面向连接的 I/O 操作

由于面向连接套接字的字节流特性，因此数据的流速取决于双方套接字内核缓冲区滑动窗口状态的变化。无论采用阻塞还是非阻塞模式，在读/写套接字时，未必能将指定大小的数据一次性操作成功。

对于读操作，造成无法一次性全部读取所需数据的因素如下。

① 所需的数据未全部到达内核接收缓冲区。

② 即使全部到达，在读取过程中也可能被信号中断。

对于写操作，造成无法一次性全部写入指定数据的因素如下。

① 写入过程被信号中断。

② 在非阻塞模式下，套接字的内核发送缓冲区仅能容纳部分待写入的数据。

为了保证一次性读/写所需的数据，虽然可通过将 recv()/send()函数的 flag 参数设置为 MSG_WAITALL 的方式实现，但利用 read()/write()函数可给出更一般性的实现，代码如程序 12-5 所示。

< 274 >

程序 12-5　一次性读/写所需数据

```c
//exam12-5.c
#include <sys/stat.h>
#include <fcntl.h>
#include <unistd.h>
#include <errno.h>
ssize_t readn(int fd, void *msg, size_t num)
{
    size_t nread;
    for (nread = 0; nread < num; ) {
        char *buffer = msg;
        ssize_t len = read(fd, buffer, num - nread);
        if (len == 0)
            return nread;
        if ((len == -1) && (errno == EINTR || errno = EAGAIN))
            continue;
        if (len == -1)
            return nread;
        nread += len;
        buffer += len;
    }
    return nread;
}
ssize_t writen(int fd, const void *msg, size_t num)
{
    size_t nwrite;
    for (nwrite = 0; nwrite < num; ) {
        const char *buffer = msg;
        ssize_t len = write(fd, buffer, num - nwrite);
        if ((len == -1) && (errno == EINTR || errno = EAGAIN))
                continue;
        if (len == -1)
            return nwrite;
        nwrite += len;
        buffer += len;
    }
    return nwrite;
}
```

12.3.2　Socket 的异步驱动模式

对处于非阻塞模式的套接字，为了获知套接字状态的变化，内核提供了两种异步 I/O 驱动模式：异步 I/O 事件驱动和异步 I/O 信号驱动。

1. 异步 I/O 事件驱动

内核将套接字状态的改变抽象为 I/O 事件。例如，套接字上有新数据到达或发送缓冲区重新变得可用时，用户可通过 select()/poll()/epoll() 监听套接字状态的变化，利用获取的 I/O 事件判断状态改变的原因，从而进行相应的处理。套接字 I/O 事件的含义如表 12-6 所示。

表 12-6　Socket 异步 I/O 事件类型

事件类型	I/O 事件	含义
read	POLLIN	有数据到达
read	POLLIN	面向连接的请求到达
read	POLLHUP	对方关闭了连接

< 275 >

续表

事件类型	I/O 事件	含义
read	POLLHUP	向失效的套接字上写数据，同时发送 SIGPIPE 信号
write	POLLOUT	发送缓冲区变得可用
read/write	POLLIN|POLLOUT	连接完成
read/write	POLLERR	发生了异步 I/O 错误
read/write	POLLHUP	对方关闭了一个方向上的通道
exception	POLLPRI	紧急数据到达，同时发送 SIGURG 信号

2．异步 I/O 信号驱动

若利用 fcntl()函数在套接字上设置了 O_ASYNC 标识，套接字则被设置为 I/O 信号驱动模式。当套接字的状态发生改变时，内核会向指定的进程发送 SIGIO 信号或自定义的实时信号。当存在多个状态发生改变的套接字时，信号处理程序可根据信号来源加以区分。

12.3.3 零拷贝技术

Web 和 FTP 等应用场景经常需要向客户机发送文件，通常可采用文件复制的方式，将读入用户缓冲区的原文件内容写入目标文件，不断循环往复直至源文件结束。数据需在用户空间与内核空间之间来回复制，首先将源文件的内容读至内核缓存区，接着将其复制至用户缓冲区，最后将其复制至目标文件的内核缓存区。若存在大量且频繁的文件复制，显然会耗费大量的资源。为此，内核引入了称为零拷贝的技术，直接在内核完成数据复制，绕过了用户缓冲区，减少了数据复制次数，从而具有较高的性能。Linux 内核的 sendfile()函数实现了这一功能。

1．sendfile()函数

头文件：

```
#include <sys/sendfile.h>
```

函数原型：

```
ssize_t sendfile(int out_fd, int in_fd, off_t *offset, size_t count);
```

功能：
在内核空间传输文件。
参数：
out_fd 指向目标套接字的文件描述符；in_fd 指向源文件描述符；offset 指定源文件的偏移量；count 指定传输的字节数。
返回值：
成功返回实际复制的字节数，失败返回-1。

sendfile()函数用于从源文件 in_fd 的偏移量 offset 处将长度为 count 的数据复制至目标文件 out_fd 中，通常将本地的磁盘文件复制至网络套接字。若源文件从偏移量开始剩余的长度不足 count，则复制实际剩余的部分。源文件 in_fd 必须为普通文件，目标文件 out_fd 应为网络套接字。自 Linux 内核 2.6.33 版起，out_fd 可为任意文件。

除 sendfile()函数外，Linux 还提供了 splice()、vmsplice()和 tee()等接口函数，实现文件零拷贝的扩展。

2．实例分析

利用零拷贝函数 sendfile()实现文件传输服务器，代码如程序 12-6 所示。

< 276 >

程序 12-6　基于 sendfile()函数的文件传输服务器

```c
//exam12-6.c
#include <sys/socket.h>
#include <arpa/inet.h>
#include <stdio.h>
#include <stdlib.h>
#include <err.h>
#include <unistd.h>
#include <sys/stat.h>
#include <fcntl.h>
#include <sys/sendfile.h>
int main(int argc, char *argv[])
{
    if (argc != 3) {
        fprintf(stderr, "usage:%s <port> <filename>\n", argv[0]);
        exit(1);
    }
    int fd = open(argv[2], O_RDONLY);
    if (fd == -1)
        err(1, "%s", argv[2]);
    struct stat file_stat;
    fstat(fd,&file_stat);
    int serv_sock = socket(PF_INET, SOCK_STREAM, 0);
    struct sockaddr_in serv_addr;
    serv_addr.sin_family = AF_INET;
    serv_addr.sin_addr.s_addr = htonl(INADDR_ANY);
    serv_addr.sin_port = htons(atoi(argv[1]));
    bind(serv_sock, (struct sockaddr*) &serv_addr, sizeof(serv_addr));
    listen(serv_sock, 5);
    int fd_sock = accept(serv_sock, (struct sockaddr*)NULL, NULL);
    sendfile(fd_sock, fd, NULL, file_stat.st_size);
    close(fd_sock);
    close(serv_sock);
    close(fd);
    return 0;
}
```

程序的运行结果如下所示：

```
$ gcc  -Wall  exam12-6.c  -o exam12-6       // exam12-6.c 经编译与链接生成 exam12-6
$ exam12-6 6000 /etc/hostname &             // 服务器置于后台运行，监听端口为 6000
[1] 687
$ telnet 127.0.0.1 6000                     // 通过 telnet 连接服务器
zhengqy                                     // 显示/etc/hostname 文件的内容
```

12.3.4　字节序和字节对齐

1．字节序

数据类型大多会占用多个字节，如占用 2 个或 4 个字节的整型等。字节在内存中的排列次序依赖于处理器，存在小端和大端两种模式。不同处理器采用的模式可能不同。因此，对于拥有多种处理器的网络，在进行数据传输时，需考虑数据存储模式带来的影响。

（1）小端模式
小端模式是指将低字节存放在内存的低地址处。例如，Intel 80x86 处理器采用该模式。
（2）大端模式
大端模式正好与小端模式相反，将高字节存放在内存的低地址处。例如，Motorola 处理器，作为

< 277 >

标准的网络字节序也采用该模式。这三者的关系如图 12-4 所示。

由于网络中的设备可能采用不同类型的处理器，为了保证数据传输的正确性，对于多字节类型的数据，在传输前，先将数据转换为网络字节序；另一端接收到数据后，再将网络字节序转换为本地字节序。

为了便于字节序的转换，标准函数库提供了相关函数。下面仅列出其中的部分函数：

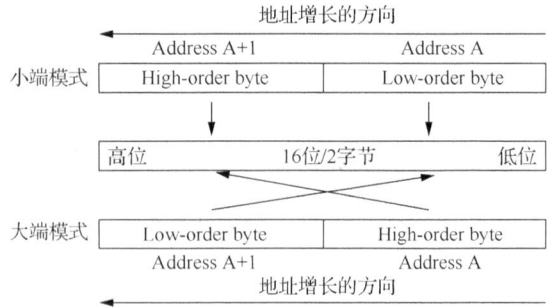

图 12-4　字节序的存储模式

```
#include <arpa/inet.h>
uint32_t htonl(uint32_t hostlong);      // 将32位整型的本地字节序转换为网络字节序
uint16_t htons(uint16_t hostshort);     // 将16位整型的本地字节序转换为网络字节序
uint32_t ntohl(uint32_t netlong);       // 将32位整型的网络字节序转换为本地字节序
uint16_t ntohs(uint16_t netshort);      // 将16位整型的网络字节序转换为本地字节序
```

函数的字母有各自的含义，h 表示 host，n 表示 network，l 表示 32 位长整数，s 表示 16 位短整数。

2. 字节对齐

理论上，任意类型的数据都可存储于内存的任意位置。但出于效率等因素的考虑，某些处理器对数据的存储地址有一定的要求，n 字节对齐是指数据的存储地址为 n 的整数倍。例如，对于 Intel 80x86，简单类型中的 int 类型，其存储地址为 4 的整数倍。

由于存在字节对齐问题，对位于结构体和对象中的数据，存储地址未必连续，中间可能会存在空隙。因此，在处理结构体和对象时，需考虑字节对齐的问题，否则，可能导致错误的结果。在 C/C++ 源代码中，可通过#pragma pack(n)语句告知编译器字节对齐方式，按 n 字节对齐的方式处理数据。

12.4　UNIX 域套接字

12.4.1　UNIX 域概述

UNIX 域是一种特殊的传输协议，用于本地进程间通信，支持面向连接和面向无连接两种传输服务。在使用 Socket 编写服务器和客户机时，仅协议族和地址类型有所不同。

1. 创建 UNIX 域套接字

创建 UNIX 域套接字的语法如下：

```
UNIX_Socket = socket(AF_UNIX, type, 0);
```

其中，AF_UNIX 指向 UNIX 域；type 指向服务类型，可为面向连接的 SOCK_STREAM 或面向无连接的 SOCK_DGRAM；protocol 设置为 0。

2. UNIX 域的地址

Socket 的地址类型与协议族有关，UNIX 域的地址类型为 sockaddr_un，其定义如下：

```
struct sockaddr_un {
    sa_family_t sun_family;       // 取值 AF_UNIX
    char sun_path[108];           // 文件路径
};
```

< 278 >

3．实例分析

构建 UNIX 域服务器，对客户机发送的数字进行求和，并返回结果，代码如程序 12-7 所示。

程序 12-7　UNIX 域求和服务器

```c
//exam12-7.c
#include <stdio.h>
#include <stdlib.h>
#include <sys/socket.h>
#include <sys/un.h>
#include <unistd.h>
#include <signal.h>
#define sockname  "/tmp/test_xy"
char buffer[BUFSIZ];
int main(int argc, char *argv[])
{
    unlink(sockname);
    int sock = socket(AF_UNIX, SOCK_SEQPACKET, 0);
    struct sockaddr_un serv_addr;
    memset(&serv_addr, 0, sizeof(struct sockaddr_un));
    serv_addr.sun_family = AF_UNIX;
    strncpy(serv_addr.sun_path, sockname, sizeof(serv_addr.sun_path) - 1);
    bind(sock, (const struct sockaddr *) &serv_addr, sizeof(serv_addr));
    listen(sock, 20);
    for (;;) {
        int fd_sock = accept(sock, NULL, NULL);
        int result = 0, down_flag = 0;
        for (;;) {
            read(fd_sock, buffer, BUFSIZ);
            if (!strcmp(buffer, "quit")) {
                down_flag = 1;
                break;
            }
            if (!strcmp(buffer, "end"))
                break;
            result += atoi(buffer);
        }
        sprintf(buffer, "%d", result);
        write(fd_sock, buffer, BUFSIZ);
        close(fd_sock);
        if (down_flag)
            break;
    }
    close(sock);
    unlink(sockname);
    exit(0);
}
```

构建 UNIX 域客户机，向服务器发送求和请求，并显示计算结果，代码如程序 12-8 所示。

程序 12-8　UNIX 域客户机

```c
//exam12-8.c
#include <stdio.h>
#include <stdlib.h>
#include <sys/socket.h>
#include <sys/un.h>
#include <unistd.h>
#define sockname "/tmp/test_xy"
char buffer[BUFSIZ];
int main(int argc, char *argv[])
```

< 279 >

```
{
    if (argc == 1){
        fprintf(stderr, "Usage : %s num1 num2...[DOWN]\n", argv[0]);
        fprintf(stderr, "DOWN: end service request\n");
        exit(1);
    }
    int clnt_sock = socket(AF_UNIX, SOCK_SEQPACKET, 0);
    struct sockaddr_un clnt_addr;
    clnt_addr.sun_family = AF_UNIX;
    strncpy(clnt_addr.sun_path, sockname, sizeof(clnt_addr.sun_path) - 1);
    connect (clnt_sock, (const struct sockaddr *) &clnt_addr, sizeof(clnt_addr));
    for (int i = 1; i < argc; ++i)
        write(clnt_sock, argv[i], strlen(argv[i]) + 1);
    ssize_t len = read(clnt_sock, buffer, BUFSIZ);
    buffer[len] = 0;
    printf("Result = %s\n", buffer);
    close(clnt_sock);
    exit(0);
}
```

程序的运行结果如下所示：

```
$ gcc  -Wall  exam12-7.c  -o exam12-7      // exam12-7.c 经编译与链接生成 exam12-7
$ gcc  -Wall  exam12-8.c  -o exam12-8      // exam12-8.c 经编译与链接生成 exam12-8
$ exam12-7 &                               // 服务器以后台作业方式运行
[1] 639
$ exam12-8 2 5 8 10 end                    // 向服务器发出求和请求
Result = 25                                // 从服务器获得求和结果
$ exam12-8 20 30 quit                      // 向服务器发出求和请求并结束服务
Result = 50                                // 从服务器获得求和结果
[1] done           exam12-7                // 后台作业结束运行
```

12.4.2 创建互联套接字

为了便于本地关联进程通信，内核引入了 socketpair()接口函数。进程通过调用 socketpair()函数创建一对互联套接字，后续创建的两个子进程便可利用互联套接字实现双向传输数据。相较于无名管道的单向数据传输，互联套接字的功能更强。

1. socketpair()函数

头文件：

```
#include <sys/socket.h>
```

函数原型：

```
int socketpair(int domain, int type, int protocol, int sv[2]););
```

功能：

创建互联套接字。

参数：

domain 指定协议族；type 指定套接字类型；protocol 指定协议类型；sv[2]指向一对互联套接字的文件描述符。

返回值：

成功返回 0，失败返回-1。

< 280 >

socketpair()函数用于创建一对互联套接字,其中 sv[2]用于保存新建互联套接字的文件描述; domain 指向协议族, 取值为 AF_UNIX; type 指向套接字类型; protocol 指向协议类型, 其值设置为 0。

2. 实例分析

利用 socketpair()函数实现父子进程间的双向数据传输, 代码如程序 12-9 所示。

程序 12-9　利用 socketpair()函数实现父子进程间的双向数据传输

```c
//exam12-9.c
#include <stdio.h>
#include <stdlib.h>
#include <string.h>
#include <unistd.h>
#include <sys/wait.h>
#include <sys/socket.h>
char buffer[BUFSIZ];
int main(int argc, char **argv)
{
    if (argc!=3){
        fprintf(stderr, "Usage:%s parentmsg childmsg\n", argv[0]);
        exit(1);
    }
    int sfd[2] = {0};
    socketpair(PF_UNIX, SOCK_STREAM, 0, sfd);
    pid_t pid = fork();
    if (pid == 0){
        close(sfd[1]);
        write(sfd[0], argv[2], strlen(argv[2]));
        read(sfd[0], buffer, BUFSIZ);
        printf("child process receive: %s\n", buffer);
        close(sfd[0]);
    }
    else{
        close(sfd[0]);
        read(sfd[1], buffer, BUFSIZ);
        printf("parent process receive: %s\n", buffer);
        write(sfd[1], argv[1], strlen(argv[1]));
        close(sfd[1]);
        wait(NULL);
    }
    exit(0);
}
```

程序的运行结果如下所示:

```
$ gcc  -Wall  exam12-9.c  -o exam12-9          // exam12-9.c 经编译与链接生成 exam12-9
$ exam12-9 'hello from parent'  'hello from child'   // 执行 exam12-9
parent process receive: hello from child             // 父进程接收来自子进程的消息
child process receive: hello from parent             // 子进程接收来自父进程的消息
```

12.5 套接字选项

每个套接字都有自身的行为属性。为此, 内核引入了 getsockopt()/setsockopt()接口函数, 用于获取/设置套接字选项, 便于用户查询/修改套接字的属性值。

< 281 >

1．getsockopt()/setsockopt()函数

头文件：

```
#include <sys/socket.h>
```

函数原型：

```
int getsockopt(int sockfd,int level,int optname,void *optval,socklen_t *optlen);
int setsockopt(int sockfd,int level,int optname,void *optval,socklen_t optlen);
```

功能：

获取/设置套接字选项。

参数：

sockfd 指向套接字的文件描述符；level 指定协议层类型；optname 指定选项名称；optval 指向存放选项值的地址；optlen 指定 optval 占用的字节数。

返回值：

成功返回 0，失败返回-1。

getsockopt()/setsockopt()函数用于获取/设置套接字 sockfd 的选项值，其中 level 指向协议类型，optname 表示选项名称，optval 为存放选项值的地址，optlen 为选项值占用的字节数。

2．通用选项和特定选项

根据套接字选项在协议实现中所处的层次，可将选项分为通用选项和特定选项。通用选项适用于大多数协议，但具体协议在实现上有其自身特点；特定选项仅适用于特定的协议，如 TCP/IP 协议族的 TCP 和 IP 选项。

（1）通用选项

通用选项位于套接字接口层，是对各类协议接口的抽象，与特定的协议无关，但通用选项并非适用于所有协议。例如，SO_BROADCAST 仅支持面向无连接的数据报协议。协议层类型 level 为通用协议层类型 SOL_SOCKET 时，由于参数涉及的选项较多，表 12-7 仅介绍部分选项。

表 12-7　level=SOL_SOCKET 时参数 optname 的含义

参数 optname	类型	含义
SO_BROADCAST	BOOL	允许/禁止发送广播消息
SO_DEBUG	BOOL	设置是否允许调试
SO_DONTROUTE	BOOL	设置是否绕过正常的路由器
SO_KEEPALIVE	BOOL	定期检测连接是否处于活动状态
SO_LINGER	LINGER	关闭连接时未发送数据的处理方式
SO_OOBINLINE	BOOL	设置将紧急数据放入普通数据流
SO_RCVBUF	int	设置接收缓冲区的大小
SO_REUSEADDR	BOOL	打开/关闭地址复用功能
SO_RCVTIMEO	DWORD	设置接收函数的超时时间（ms）
SO_SNDBUF	int	设置发送缓冲区的大小

① SO_BROADCAST 选项。该选项仅用于面向无连接的数据报协议。例如，UDP 支持广播功能，但应用程序在默认情况下不能发送广播包，须事先设置 SO_BROADCAST 选项。

② SO_REUSEADDR 选项。若服务程序退出后立刻重启，可能导致 bind()调用失败，告知地址已使用。例如，对于 TCP，服务器因退出或崩溃而主动关闭连接时，会致使 TCP 处于 TIME_WAIT 状态，直至 2 倍 MSL（Maximum Segment Lifetime，报文最大生存时间）超时时间；或服务器结束前创建的

< 282 >

子进程仍在处理客户机连接。可通过设置套接字的 SO_REUSEADDR 选项，使系统忽略该错误，不过这可能会给后续的工作带来影响。

③ SO_LINGER 选项。该选项用于定义关闭连接时的超时设置。选项值的类型定义如下：

```
#including <sys/socket.h>
struct linger {
    int   l_onoff;        // 0 表示关闭，非 0 表示打开
    int   l_linger;       // 超时时间（s）
};
```

使用 close()/shutdown()函数关闭连接时，内核发送缓冲区中残留数据的处理方式取决于上述设置。

（a）若成员变量 l_onoff 置为 0，该选项关闭，成员变量 l_linger 的值被忽略，close()/shutdown()函数立即返回，残留在发送缓冲区的数据尽量发送至对端。

（b）若成员变量 l_onoff 置为非 0，l_linger 设置超时时间，调用的 close()/shutdown()函数挂起，直至内核发送缓冲区的数据全部被对方确认或超时时间到期；若到期仍有未确认的数据，则向对方发送 RST 复位包，返回失败，剩余数据被丢弃；若所有数据和 FIN 包均由对方确认，则成功关闭。

④ SO_RCVBUF/SO_SNDBUF 选项。这两个选项用于调整套接字接收缓冲区和发送缓冲区的大小。内核为每个新建的套接字都分配了接收缓冲区和发送缓冲区。接收缓冲区用于存放对方发送的数据，数据一直保存在缓冲区中，直至上层应用将其全部复制至用户缓冲区；发送缓冲区用于存放上层用户发送的数据，根据协议设定的策略发送给对方，直至对方全部确认。

对于 TCP，双方会互相告知各自的接收能力，采用基于滑动窗口的流量控制；对于 UDP，由于双方没有流量控制机制，当发送过快，对方来不及接收和处理，而接收缓冲区已满时，发送的数据将被丢弃。

在调整缓冲区大小时，调用 setsockopt()函数的位置至关重要，双方建立连接的同时，会互相通报各自缓冲的大小。对于客户机，缓冲区的设置需在发起连接请求前；对于服务器，缓冲区的设置应在接收连接之前。

⑤ SO_KEEPALIVE 选项。该选项用于检测连接的对方所处的状态。若启用了该选项，如果连接双方在 2h 内没有任何数据传输，设置选项的一方会自动向对方发送一个探测包，等待对方做出响应。对方可能出现下列几种情况。

（a）对方对探测包做出确认，表示一切正常。

（b）对方返回 RST 包，表示对方已崩溃，处于重启状态。此时，发起方的套接字状态设置为 ECONNRESET。

（c）对方无回应，则继续发送若干个探测包，争取得到回应。若仍无回应，表明对方出现故障，此时，套接字状态设置为 ETIMEDOUT。

该选项通常用于服务器。若客户机因断电等原因处于崩溃状态，服务器又无法知晓时，通过设置该选项可定期探测客户机的状态，关闭无效的连接。由于探测包的间隔时间由内核定义，其修改将影响所有打开的 TCP 套接字，无法为某个特定的 TCP 套接字设定探测间隔。因此，可通过设置定时器，按一定时间间隔检测客户机。

⑥ SO_RCVTIMEO/SO_SNDTIMEO 选项。这两个选项用于设置接收和发送的超时时间，默认为禁止状态。在阻塞模式下，当接收缓冲区为空或发送缓冲区剩余空间不足时，收发操作将被阻塞，直到条件满足。若超时选项被设置，收发操作的最长阻塞时间为设定的超时时间。

（2）特定选项

特定选项与具体协议有关。下面以 level 值为 IPPROTO_TCP 的 TCP 为例，给出 optname 的可选参数，其含义如表 12-8 所示。

< 283 >

表 12-8　level=IPPROTO_TCP 时参数 optname 的含义

参数 optname	类型	含义
TCP_NODELAY	BOOL	启用/禁用 Nagle 算法
TCP_MAXSEG	int	TCP 最大数据段的大小

① TCP_MAXSEG 选项。在建立 TCP 连接时，双方互相通报能接收的最大数据段（Maximum Segment Size，最大报文长度 MSS），发送端将接收端的 MSS 作为发送数据段的上限。可通过 TCP_MAXSEG 选项获取和调整 MSS 的值。

② TCP_NODELAY 选项。TCP_NODELAY 选项用于控制 TCP 连接是否启用 Nagle 算法。该算法要求一个 TCP 连接上最多只能有一个未被确认的数据段，在该数据段的确认到来之前，不能发送其他数据段。数据段是指长度小于 MSS 的分组。该算法利用收到确认前的一段时间，将积累的小数据段合并成一个大数据段，以减少发送零碎小数据段的数量。对于存在较高延迟的广域网，该算法可提高网络的传输效率。但在高速局域网环境下，该算法会降低数据传输的实时性。TCP 连接默认禁用 Nagle 算法。

3. 实例分析

构建基于 TCP 的回写服务器，演示套接字选项的使用，代码如程序 12-10 所示。

程序 12-10　演示套接字选项的使用

```
//exam12-10.c
#include <sys/socket.h>
#include <stdio.h>
#include <arpa/inet.h>
#include <unistd.h>
#include <string.h>
#include <stdlib.h>
#include <errno.h>
#include <netinet/tcp.h>
char buffer[BUFSIZ];
int main(int argc, char * argv[])
  {
    if (argc!=2){
        fprintf(stderr, "Usage : %s <port>\n", argv[0]);
        exit(1);
    }
    int serv_sock = socket(AF_INET, SOCK_STREAM, 0);
    int flags =1;
    setsockopt(serv_sock, SOL_SOCKET, SO_REUSEADDR, &flags, sizeof(flags));
    setsockopt(serv_sock, SOL_SOCKET, SO_KEEPALIVE, &flags, sizeof(flags));
    struct linger ling = {1, 30};
    setsockopt(serv_sock, SOL_SOCKET, SO_LINGER, &ling, sizeof(ling));
    setsockopt(serv_sock, IPPROTO_TCP, TCP_NODELAY, &flags, sizeof(flags));
    struct timeval  tv;
    tv.tv_sec = 5;
    tv.tv_usec = 0;
    struct sockaddr_in serv_addr;
    serv_addr.sin_family = AF_INET;
    serv_addr.sin_port = htons(atoi(argv[1]));
    serv_addr.sin_addr.s_addr = htonl(INADDR_ANY);
    bind(serv_sock,(struct sockaddr *)&serv_addr, sizeof(serv_addr));
    listen(serv_sock, 5);
    struct sockaddr_in clt_addr;
    socklen_t length = sizeof(clt_addr);
    int fd_sock = accept(serv_sock, (struct sockaddr*)&clt_addr, &length);
    setsockopt(fd_sock, SOL_SOCKET, SO_RCVTIMEO, &tv, sizeof(tv));
```

< 284 >

```
    for (;;) {
        ssize_t len = recv(fd_sock, buffer, BUFSIZ, 0);
        if ((len < 0) && ((errno == EAGAIN) || (errno == EINTR)))
            continue;
        if (strcmp(buffer,"q\n") == 0 || len <= 0)
            break;
        send(fd_sock, buffer, len, 0);
    }
    close(fd_sock);
    close(serv_sock);
    return 0;
}
```

程序的运行效果如下所示：

```
$ gcc  -Wall  exam12-10.c  -o exam12-10      // exam12-10.c 经编译与链接生成 exam12-10
# exam12-10  6000  &                         // 服务器置于后台运行
[1] 680
# exam12-2 127.0.0.1 6000                    // 连接服务器
q to quit
hello Linux                                  // 发送输入字符串
hello Linux                                  // 从服务器接收回写
q                                            // 向服务器发出断开请求
[1] done        exam12-10   6000             // 后台服务器结束运行
```

12.6　构建并发服务器

通常，服务器面对大量客户。当使用一个进程/线程同时处理客户机的 I/O 请求时，若采用 I/O 阻塞模式，在进行 I/O 操作时，可能因阻塞于某套接字，导致其他套接字上的 I/O 无法正常进行。若采用 I/O 非阻塞模式，需不断检测套接字的 I/O 状态，但会消耗一定的系统资源。为此，内核提供了异步 I/O 机制，以提高 I/O 处理效率。这部分内容将在第 13 章讨论。

面对多个客户时，若采用 I/O 阻塞方式，服务器可采用循环迭代和多进程/线程模式，从而避免因阻塞于某套接字而带来的困扰。

12.6.1　循环迭代模式

循环迭代模式以循环方式逐个处理套接字上的 I/O 事件，如从接收连接、处理请求直至连接断开，整个过程均在较短的时间内完成。该模式仅适用于处理时间短且低频率的应用场景，如时间服务等。

12.6.2　多进程模式

多进程模式是指为每一个连接分配一个进程，n 个连接对应 n 个进程，多个进程并发处理来自不同客户的 I/O 请求。该方法降低了业务逻辑的复杂性，能发挥多处理器的性能优势，但过多的进程会消耗大量的资源，从而降低系统的性能。该模式在进程创建和分发连接的方式上存在多种实现方法。

1．为每一个连接动态创建子进程

主进程以循环方式不断接收来自客户机的连接请求，每接收一个连接，便创建一个新的子进程。

< 285 >

子进程通过继承可访问该连接，可单独处理该连接上的 I/O 操作。该方法的优点是创建的子进程数量与用户相适应，缺点是频繁创建子进程会消耗较多的资源。

2．预先创建进程池

事先创建若干子进程，形成一个进程池，主进程将收到的连接分发给进程池中的进程。但因子进程是事先创建的，主进程需通过某种方式将连接传递给子进程。下面给出两种实现方法。

① 利用进程通信：父子进程间通过 sendmsg()/recvmsg()函数实现连接的传递。

② 子进程主动调用 accept()函数：每个子进程调用 accept()函数，竞争接收来自客户的连接请求。但可能会出现惊群现象（Thundering Herd），这取决于 accept()在操作系统中的实现。为安全起见，可使用互斥锁加以控制，确保同一时刻仅有一个进程调用 accept()函数。

12.6.3 多线程模式

1．概述

多线程模式是指为每一个连接分配一个线程，n 个连接对应 n 个线程。相较于进程，线程消耗的资源较少，但因线程共享进程资源，会增加代码的复杂性。

（1）为每个连接动态创建一个线程

主线程每次收到连接后，以参数形式将连接传递给新建的线程。

（2）预先创建线程池

事先创建若干线程，形成一个线程池，主线程将收到的连接分发给线程池中的线程。下面给出两种实现方法。

① 以某种方式通知线程：主线程每次收到连接后，通过信号量、条件变量或信号等机制通知线程。

② 线程主动调用 accept()函数：保存接收的连接要使用线程持有数据，以免线程间因竞争而发生冲突。

2．实例分析

使用多进程模式，以进程池方式构建基于 TCP 的回写服务器，代码如程序 12-11 所示。

程序 12-11　使用多进程模式以进程池方式构建基于 TCP 的回写服务器

```
//exam12-11.c
# include<pthread.h>
#include<sys/mman.h>
#include<sys/socket.h>
#include<errno.h>
#include<netdb.h>
#include<signal.h>
#include<stdio.h>
#include<sys/wait.h>
#include<stdlib.h>
#include<unistd.h>
#include<fcntl.h>
static pthread_mutex_t   *mptr;
int nchld;
pid_t *pids;
char buffer[BUFSIZ];
void sighandler(int sig)
{
    for (int  i = 0; i < nchld; i++)
        kill(pids[i], SIGTERM);
```

< 286 >

```
        while (wait(NULL) > 0);
        if (errno != ECHILD)
            perror("wait error");
        exit(0);
}
void child_process(int listenfd)
{
        printf("child %d starting\n", getpid());
        for ( ; ; ) {
            pthread_mutex_lock(mptr);
            int fd_sock = accept(listenfd, NULL, NULL);
            pthread_mutex_unlock(mptr);
            ssize_t len;
            while ((len = read(fd_sock, buffer, BUFSIZ)) > 0)
                write(fd_sock, buffer, len);
            close(fd_sock);
            printf("child %d disconnected\n",getpid());
        }
}
int main(int argc, char **argv)
{
        if (argc != 3){
            fprintf(stderr, "Usage : %s <port> <nprocess>\n", argv[0]);
            exit(1);
        }
        int fd = open("/dev/zero", O_RDWR, 0);
        mptr = mmap(0, sizeof(pthread_mutex_t), PROT_READ|PROT_WRITE,
                    MAP_SHARED, fd, 0);
        close(fd);
        pthread_mutexattr_t mattr;
        pthread_mutexattr_init(&mattr);
        pthread_mutexattr_setpshared(&mattr, PTHREAD_PROCESS_SHARED);
        pthread_mutex_init(mptr, &mattr);
        int serv_sock = socket(PF_INET, SOCK_STREAM, 0);
        struct sockaddr_in serv_addr;
        serv_addr.sin_family = AF_INET;
        serv_addr.sin_addr.s_addr = htonl(INADDR_ANY);
        serv_addr.sin_port = htons(atoi(argv[1]));
        bind(serv_sock, (struct sockaddr*)&serv_addr, sizeof(serv_addr));
        listen(serv_sock, 3);
        nchld = atoi(argv[2]);
        pids = calloc(nchld, sizeof(pid_t));
        for (int i = 0; i < nchld; i++){
            int pid;
            if ((pid = fork()) == 0)
                child_process(serv_sock);
            pids[i] = pid;
        }
        signal(SIGINT, sighandler);
        for ( ; ; )
            pause();
        return 0;
}
```

程序的运行结果如下所示：

```
$ gcc -Wall -lpthread exam12-11.c -o exam12-11   // exam12-11.c 经编译与链接生成
                                                  // exam12-11
$ exam12-11 6000 3 &                       // 服务器置于后台运行, 创建包含 3 个子进程的进程池
[1] 873
child 676 starting
```

< 287 >

```
child 675 starting
child 674 starting
$ exam12-2 127.0.0.1 6000      // 客户机连接至服务器
q to quit                       // 客户机输入提示信息
hello Linux                     // 客户机输入并向服务器发送字符串
hello Linux                     // 接收来自服务器的回写
q                               // 客户机断开与服务器的连接
child 676 disconnected          // 服务器显示断开信息
```

上述实例的子进程在使用 accept() 函数时，为避免因内核版本过低导致的惊群现象，采用了基于共享内存的互斥锁。

< 288 >

第 **13** 章　I/O 操作方式

13.1　I/O 操作模式

13.1.1　I/O 操作概述

文件作为一个广义的概念，广泛存在于 Linux 系统中，如字符设备、块设备、套接字、定时器和信号等。内核将它们抽象为字节流，以文件形式统一至文件系统。对于不同类型的文件，其 I/O 行为也呈现出多样性，在 I/O 处理方式上自然也有所不同。对于磁盘文件，由于磁盘 I/O 速度较慢，从接收 I/O 请求到最终完成，会存在一定的延迟；而对于管道、终端和套接字等，因无法预测 I/O 请求何时完成，等待时间不存在上限。因此，对于不同文件应采取不同的处理方法。

对于发起的 I/O 请求，可从不同角度观察其行为。若从发起者的角度，可将 I/O 操作分为阻塞与非阻塞模式；若从内核处理的角度，可将 I/O 操作分为同步与异步模式。

1．阻塞与非阻塞模式

对于向内核发起的 I/O 请求，若发起者等待，直至 I/O 请求完成，称为阻塞模式；若无论 I/O 请求是否完成，发起者立即返回，则称为非阻塞模式。

2．同步与异步模式

对于内核接收的 I/O 请求，若内核需发起者等待，直至 I/O 请求完成，称为同步模式；若内核无须发起者等待，I/O 请求完成时，内核以某种方式通知发起者，期间发起者可继续执行后续操作，则称为异步模式。

对于需要同时处理多个文件上的 I/O 请求，若采用阻塞模式，则需同时创建多个进程/线程，该内容可参见第 12 章；若在一个进程/线程中处理，则通常采用非阻塞异步 I/O 模式，具体方法取决于文件的类型。本章将讨论多种基于异步 I/O 模式的编程方法。

13.1.2　异步 I/O 模式

为了在一个进程/线程中同时处理多个文件上发生的 I/O 请求，针对不同类型的文件，Linux 系统提供了多种基于异步 I/O 的解决方法。

1．POSIX 异步 I/O 模式

POSIX 异步 I/O 模式提供了一组标准的异步 I/O 编程接口，它允许发起者向内核同时发起一个或多个 I/O 请求。当 I/O 请求完成时，内核会通过信号等方式通知发起者。通常，POSIX 异步 I/O 适用于磁盘文件。

2. Linux 本地异步 I/O 模式

为了提高批量处理磁盘 I/O 请求的能力，Linux 内核引入了一种本地异步 I/O 接口，用于减缓磁盘 I/O 型应用的性能压力。

3. I/O 信号驱动模式

I/O 信号驱动模式是指当文件的 I/O 状态发生改变，例如，文件上有数据到达，内核会向 I/O 的发起者进程发送信号，通知发起者及时处理。

4. I/O 多路复用模式

I/O 多路复用模式是指同时监听多个文件的 I/O 状态，当某文件的 I/O 状态发生改变时，内核以事件方式通知 I/O 请求的发起者。例如，select()/poll()/epoll()函数均采用该模式。

5. 高性能 I/O 事件驱动模式

epoll()是 Linux 自内核 2.6 起引入的一种高性能本地异步 I/O 编程接口函数，是对传统 I/O 多路复用的扩展和优化，主要用于面向网络的数据传输。

值得注意的是，对于使用上述 I/O 模式的文件，通常将 I/O 操作设置为非阻塞模式。

13.1.3 异步 I/O 模式相关的接口函数

本章对各种异步 I/O 模式的概念、原理和方法进行了详细阐述，并结合实例演示了各种模式的编程方法。本章所涉及的接口函数如表 13-1 所示。

表 13-1　I/O 模式相关的接口函数

分类	接口函数	功能描述
POSIX 异步 I/O 模式	aio_read()	发起异步读请求
	aio_write()	发起异步写请求
	lio_listio()	一次提交多个异步 I/O 请求
	aio_cancel()	取消已提交的异步 I/O 请求
	aio_return()	获取异步 I/O 的返回值
	aio_error()	获取异步 I/O 请求的当前状态
Linux 本地异步 I/O 模式	io_setup()	创建异步 I/O 环境
	io_destroy()	注销异步 I/O 上下文
	io_submit()	提交异步 I/O 请求
	io_cancel()	取消已提交的异步 I/O 请求
	io_getevents()	获取已完成的异步 I/O 事件
I/O 多路复用模式	select()	同时监听多个文件的 I/O 状态
	poll()	同时监听多个文件的 I/O 状态
高性能 I/O 事件驱动模式	epoll_create()	创建 epoll 实例
	epoll_ctl()	设置监听对象
	epoll_wait()	等待 epoll 实例上产生的 I/O 就绪事件

< 290 >

13.2 POSIX 异步 I/O 模式

13.2.1 POSIX 异步 I/O 模式概述

　　POSIX 为程序员提供了一组异步 I/O 编程接口，允许用户向内核发起一个或多个异步 I/O 请求。发起者无须等待 I/O 操作完成，可继续执行后续操作。当异步 I/O 操作完成时，内核会以某种方式通知发起者，如发送信号或启动线程等。

　　POSIX 异步 I/O 模式在 Linux 系统中以 GLIBC 函数库方式实现。由于早期的内核不支持异步 I/O 模式，GLIBC 利用线程处理异步 I/O 请求。自内核 2.6 起，Linux 引入了一组本地异步 I/O 系统调用接口，GLIBC 对原异步 I/O 处理进行了重构，从根本上提高了异步 I/O 的性能。值得注意的是，POSIX 异步 I/O 模式仅适用于磁盘文件系统，如 XFS 和 Ext4 等。

13.2.2 POSIX 异步 I/O 的接口函数

1. aio_read()/aio_write()函数

　　头文件：

```
#include <aio.h>
```

　　函数原型：

```
int aio_read (struct aiocb *aiocbp)
int aio_write (struct aiocb *aiocbp)
```

　　功能：
　　发起异步读/写请求。
　　参数：
　　aiocbp 指向 I/O 请求。
　　返回值：
　　成功返回 0，失败返回-1。
　　aio_read()/aio_write()函数用于向内核发起异步读/写请求，无论操作是否完成，都将立刻返回。
　　aiocbp 为 aiocb 类型的指针。aiocb 结构用于记录读/写请求的详细信息，其定义如下：

```
struct aiocb {
    int        aio_fildes;              // 文件描述符
    volatile void *aio_buf;             // 缓冲区地址
    size_t aio_nbytes;                  // 读/写数据的字节数
    off_t      aio_offset;              // 文件偏移量
    int aio_reqprio;                    // 请求优先级
    struct sigevent aio_sigevent;       // 通知方式
    int aio_lio_opcode;                 // 仅适用于 lio_listio()函数
};
```

　　aiocb 类型的 aio_sigevent 成员变量为 sigevent 类型的指针。sigevent 类型用于描述异步 I/O 请求完成时的通知方式，其定义如下：

```
struct sigevent {
    int sigev_notify;                   // 通知方法
```

< 291 >

```
    int sigev_signo;                                // 信号编号
    union sigval sigev_value;                       // 传递的数据
    void (*sigev_notify_function) (union sigval);   // 线程函数
    void *sigev_notify_attributes;                  // 线程属性
    pid_t sigev_notify_thread_id;                   // 线程 ID
};
```

当 I/O 操作完成时，若 sigev_notify 的值为 SIGEV_SIGNAL，则以信号方式通知发起者；若 sigev_notify 的值为 SIGEV_THREAD，则启动指定的线程。sigev_notify 成员变量的含义如表 13-2 所示。

表 13-2　sigevent 结构中成员变量 sigev_notify 的含义

成员变量 sigev_notify	含义
SIGEV_NONE	不通知
SIGEV_SIGNAL	以信号方式通知
SIGEV_THREAD	创建线程实例

值得注意的是，aiocbp 指针在使用前，所指内容应填充为 0。在 I/O 处理期间，aiocbp 所指的对象不能随意改变，也不应被多个 I/O 操作共享，否则可能产生不可预测的结果。

2．lio_listio()函数

为了提高异步 I/O 的处理效率，内核引入了 lio_listio()函数，可一次提交多个异步 I/O 请求。

头文件：

```
#include <aio.h>
```

函数原型：

```
int lio_listio(int mode,struct aiocb *const aiocb_list[],int nitems, struct sigevent
*sevp);
```

功能：

一次提交多个异步 I/O 请求。

参数：

mode 指定提交模式；aiocb_list 指向 I/O 请求；nitems 指定请求数量；sevp 指定通知方式。

返回值：

所有 I/O 成功提交返回 0，失败返回-1。

lio_listio()函数用于以 mode 指定的方式一次性向内核提交 aiocb_list 指向的异步 I/O 请求，数量为 nitems；sevp 指定异步 I/O 请求完成时的通知方式；mode 指定提交方式，其含义如表 13-3 所示。

表 13-3　lio_listio()函数中参数 mode 的含义

参数 mode	含义
LIO_WAIT	等待所有提交的 I/O 请求完成后返回
LIO_NOWAIT	提交所有 I/O 请求后立刻返回

3．aio_cancel()函数

头文件：

```
#include <aio.h>
```

< 292 >

函数原型：

```
int aio_cancel(int fd, struct aiocb *aiocbp);
```

功能：

取消已提交的异步 I/O 请求。

参数：

fd 指向文件描述符。

返回值：

若返回 AIO_CANCELED，请求全部被取消；若返回 AIO_NOTCANCELED，至少一个请求被取消；若返回 AIO_ALLDONE，请求已经完成；若返回-1，表示发生错误。

aio_cancel()函数用于取消文件描述符 fd 上提交的异步 I/O 请求 aiocbp；若 aiocbp 为 NULL，则取消 fd 上提交的所有请求。

4．aio_return()函数

头文件：

```
#include <aio.h>
```

函数原型：

```
ssize_t aio_return(struct aiocb *aiocbp);
```

功能：

获取异步 I/O 的返回值。

参数：

略。

返回值：

I/O 请求完成，返回异步处理的字节数；I/O 请求失败，返回-1；I/O 请求未完成，返回值未定义。

aio_return()函数用于获取 aiocbp 指向的异步 I/O 请求的返回值。

5．aio_error()函数

头文件：

```
#include <aio.h>
```

函数原型：

```
int aio_error(const struct aiocb *aiocbp);
```

功能：

获取异步 I/O 请求的当前状态。

参数：

略。

返回值：

若返回 EINPROGRESS，表示正在处理；若返回 ECANCELED，表示异步操作被取消；若返回 0，表示异步操作已完成；若返回值小于零，表示发生错误。

aio_error()函数用于获取 aiocbp 所指向的异步 I/O 请求的当前状态。

6．实例分析

利用信号通知方式实现文件的 POSIX 异步读操作，代码如程序 13-1 所示。

< 293 >

程序 13-1　基于信号通知的 POSIX 异步读操作

```c
//exam13-1.c
#include <fcntl.h>
#include <stdlib.h>
#include <unistd.h>
#include <stdio.h>
#include <errno.h>
#include <aio.h>
#include <signal.h>
#include <err.h>
int openReqs;
struct iorequest {
    int reqNum;
    struct aiocb *aiocbp;
};
void siginfohandler(int sig, siginfo_t *si, void *ucontext)
{
    int savedErrno = errno;
    if (si->si_code == SI_ASYNCIO){
        write(1, "I/O completion signal received\n", 31);
        struct iorequest *p;
        p =(struct iorequest *)si->si_value.sival_ptr;
        int len = aio_return(p->aiocbp);
        printf("read bytes %d:\n", len);
        close(p->aiocbp->aio_fildes);
        free((void *)p->aiocbp->aio_buf);
    }
    openReqs --;
    errno = savedErrno;
}
int main(int argc, char *argv[])
{
    if (argc < 2) {
        fprintf(stderr, "Usage:%s pathname ...\n", argv[0]);
        exit(1);
    }
    int num = argc - 1;
    struct iorequest *iolist = calloc(num, sizeof(struct iorequest));
    struct aiocb *aiocbList = calloc(num, sizeof(struct aiocb));
    struct sigaction sa;
    sa.sa_flags = SA_RESTART|SA_SIGINFO;
    sa.sa_sigaction = siginfohandler;
    sigaction(SIGRTMIN, &sa, NULL);
    openReqs = num;
    for (int j = 0; j < num; j++) {
        iolist[j].reqNum = j;
        iolist[j].aiocbp = &aiocbList[j];
        iolist[j].aiocbp->aio_fildes = open(argv[j + 1], O_RDONLY);
        if (iolist[j].aiocbp->aio_fildes == -1)
            err(1, "%s", argv[j + 1]);
        printf("opened %s on descriptor %d\n", argv[j + 1], iolist[j].aiocbp->
        aio_fildes);
        iolist[j].aiocbp->aio_buf = malloc(BUFSIZ);
        iolist[j].aiocbp->aio_nbytes = BUFSIZ;
        iolist[j].aiocbp->aio_reqprio = 0;
        iolist[j].aiocbp->aio_offset = 0;
        iolist[j].aiocbp->aio_sigevent.sigev_notify = SIGEV_SIGNAL;
        iolist[j].aiocbp->aio_sigevent.sigev_signo = SIGRTMIN;
        iolist[j].aiocbp->aio_sigevent.sigev_value.sival_ptr =&iolist[j];
        aio_read(iolist[j].aiocbp);
```

< 294 >

```
    }
    while (openReqs > 0) {
        sleep(10);
    }
    free(iolist);
    free(aiocbList);
    exit(0);
}
```

程序的运行结果如下所示：

```
$ gcc -Wall -lrt exam13-1.c -o exam13-1     // exam13-1.c 经编译与链接生成 exam13-1
$ exam13-1 demo.c test.c              // 同时向 demo.c 和 test.c 文件发出基于信号的异步读请求
opened demo.c.c on descriptor 3
opened test.c on descriptor 4
I/O completion signal received
read bytes 1104:
I/O completion signal received
read bytes 2048:
```

进程以信号通知方式一次提交多个异步读请求。当某个异步读请求完成时，内核向进程发送 SIGRTMIN 信号，在信号处理程序中获取完成的字节数。

13.3　Linux 本地异步 I/O 模式

有些软件会产生大量的磁盘 I/O 请求，如 Oracle 和 MySQL 等数据库管理系统。为了提高 I/O 的处理效率，Linux 自内核 2.6 起引入了一组非标准化的本地异步 I/O 接口，它也是 GLIBC 构造 POSIX 异步 I/O 的基础。该接口共定义了 5 个系统调用，GLIBC 未对它们进行封装，但可借助 syscall() 函数实现对它们的访问。

1. io_setup()/io_destroy() 函数

头文件：

```
#include <linux/aio_abi.h>
```

函数原型：

```
io_setup(unsigned nr_events, aio_context_t *ctx_idp);
int io_destroy(aio_context_t ctx_id);
```

功能：

创建/注销异步 I/O 上下文。

参数：

nr_events 指定容纳异步 I/O 请求的最大数量；ctx_idp 指向异步 I/O 上下文。

返回值：

成功返回 0，失败返回非 -1。

io_setup() 函数用于为调用者进程创建 ctx_idp 指向的异步 I/O 上下文，异步 I/O 上下文用于管理提交的异步 I/O 请求；nr_events 用于设置上下文能容纳请求的最大数量；ctx_idp 所指对象在使用前需初始化为 0，一个进程可建立多个异步 I/O 上下文对象；io_destroy() 函数用于取消 ctx_id 所指上下文的所有异步 I/O 请求，调用者进程挂起，直至所有无法取消的请求处理完毕，最终 ctx_id 指向的上下文被释放。

< 295 >

2. io_submit()函数

头文件：

```
#include <linux/aio_abi.h>
```

函数原型：

```
long io_submit(aio_context_t ctx_id,long nr,struct iocb **iocbpp)
```

功能：

提交异步 I/O 请求。

参数：

nr 指定异步 I/O 请求数量；iocbpp 指向异步 I/O 请求。

返回值：

成功返回提交的请求数；失败返回-1。

io_submit()函数用于向 ctx_id 所指的上下文提交 nr 个异步 I/O 请求；iocbpp 指向存放 I/O 请求的地址，其类型为 iocb 数组指针。iocb 类型的定义如下：

```
struct iocb {
    __u64   aio_data;         // 自定义参数
    __u16   aio_lio_opcode;   // 操作类型, IO_CMD_PWRITE,IO_CMD_PREAD
    __s16   aio_reqprio;      // 请求的优先级
    __u32   aio_fildes;       // 文件描述符
    __u64   aio_buf;          // 数据缓存区
    __u64   aio_nbytes;       // 请求字节数
    __s64   aio_offset;       // 偏移量
    ...
};
```

io_submit()函数在提交异步 I/O 请求后立即返回，无须等待 I/O 请求完成，可继续执行后续操作；内核将完成的 I/O 请求保存至上下文，等待稍后处理。

3. io_cancel()函数

头文件：

```
#include <linux/aio_abi.h>
```

函数原型：

```
int io_cancel(aio_context_t ctx_id, struct iocb *iocb,struct io_event *result);
io_event *result)
```

功能：

取消已提交的异步 I/O 请求。

参数：

iocb 指向异步 I/O 请求；result 存放操作的结果。

返回值：

成功返回 0；失败返回非-1。

io_cancel()函数用于从上下文 ctx_id 中取消 iocb 指向的异步 I/O 请求。若取消成功，则将相应事件保存至 result 指向的地址。

< 296 >

4．io_getevents()函数

头文件：

```
#include <linux/aio_abi.h>
```

函数原型：

```
long io_getevents(aio_context_t ctx_id, long min_nr, long nr,struct io_event *events,
struct timespec *timeout)
```

功能：

获取已完成的异步 I/O 事件。

参数：

min_nr 指定完成事件的最小数量；nr 指定完成事件的最大数量；events 指向完成的 I/O 事件；timeout 指定超时时间。

返回值：

实际完成的 I/O 事件数量，范围为 [0,nr]；失败返回-1。

io_getevents()函数用于从上下文 ctx_id 中获取最少 min_nr 个、最多 nr 个已完成的 I/O 事件。timeout 指向超时时间，若 timeout 为空，调用者进程将一直等待，直至条件满足。events 为 io_event 类型的指针，io_event 类型记录已完成的 I/O 事件，其定义如下：

```
struct io_event {
    __u64     data;        // 对应 iocb 的 aio_data
    __u64     obj;         // 产生 event 的 iocb
    __s64     res;         // 完成的字节数
    __s64     res2;        // 返回状态
};
```

其中，res 为实际完成的字节数；res2 为读/写成功状态，0 表示成功；obj 为之前发起的异步 I/O 请求。

5．实例分析

利用本地异步 I/O 接口，实现文件的异步读操作，代码如程序 13-2 所示。

程序 13-2　基于本地异步 I/O 接口的异步读文件操作

```
//exam13-2.c
//#define _GNU_SOURCE
#include <stdio.h>
#include <string.h>
#include <unistd.h>
#include <stdlib.h>
#include <err.h>
#include <fcntl.h>
#include <sys/syscall.h>
#include <linux/aio_abi.h>
aio_context_t ctx;
struct ioRequest {
    void (*operate)(struct ioRequest *, long);
    struct iocb *aiocbp;
};
void read_done(struct ioRequest *ioreqp, long nbytes)
{
    printf("read bytes %ld \n", nbytes);
    close(ioreqp->aiocbp->aio_fildes);
```

< 297 >

```
        free((void*)(unsigned long)ioreqp->aiocbp->aio_buf);
        free(ioreqp->aiocbp);
}
int main(int argc, char *argv[])
{
    if (argc < 2) {
        fprintf(stderr, "Usage: %s <pathname> <pathname>...\n", argv[0]);
        exit(1);
    }
    syscall(__NR_io_setup, 128, &ctx);
    int openReqs, numReqs;
    openReqs = numReqs = argc - 1;
    struct ioRequest *ioList;
    ioList = calloc(numReqs, sizeof(struct ioRequest));
    struct iocb *iocbList[128];
    for (int i = 0; i < numReqs; i++) {
        iocbList[i] = calloc(1, sizeof(struct iocb));
    }
    for (int i = 0; i < numReqs; i++) {
        ioList[i].aiocbp = iocbList[i];
        ioList[i].operate = read_done;
        memset(iocbList[i], 0, sizeof(struct iocb));
        iocbList[i]->aio_fildes = open(argv[i + 1], O_RDONLY);
        if (iocbList[i]->aio_fildes == -1)
            err(1, "%s", argv[i + 1]);
        printf("opened %s on descriptor %d\n", argv[i + 1], iocbList[i]->aio_fildes);
        iocbList[i]->aio_buf = (unsigned long) malloc(BUFSIZ);
        iocbList[i]->aio_nbytes = BUFSIZ;
        iocbList[i]->aio_lio_opcode = IOCB_CMD_PREAD;
        iocbList[i]->aio_offset = 0;
        iocbList[i]->aio_data = (unsigned long) & ioList[i];
    }
    syscall(__NR_io_submit, ctx, numReqs, iocbList);
    while (openReqs > 0) {
        struct io_event events;
        syscall(__NR_io_getevents, ctx, 1, 1, &events, NULL);
        struct ioRequest *p = (struct ioRequest *)(unsigned long) events.data;
        p->operate(p, events.res);
        openReqs --;
    }
    free(ioList);
    syscall(__NR_io_destroy, ctx);
    exit(0);
}
```

程序的运行结果如下所示：

```
$ gcc  -Wall  exam13-2.c  -o exam13-2        // exam13-2.c 经编译与链接生成 exam13-2
$ exam13-2 test1 test2                       // 使用本地异步 I/O 同时读取 test1 和 test2 文件
opened test1 on descriptor 3
opened test2 on descriptor 4
read bytes 354:
read bytes 260:
```

上述实例利用 Linux 本地异步 I/O 接口实现文件的读操作，因为 GLIBC 不支持本地异步 I/O 接口，所以使用 syscall() 函数访问系统调用。进程首先创建异步 I/O 上下文；然后向上下文发起多个异步读请求，并监听到达的上下文 I/O 事件，当 I/O 事件到达时，再逐个进行处理。

< 298 >

13.4 I/O 信号驱动模式

13.4.1　I/O 信号驱动

I/O 信号驱动是一种文件 I/O 状态改变时的信号通知机制。例如，当套接字内核接收缓冲区有数据到达或套接字内核发送缓冲区因发送重新变得可用等。内核通常向目标进程发送 SIGIO 信号，告知某文件 I/O 状态已发生改变；目标进程根据信号传递的参数，进一步获取状态变化的详细信息。由于 SIGIO 为标准信号，不支持排队，因此在实际应用时，通常采用实时信号。

I/O 信号驱动的文件通常设置为非阻塞模式。信号属于边缘触发事件，因此，当 I/O 信号发生时，应尽可能多地读/写文件，直至无数据可读，数据已全部发送或发送缓冲区已满。值得注意的是，并非所有文件都支持 I/O 信号驱动。

13.4.2　I/O 信号驱动的操作流程

1. 异步处理方式

（1）为文件定义 I/O 信号

利用 fcntl()函数的 F_SETSIG 标志为文件定义信号，并通过 sigaction()函数的 SA_SIGINFO 标志指定信号处理函数。

（2）将文件设置为异步非阻塞模式

利用 fcntl()函数的 F_SETFL 标志将文件设置为 O_ASYNC 和 O_NONBLOCK 的组合。

（3）设置信号的发送目标

利用 fcntl()函数的 F_SETOWN_EX 标志设置信号的发送目标，目标可为进程、进程组或线程。

（4）编写信号的处理函数

根据事件类型对文件做出相应的处理。

2. 同步处理方式

（1）和（2）与异步处理方式相同。

（3）阻塞 I/O 信号

利用 sigprocmask()函数阻塞 I/O 信号。

（4）以同步方式处理到达的 I/O 信号

利用 sigwaitinfo()函数等待 I/O 信号的到达，根据到达信号的事件类型做出相应的处理。

13.4.3　实时信号队列的溢出处理

I/O 信号无须每次设置和扫描文件，具有较高的性能。但若有大量文件的状态同时发生改变，会产生众多的 I/O 信号。此时，即使使用实时信号，若信号无法及时处理，信号队列可能产生溢出，尽管可增加队列的容量，但仍不能排除产生溢出的可能性。当溢出产生时，新产生的 I/O 信号恢复为 SIGIO。在处理 SIGIO 信号时，应使用 sigwaitinfo()函数尽快处理等待的信号，继而使用 select()/poll()函数处理剩余的 I/O 事件。

下面利用 TCP 构建以同步方式处理 I/O 信号的回写服务器，代码如程序 13-3 所示。

程序 13-3　以同步方式处理 I/O 信号的回写服务器

```
//exam13-3.c
#define _GNU_SOURCE
```

< 299 >

```
#include <stdio.h>
#include <stdlib.h>
#include <unistd.h>
#include <signal.h>
#include <fcntl.h>
#include <errno.h>
#include <poll.h>
#include <sys/socket.h>
#include <netinet/in.h>
int serv_sock;
char buffer[BUFSIZ];
void setsockasync(int sock){
    fcntl(sock, F_SETSIG, SIGIO);
    fcntl(sock, F_SETFL, fcntl(STDIN_FILENO, F_GETFL) | O_ASYNC | O_NONBLOCK);
    fcntl(sock, F_SETOWN, getpid());
}
void sighandler(siginfo_t *si)
{
    switch (si->si_code){
        case POLL_IN:
            if (si->si_fd == serv_sock){
                int fd_sock = accept(serv_sock, (struct sockaddr *)NULL, NULL);
                setsockasync(fd_sock);
            }
            else{
                ssize_t count = read(si->si_fd, buffer, BUFSIZ);
                if (count ==-1)
                    close(si->si_fd);
                write(si->si_fd, buffer, count);
                }
            break;
        case POLL_OUT:
            break;
        case POLL_ERR:
            close(si->si_fd);
            break;
        case POLL_HUP:
            close(si->si_fd);
            break;
    }
}
int main(int argc, char **argv)
{
    if (argc !=2){
        fprintf(stderr, "Usage : %s <port>\n", argv[0]);
        exit(1);
    }
    sigset_t blockMask;
    sigfillset(&blockMask);
    sigprocmask(SIG_BLOCK, &blockMask, NULL);
    serv_sock = socket(PF_INET, SOCK_STREAM, 0);
    struct sockaddr_in serv_addr;
    serv_addr.sin_family = AF_INET;
    serv_addr.sin_addr.s_addr = htonl(INADDR_ANY);
    serv_addr.sin_port = htons(atoi(argv[1]));
    bind(serv_sock, (struct sockaddr *) &serv_addr, sizeof(serv_addr));
    listen(serv_sock, 5);
    setsockasync(serv_sock);
    for ( ; ; ) {
        siginfo_t si;
```

< 300 >

```
        sigwaitinfo(&blockMask, &si);
        switch (si.si_signo){
        case SIGIO:
            sighandler(&si);
            break;
        case SIGINT:
            printf("sigint\n");
            break;
        }
    }
    exit(0);
}
```

13.5　I/O 多路复用模式

I/O 多路复用是一种同时监听多个文件 I/O 状态的技术，当有文件 I/O 状态发生改变时，以 I/O 事件方式通知监听的发起者。例如，套接字上有新的数据到达时，内核会产生相应的可读事件。

被监听的文件通常被设置为非阻塞模式，以免因阻塞而影响其他文件的 I/O 操作。值得注意的是，并非所有文件都支持 I/O 多路复用，通常仅适用于无 I/O 延迟上限的文件，如终端、管道和网络套接字等。

Linux 继承了 UNIX 的特性，提供了 select() 和 poll() 两种 I/O 多路复用系统调用接口函数。下面对它们的原型和使用方法分别进行介绍。

13.5.1　基于 select() 函数的 I/O 多路复用

select() 函数诞生于早期的 UNIX 系统，得到了包括 Linux 在内的众多操作系统的支持。由于历史原因，监听的文件受 1024 数量的限制，每次监听前都需将观察文件信息从用户空间复制至内核空间，监听时需扫描整个文件列表，以确定产生就绪 I/O 事件的文件。这无疑增加了系统开销。

select() 函数仅支持水平触发模式，只要文件的状态可用，每次监听均会产生相应的事件，例如，若某文件上有到达的数据，只要仍有剩余数据未被接收，每次监听该文件时，均会产生可读事件。

1. select() 函数

头文件：

```
#include <sys/select.h>
#include <sys/time.h>
```

函数原型：

```
int select(int nfds, fd_set *readfds, fd_set *writefds,fd_set *exceptfds, struct timeval *timeout);
```

功能：
同时监听多个文件的 I/O 状态。
参数：
nfds 指定监听的最大文件描述符加 1；readfds 指向可读的文件描述符集；writefds 指向可写的文件描述符集；exceptfds 指向异常事件的文件描述符集；timeout 指定超时时间。

< 301 >

返回值：

成功返回就绪文件描述符的数量，失败返回-1。

select()函数同时监听 readfds、writefds 和 exceptfds 三个集合上文件 I/O 状态的变化。readfds、writefds 和 exceptfds 均为 fd_set 类型的指针，分别指向可读、可写和异常事件的文件描述符集。fd_set 为一个拥有 1024 位的位掩码，每一位与文件描述符一一对应。当需监听某文件时，仅需将相应位置1。当函数返回时，若某位被设置，则对应文件有 I/O 事件发生。nfds 为监听的最大文件描述符加 1，timeout 为超时时间。

2. 文件描述符集的操作

为了便于对 fd_set 类型中的位进行操作，下面给出一些操作的宏定义：

```
void FD_ZERO(fd_set *fdset);                    // 清除所有位
void FD_SET(int fd, fd_set *fdset);             // 设置 fdset 中对应的 fd 位
void FD_CLR(int fd, fd_set *fdset);             // 清除 fdset 中对应的 fd 位
int FD_ISSET(int fd, fd_set *fdset);            // 判断 fdset 中对应的 fd 位是否被设置
```

假设有 3 个已打开的文件描述符，分别为 1、4 和 5，将它们添加至文件描述符集 rset，为后续监听作准备：

```
FD_ZERO(&rset);                                 // 将所有 rset 上的位清零
FD_SET(1, &rset);                               // 在 rset 上设置描述符 1 对应的位
FD_SET(4, &rset);                               // 在 rset 上设置描述符 4 对应的位
FD_SET(5, &rset);                               // 在 rset 上设置描述符 5 对应的位
```

3. 实例分析

利用 select()函数实现基于 TCP 的回写服务器，代码如程序 13-4 所示。

程序 13-4　利用 select()函数实现基于 TCP 的回写服务器

```c
//exam13-4.c
#include <stdio.h>
#include <stdlib.h>
#include <fcntl.h>
#include <string.h>
#include <unistd.h>
#include <sys/time.h>
#include <sys/socket.h>
#include <netinet/in.h>
char buffer[BUFSIZ];
int main(int argc, char **argv)
{
    if (argc!=2){
        fprintf(stderr, "Usage : %s <port>\n", argv[0]);
        exit(1);
    }
    int serv_sock = socket(PF_INET, SOCK_STREAM, 0);
    struct sockaddr_in serv_addr;
    serv_addr.sin_family = AF_INET;
    serv_addr.sin_addr.s_addr = htonl(INADDR_ANY);
    serv_addr.sin_port = htons(atoi(argv[1]));
    bind(serv_sock, (struct sockaddr *) &serv_addr, sizeof(serv_addr));
    listen(serv_sock, 5);
    fcntl(serv_sock, F_SETFL, fcntl(STDIN_FILENO, F_GETFL)|O_NONBLOCK);
    fd_set reads;
    FD_ZERO(&reads);
    FD_SET(serv_sock, &reads);
```

< 302 >

```
    int fd_max = serv_sock;
    while (1) {
        fd_set temps = reads;
        select(fd_max+1, &temps, 0, 0, NULL);
        for (int fd = 0; fd < fd_max+1; fd++) {
            if (FD_ISSET(fd, &temps)) {
                if (fd == serv_sock) {
                    int fd_sock = accept(serv_sock, (struct sockaddr *)NULL, NULL);
                    fcntl(fd_sock, F_SETFL, fcntl(STDIN_FILENO, F_GETFL)|O_NONBLOCK);
                    FD_SET(fd_sock, &reads);
                    if (fd_max < fd_sock)
                        fd_max = fd_sock;
                }
                else {
                    ssize_t len = read(fd, buffer, BUFSIZ);
                    if (len == 0){
                        FD_CLR(fd, &reads);
                        close(fd);
                    }
                    else{
                        write(fd, buffer, len);
                    }
                }
            }
        }
    }
    return 0;
}
```

13.5.2　基于 poll()函数的 I/O 多路复用

poll()函数也是被广泛支持的 I/O 多路复用接口，功能与 select()函数相似。尽管 poll()函数对监听的文件数量没有限制，但每次监听前仍需重新设置，每次处理 I/O 事件时，仍需检查所有监听文件的状态。

1. poll()函数

头文件:

```
#include <sys/poll.h>
```

函数原型:

```
int poll (struct pollfd *fds, unsigned int nfds, int timeout);
```

功能:

同时监听多个文件的 I/O 状态。

参数:

fds 指向监听事件数组；nfds 指定数组元素的数量。

返回值:

成功返回就绪事件对象的数量；失败返回-1。

poll()函数用于监听 fds 指向的文件；nfds 为监听对象的数量；timeout 为超时时间，单位为 ms，若值为负，表示永久等待；fds 为 pollfd 类型的指针；pollfd 类型用于描述监听对象的信息，其定义如下:

< 303 >

```
struct pollfd {
int fd;                 // 文件描述符
short events;           // 关注的事件
short revents;          // 已发生的事件
};
```

成员变量 fd 为打开的文件描述符，若值为负，则相应事件 events 被忽略。events 指向关注的事件。当调用 poll()函数返回时，revents 记录已发生的事件。events 和 revents 均属于位掩码，每一位与某一事件对应。事件的定义如表 13-4 所示。

表 13-4   pollfd 结构中成员变量 events 和 revents 的位掩码含义

事件类型	含义
POLLIN	有数据可读
POLLPRDBAND	高优先级数据可读
POLLOUT	有数据可写
POLLRDHUP	对端关闭边接/关闭写操作，自 Linux 内核 2.6.17 起。
POLLWRBAND	优先级数据可写
POLLERR	发生错误
POLLHUP	连接挂断
POLLNVAL	文件描述符无效

2. 实例分析

利用 poll()函数构建基于 TCP 的回写服务器，代码如程序 13-5 所示。

程序 13-5   利用 poll()函数构建基于 TCP 的回写服务器

```c
//exam13-5.c
#include  <unistd.h>
#include  <sys/socket.h>
#include  <arpa/inet.h>
#include <stdlib.h>
#include <fcntl.h>
#include <stdio.h>
#include <poll.h>
#define OPEN_MAX     40960
struct pollfd clientfd[OPEN_MAX];
int numfd = 1;
void clientfd_init()
{
    for (int i = 1; i < OPEN_MAX; i++)
        clientfd[i].fd = -1;
}
void clientfd_add(int fd)
{
    if (numfd < OPEN_MAX) {
        clientfd[numfd].fd = fd;
        clientfd[numfd].events = POLLIN;
        clientfd[numfd].revents = 0;
        numfd++;
    }else
        close(clientfd[fd].fd);
}
int clientfd_del(int index)
{
```

< 304 >

```
            close(clientfd[index].fd);
        numfd--;
        if (index < (numfd)) {
        clientfd[index].fd = clientfd[numfd].fd;
        clientfd[index].events = clientfd[numfd].events;
        clientfd[index].revents = clientfd[numfd].revents;
        return 1;
    }
    return 0;
}
int process_client(int index)
{
    char buffer[BUFSIZ];
    ssize_t len = read(clientfd[index].fd, buffer, BUFSIZ);
    if ((len <= 0))
        return clientfd_del(index);
    else
        write(clientfd[index].fd, buffer, len);
    return 0;
}
int  main(int argc, char **argv)
{
    if (argc!=2){
        fprintf(stderr, "Usage : %s <port>\n", argv[0]);
        exit(1);
    }
    socklen_t socklen = sizeof(struct sockaddr_in);
    struct sockaddr_in   serv_addr;
    serv_addr.sin_family = AF_INET;
    serv_addr.sin_addr.s_addr = htonl(INADDR_ANY);
    serv_addr.sin_port = htons(atoi(argv[1]));
    int serv_sock = socket(AF_INET, SOCK_STREAM, 0);
    int opt = 1;
    setsockopt(serv_sock, SOL_SOCKET, SO_REUSEADDR, &opt, sizeof(opt));
    bind(serv_sock, (struct sockaddr *) &serv_addr, socklen);
    listen(serv_sock, 5);
    fcntl(serv_sock, F_SETFL, fcntl(STDIN_FILENO, F_GETFL)|O_NONBLOCK);
    clientfd[0].fd = serv_sock;
    clientfd[0].events = POLLIN;
    clientfd_init();
    for ( ; ; ) {
        poll(clientfd, numfd, -1);
        if (clientfd[0].revents & POLLIN) {
            struct sockaddr_in cli_addr;
            int fd_sock = accept(serv_sock, (struct sockaddr *) &cli_addr, &socklen);
            fcntl(fd_sock, F_SETFL, fcntl(STDIN_FILENO, F_GETFL)|O_NONBLOCK);
            clientfd_add(fd_sock);
        }
        for (int i = 1; i < numfd; i++) {
            if (clientfd[i].revents & POLLHUP)
                i = i- clientfd_del(i);
            else {
                if (clientfd[i].revents & POLLIN)
                    process_client(i);
            }
        }
    }
    return 0;
}
```

< 305 >

13.6 高性能 I/O 事件驱动模式

13.6.1 epoll 概述

Linux 自内核 2.6 起引入了一种高性能的异步 I/O 本地接口 epoll。它是对传统 I/O 多路复用的优化和扩展，无须每次设置和扫描所有被监听的文件，仅需一次性将被监听的文件描述符注册至内核；内核使用红黑树管理监听的对象，将用户缓存映射至内核空间，提高了数据存取效率；使用链表管理产生的 I/O 事件，避免了因容量不足导致的溢出。因此，epoll 适用于拥有海量用户的应用场景，是构建 Linux 高性能服务器的基础。

epoll 针对 Linux 系统而设计，其他操作系统也有类似的接口，例如，Free BSD 的 kqueue 和 Solaris 的虚拟设备/dev/poll 等。

为满足不同应用场景的需要，epoll 提供了水平触发和边缘触发两种事件触发模式。

1．水平触发模式

对处于水平触发模式的文件，只要文件状态可用，每次监听均会产生相应的 I/O 事件。例如，文件上有数据可读或内核发送缓冲区有空间可写，监听文件时均会产生对应的读写事件。

2．边缘触发模式

对处于边缘触发模式的文件，与上一次产生事件时相比，只有状态发生了改变，监听文件才产生相应的 I/O 事件。例如，文件上有新的数据到达或内核发送缓冲区重新变得可用，监听文件时才会产生对应的读写事件。

与 epoll 相比，select()/poll()函数仅支持水平触发模式，而 I/O 信号驱动仅支持边缘触发模式。当 I/O 事件发生时，对于水平触发模式，无须执行尽可能多的 I/O 操作；但对于边缘触发模式，应尽可能多地执行 I/O 操作。

13.6.2 epoll 的接口函数

epoll 提供了三个本地系统接口函数，它们分别是 epoll_create()、epoll_ctl()和 epoll_wait()。

1．epoll_create()函数

头文件：

```
#include <sys/epoll.h>
```

函数原型：

```
int epoll_create(int size);
```

功能：
创建 epoll 实例。
参数：
size 指定可监听文件描述符的最大数量。
返回值：
成功返回 epoll 文件描述符；失败返回-1。
epoll_create()函数用于创建可最多容纳 size 个文件描述符的 epoll 实例。自内核 2.6.8 版起，size 被忽略，但值须大于 0。

< 306 >

2．epoll_ctl()函数

头文件：

```
#include <sys/epoll.h>
```

函数原型：

```
int epoll_ctl(int epfd,int op,int fd,struct epoll_event *event);
```

功能：

设置监听对象。

参数：

epfd 指向 epoll 实例；op 指定操作符；event 指向监听事件。

返回值：

成功返回 0；失败返回-1。

epoll_ctl()函数用于将文件描述符 fd 上监听的事件 event 按 op 的要求操作 epoll 实例 epfd，参数 op 的含义如表 13-5 所示。

表 13-5　epoll_ctl()函数中参数 op 的含义

参数 op	含义
EPOLL_CTL_ADD	向 epoll 实例添加监听对象
EPOLL_CTL_MOD	修改 epoll 实例的监听对象
EPOLL_CTL_DEL	从 epoll 实例删除监听对象

event 为 epoll_event 类型的指针。epoll_event 类型用于描述监听对象，其定义如下：

```
sruct epoll_event {
    uint32_t events;          // 事件类型（每种事件对应一位）
    epoll_data_t data;        // 传递的参数
};
```

epoll 定义了丰富的事件类型，成员变量 events 支持的事件类型及其含义如表 13-6 所示。

表 13-6　epoll_event 结构中成员变量 events 支持的事件类型及其含义

I/O 事件类型	含义
EPOLLIN	接收到普通数据
EPOLLPRI	接收到紧急数据
EPOLLRDHUP	对端关闭连接/关闭写操作，自 Linux 内核 2.6.17 起。
EPOLLOUT	可以写入数据
EPOLLET	边缘触发
EPOLLLT	水平触发，默认模式
EPOLLONESHOT	只监听一次事件
EPOLLERR	当描述符发生错误时，默认设置
EPOLLHUP	连接挂断

通过 epoll_ctl()函数可在 epoll 实例中添加、修改和删除监听对象。当文件描述符的引用次数为 0 时，与 epoll 实例关联的监听对象也随之被删除。成员变量 data 指向传递的参数，参数支持多种形式，其定义如下：

```
typedef union epoll_data {
    void *ptr;          // 指向用户定义的数据
    int fd;             // 文件描述符
```

< 307 >

```
    uint32_t u32;              // 32 位整数
    uint64_t u64;              // 64 位整数
} epoll_data_t;
};
```

3. epoll_wait()函数

头文件：

```
#include <sys/epoll.h>
```

函数原型：

```
int epoll_wait(int epfd,struct epoll_event *events,int maxevents, int timeout);
```

功能：

等待 epoll 实例上产生的 I/O 就绪事件。

参数：

events 指向就绪事件集；maxevents 指定可处理的最大事件数。

返回值：

成功返回就绪的文件数量；失败返回-1。

epoll_wait()函数用于等待 epfd 实例 epfd 上产生的 I/O 就绪事件，直至就绪事件到达、被信号中断或超时。events 为 epoll_event 类型的指针，指向就绪事件数组的地址。maxevents 指定一次获取的最大事件数。timeout 表示超时时间（ms），若 timeout 的值为-1，表示等待时间无上限；若 timeout 的值为 0，则立即返回。

13.6.3 边缘触发的 I/O 处理

1. 边缘触发的操作流程

在构建网络服务器时，面对海量用户，采用边缘触发模式，可提高 I/O 处理效率。下面给出边缘触发模式的一般操作流程。

（1）利用 fcntl()函数将接收的连接设置为非阻塞模式。

（2）通过 epoll_ctl()函数添加监听的对象。

（3）循环执行下列步骤，处理到达的 I/O 事件。

① 使用 epoll_wait()函数等待到达的 I/O 事件。

② 处理每一个 I/O 事件，尽可能多地进行读/写操作，直至返回 EAGAIN，表示已无数据可读或无缓冲区空间可写。

2. 边缘触发模式的事件处理

当文件描述符上有持续不断输入或输出时，可能导致其他文件得不到及时处理，因此应采取适当措施。通常采用轮询方式，使每个就绪的文件获得均衡的机会。

3. 实例分析

使用 epoll 的 I/O 边缘触发模式，构建基于 TCP 的回写服务器，代码如程序 13-6 所示。

程序 13-6　基于 epoll 边缘触发模式的 TCP 回写服务器

```
//exam13-6.c
#include <stdio.h>
#include <stdlib.h>
#include <string.h>
```

< 308 >

```c
#include <unistd.h>
#include <fcntl.h>
#include <errno.h>
#include <arpa/inet.h>
#include <sys/socket.h>
#include <sys/epoll.h>
#define EPOLL_SIZE 50
#define MAX_EVENTS 100
struct client {
    int fd;
    ssize_t len;
    unsigned char buffer[BUFSIZ];
};
int epfd;
void setnonblockingmode(int fd)
{
    int flag = fcntl(fd, F_GETFL, 0);
    fcntl(fd, F_SETFL, flag|O_NONBLOCK);
}
void io_error(struct client *p)
{
    close(p->fd);
    epoll_ctl(epfd, EPOLL_CTL_DEL, p->fd, NULL);
    free(p);
    printf("error or closed \n");
}
void io_read(struct client *p)
{
    struct epoll_event ev;
    ev.data.ptr = p;
    p->len = read(p->fd, p->buffer, BUFSIZ);
    if (p->len > 0){
        ev.events = EPOLLOUT | EPOLLET;
        epoll_ctl(epfd, EPOLL_CTL_MOD, p->fd, &ev);
    }
    if (p->len == 0)
        io_error(p);
    if ((p->len ==-1) && (errno == EINTR)){
        ev.events = EPOLLIN | EPOLLET;
        epoll_ctl(epfd, EPOLL_CTL_MOD, p->fd, &ev);
        }
    if ((p->len == -1) && (errno != EAGAIN) && (errno != EINTR))
        io_error(p);
}
void io_write(struct client *p)
{
        struct epoll_event ev;
    ev.data.ptr = p;
    int ret = write(p->fd, p->buffer, p->len);
    if (ret >0){
        ev.events = EPOLLIN | EPOLLET;
        epoll_ctl(epfd, EPOLL_CTL_MOD, p->fd, &ev);
    }
    if ((ret ==-1) && (errno == EINTR)){
        ev.events = EPOLLOUT | EPOLLET;
        epoll_ctl(epfd, EPOLL_CTL_MOD, p->fd, &ev);
    }
    if ((ret == -1) && (errno != EAGAIN) && (errno != EINTR))
        io_error(p);
}
int main(int argc, char *argv[])
```

< 309 >

```
{
    if (argc!=2) {
        fprintf(stderr, "Usage : %s <port>\n", argv[0]);
        exit(1);
    }
    int serv_sock = socket(PF_INET, SOCK_STREAM, 0);
    struct sockaddr_in serv_adr;
    serv_adr.sin_family = AF_INET;
    serv_adr.sin_addr.s_addr = htonl(INADDR_ANY);
    serv_adr.sin_port = htons(atoi(argv[1]));
    bind(serv_sock, (struct sockaddr*) &serv_adr, sizeof(serv_adr));
    listen(serv_sock, 5);
    epfd = epoll_create(EPOLL_SIZE);
    setnonblockingmode(serv_sock);
    struct epoll_event ev;
    ev.events = EPOLLIN;
    ev.data.fd = serv_sock;
    epoll_ctl(epfd, EPOLL_CTL_ADD, serv_sock, &ev);
    struct epoll_event events[MAX_EVENTS];
    for ( ; ; ) {
        int event_cnt = epoll_wait(epfd, events, MAX_EVENTS, -1);
        for (int i = 0; i < event_cnt; i++){
            struct client *clt;
            if (events[i].data.fd == serv_sock) {
                struct sockaddr_in clnt_adr;
                socklen_t adr_sz = sizeof(clnt_adr);
                int fd_sock = accept(serv_sock,(struct sockaddr *) &clnt_adr,
                &adr_sz);
                setnonblockingmode(fd_sock);
                clt = (void *) malloc(sizeof(struct client));
                ev.events = EPOLLIN | EPOLLET ;
                ev.data.ptr = clt;
                epoll_ctl(epfd, EPOLL_CTL_ADD, fd_sock, &ev);
                memset(clt, 0, sizeof(struct client));
                clt->fd = fd_sock;
            }else{
                clt = events[i].data.ptr;
                if (events[i].events & EPOLLIN)
                    io_read(clt);
                if (events[i].events & EPOLLOUT)
                    io_write(clt);
                if (events[i].events & (EPOLLHUP|EPOLLERR))
                    io_error(clt);
            }
        }
    }
    close(serv_sock);
    close(epfd);
    return 0;
}
```

上述实例为避免在某连接上接收过多数据，采用轮流监听读/写事件的方法，使每个连接获得公平的机会。

微课视频

< 310 >